寒地海绵城市规划理论与实践

——以水生态与水安全关联耦合为视角

初亚奇　石羽　曾坚　石铁矛　著

中国建筑工业出版社

图书在版编目（CIP）数据

寒地海绵城市规划理论与实践：以水生态与水安全关联耦合为视角 / 初亚奇等著. —北京：中国建筑工业出版社，2021.11

ISBN 978-7-112-26917-4

Ⅰ.①寒… Ⅱ.①初… Ⅲ.①城市环境—水环境—城市规划—研究—中国②水资源管理—安全管理—研究—中国 Ⅳ.①TU984.2②TV213.4

中国版本图书馆CIP数据核字（2021）第248878号

责任编辑：杨　虹　尤凯曦
版式设计：锋尚设计
责任校对：党　蕾

寒地海绵城市规划理论与实践
——以水生态与水安全关联耦合为视角
初亚奇　石羽　曾坚　石铁矛　著

*

中国建筑工业出版社出版、发行（北京海淀三里河路9号）
各地新华书店、建筑书店经销
北京锋尚制版有限公司制版
北京富诚彩色印刷有限公司印刷

*

开本：787毫米×1092毫米　1/16　印张：17½　字数：333千字
2023年1月第一版　2023年1月第一次印刷
定价：**98.00**元
ISBN 978-7-112-26917-4
（38747）

前　言

近年来，全球气候突变与城镇化进程的快速发展，导致城市自然水文循环被严重破坏，城市水生态系统的自我调节能力降低，从而引发城市内涝、水生态系统退化等一系列水安全与水生态问题。同时，寒地城市独特的地域气候特征与水文条件等，致使城市发展与水生态环境之间矛盾突出，城市雨洪管理实施难度增加。因此，本书以水生态与水安全关联耦合为视角，从流域、城市、河段多尺度构建寒地海绵城市规划体系，满足城市雨洪管理需求，提升寒地城市水生态、水安全、水景观功能，以期对寒地海绵城市的发展提供理论基础与技术支撑。

本书首先梳理寒地城市地域特征，识别不同尺度寒地城市水生态与水安全问题，以景观生态学“格局—过程—尺度”理论为切入点，提出多尺度水生态与水安全关联耦合理论，建立理论框架与技术路线，并进一步确立耦合水生态与水安全的寒地海绵城市管控理论与技术方法，分析格局与水生态过程、城市内涝的影响机制，阐述多尺度管控内容与相关技术方法。其次，构建多尺度寒地海绵城市规划体系，即“流域尺度空间耦合（宏观）——水生态安全格局构建、城市尺度系统耦合（中观）——寒地海绵系统优化、河段尺度功能耦合（微观）——河岸带生态修复与措施建设”，提出相应体系内容与技术方法。最后，以沈抚新区作为寒地城市研究区域，对应规划体系框架建立多尺度空间。在流域尺度下，利用GIS空间计算与分析法进行空间耦合，提取与水生态系统密切相关的多种基底要素，进行耦合叠加，构建不同水平的水生态安全格局，根据底线（低）、一般（中）、满意（高）三级水平划分禁限建区域，优化城市水生态安全格局，为城市尺度寒地海绵系统耦合提供刚性骨架。在城市尺度下，基于流域尺度空间格局，对城市多级排水系统进行整合优化：一是寒地城市海绵生态系统（绿地与水系）优化，完善绿色基础设施，确定水系廊道和绿地斑块布局；二是寒地城市排水管网优化，运用SWMM模型对城市排水管网系统进行调整，使其达到不同降雨重现期下的排水要求；三是寒地适宜性低影响开发系统，划分管控分区并对各分区所应用措施规模进行定量计算；最后利用SWMM模型对优化前后方案进行模拟校验，验证其优化后规划方案的合理性，并注重寒地雨雪水资源化利用，实现寒地海绵系统耦合最优模式。在河段尺度下，以流域水生态安全格局为刚性框架，依据城市尺度寒地海绵生态系统格局与低影响开发系统定量方案，对研究区域内的河岸带进行海绵结构布局与方案设计，使具有寒地适宜性水生态修复与低影响开发措施两者在设计中并行；同时对河岸带的寒地植物进行优化配置，实现寒地海绵河岸带的功能要素耦合。

书中涉及城乡规划学、景观生态学、水利工程学等多学科与专业，着眼于城市规划与设计层面，集成多种相关技术方法。通过多尺度体系构建，明确寒地海绵城市不同尺度规划内容，最后将相关规划理论与技术方法运用到实践中，检验该理论方法的合理性和可行性，为寒地海绵城市规划提供理论支撑与技术保障。

目　录

第1章

寒地海绵城市规划理论

1.1 寒地海绵城市理论背景

1.1.1 气候突变引发城市内涝灾害频发

近年来，随着全球气候变暖，自然界的水文循环被破坏，水资源在时间和空间上被重新分配，区域性洪涝灾害发生频繁[1]。我国作为全球变暖效应明显的国家之一，区域水循环时空变异问题突出，城市内涝灾害频发，不仅严重影响城市居民的生产与生活，也严重阻碍了城市交通、环境、卫生、经济和社会的可持续发展。2007年重庆、济南因暴雨引发特大水灾，造成93人死亡，10人失踪；2012年7月12日，北京遭遇罕见的特大暴雨，一日平均雨量高达170mm，为60年来的最强降雨，造成160多万人受灾，79人死亡，经济损失高达116.4亿元；2013年8月16日，辽宁地区大暴雨致使101人失踪，63人死亡，9个城市35个县共计180万人受灾；2014年9月2日，重庆再度遭遇暴雨袭击，造成27人失踪，11人死亡，直接损失10.3亿元；2017年8月2日，哈尔滨因大暴雨直接损失3.2亿元[2]。截至2017年，我国已有2/3的城市出现不同程度的城市内涝问题（表1-1）。不断爆发的城市内涝灾害直接威胁我国居民的生命与财产安全，并且严重制约了城市的开发与发展，因此，如何用可持续发展的方法来解决城市水安全问题成为研究的核心，也为研究的提出奠定了现实基础。

截至2017年我国城市内涝问题概况表[3] 表1-1

内涝情况	问题数量（个）			最深积水（mm）			连续时间（h）			
—	1～2	3	总计	15～20	≥50	总计	0.5～1	1～12	≥12	总计
城市数量（个）	76	137	213	58	262	320	20	200	57	277
城市比例（%）	22	40	62	17	74	91	6	57	16	79

1.1.2 快速城镇化导致水生态系统退化严重

21世纪起，随着我国城镇化进程的快速发展，截至2015年底，我国城镇化率已达到了56.1%[4]。传统粗放的建设模式给城市带来了严重的水生态环境问题，由于人为景观不断增加，大面积的硬质铺装路面代替了原有的植被、土壤和河流，城市中的自然绿地和水体不断减少，下垫面自然结构受损严重，自然景观逐步衰退，景观破碎和离散化等问题严重，具有调蓄功能的河流与冲沟逐渐消失，大面积的不透水路面导致雨水的入渗量骤减，阻断了城市自然水文循环过程，降低了城市水生态系统的自我调节能力[5, 6]。由此可见，快速城镇化严重破坏了城市的自然水生态环境。而水生态系统作为城市系统的重要组成部分，与城市各系统之间相互作用、密不可分，尤其对城市水文循环系统有着重要作用。但城市建设是人类文明的必然结果，城镇化进程也是不可避免的，因此，在土地利用条件有限、生态保护与城市发展并重的状态下，对水生态系统进行有效的维护与修复，解决城镇化进程与水生态保护之间的矛盾，从而实现优先保护与可持续发展，已成为我们需面对的课题。城市规划应从多尺度的城市水生态与水安全问题入手，形成与相关学科理论的交叉，提升城市水景观的生态调节能力。

1.1.3　寒地城市发展致使雨洪管理需求增加

寒地城市主要是指冬季气候较为严寒的城市，主要位于我国东北地区。寒地地区的建设发展受气候条件影响较大，是气候变化的敏感区域，该地区水资源补给的重要形式之一是冰雪融水，但随着全球气温的逐年升高，其降雪量逐渐减少，自然补给也随之减少，严重影响了我国寒地城市的水资源储量[7]。同时，由于寒地城市位于东北地区，其经济与产业发展相对落后，城市发展仍处于过度消耗资源的状态，水环境整治困难重重。水资源的储量不足与水质恶化等问题，极大地限制了寒地城市的建设发展，导致城市发展与水生态环境之间矛盾突出。因此，寒地城市与水生态环境的协调发展问题亟待解决。

随着雨洪管理理论在全球范围内的广泛运用，我国以海绵城市理论作为引导城市发展的思路，为解决寒地城市的水生态与水安全问题提供了新方向。海绵城市理论针对水生态系统受损以及城市内涝灾害等我国国情问题，融合城市规划与景观生态学等专业的理论与技术方法，利用雨雪水资源，恢复城市自然水文过程，因地制宜地解决寒地城市雨洪管理方面的问题[8]。尤其针对寒地城市复杂的气候特征，与南方城市温暖气候不同，寒地城市四季分明、季节性温差大，夏季最高气温可达30℃以上、冬季最低气温可达-20℃以下，且每年有3～4个月气温会低于0℃，同时夏季为汛期，降雨集中且强度较大，冬季则存在降雪情况[9]。在对其进行雨洪管理时，夏季要保证雨水被有效管理，冬季又要对积雪进行合理的资源化利用，同时针对季节性变化，寒地城市的河流水系也随之存在丰水期与枯水期的不同特点，这些都给寒地城市雨洪管理实施增加了难度。

综上所述，随着全球气候变暖，城市内涝灾害日益频发，严重威胁着人们的生命与财产安全；快速城镇化进程的推进，改变了原有的自然水生态环境，导致城市水生态系统严重衰退。在城市规划与设计中，改变传统的雨水收集处理方式，将景观生态理念植入城市建设体系中，以自然生态为先，以营造良好人居环境为最终目标，促进城市良性水文循环，还城市于自然。在水生态与水安全视角下进行海绵城市建设，既能减少城市内涝灾害，又能保证雨水被合理地资源化利用，恢复城市水生态环境，形成高效的雨洪管理模式，提升城市水景观质量。尤其是寒地城市作为气候复杂多变的敏感区域，在海绵城市理论引导下，因地制宜地制定出适合寒地城市区域特征的雨洪管理方案，是解决寒地城市水生态与水安全问题的新途径。同时伴随着我国大量政策的推动与寒地城市雨洪管理的发展需求，结合国家自然科学基金重点项目，以城市水生态与水安全关联耦合为视角，从多尺度入手，应用计算机模拟技术进行海绵城市规划与设计，从根本上解决城市发展过程中的水生态与水安全问题，实现海绵城市建设的可持续发展。

1.2 寒地海绵城市理论意义

1.2.1 研究目的

城市暴雨内涝问题日益严重，城市水系统作为生态系统的重要组成部分，承载着重大的水生态与水安全功能。因此，本书为应对城市暴雨内涝问题，提升城市生态系统的雨洪调控能力，以实现可持续雨洪管理目的为导向，剖析城市雨洪管理的实际问题，应用计算机模拟与分析技术手段，从理论研究、体系构建以及实践应用三个层面，研究寒地海绵城市构建的规划途径，完善多尺度寒地海绵城市规划体系，并从空间格局层面、系统调控层面以及措施应用层面入手对研究区域进行海绵城市规划研究，为寒地海绵城市构建与城市规划的结合奠定坚实的理论基础。

（1）提出耦合水生态与水安全的寒地海绵城市理论方法

通过对水生态与水安全理论、景观生态学相关理论、国内外雨洪管理体系以及相关研究成果的梳理，探索我国寒地海绵城市的问题与规划研究方向，针对寒地城市地域特征与问题，提出水生态与水安全关联耦合的寒地海绵城市理论内涵、构建理论框架及技术路线，分析寒地海绵城市的规划途径与方法，为我国寒地海绵城市建设奠定坚实的理论基础。基于该理论视角构建多尺度寒地海绵城市规划体系，宏观层面空间耦合——流域尺度水生态安全格局构建，根据底线（低）、一般（中）、满意（高）三级安全格局划分禁限建区域，明确避免建设、控制建设和引导建设的用地布局和空间范畴，对城市内涝防控、保护和修复生物多样性、城市微气候调节等起到良好作用；中观层面系统耦合——城市尺度寒地海绵系统优化，基于流域水生态安全格局建立多级排水系统，明确寒地海绵系统优化方案，在城市扩张底线与刚性骨架的基础上，将寒地海绵系统规划切实落实到具体地块当中；微观层面功能耦合——河段尺度寒地河岸带生态修复与措施建设，以流域水生态安全格局为刚性框架，依据城市尺度海绵系统空间格局，确定河岸带海绵布局结构与具体方案，将水生态修复与低影响开发措施融入设计中，在海绵系统用地控制的基础上进行河岸带低影响开发措施应用与植物优化配置。

（2）集成多种相关的计算机模拟技术

研究以寒地城市规划区为实例，根据水生态与水安全问题现状分析，从中选取与水相关的生态敏感性因子，用叠加法进行综合分析，获取相应影响力的生态评价，并利用技术手段实现基础信息提取与模型建立。以水生态与水安全关联耦合为切入点进行寒地海绵城市的构建，同时运用SWMM对研究区域进行降雨径流模拟，模拟不同降雨重现期下地表径流的情况，分析并校验优化方案合理性，具体解决研究区域水生态与水安全问题，并为寒地海绵城市河段尺度规划设计提出上位条件。

（3）完善多尺度视角下的规划体系

从理论层面，梳理寒地城市地域特征，识别不同尺度下寒地城市水生态与水安全问题，提出水生态与水安全关联耦合理论，确定多尺度理论框架与技术路线，结合景观生态学“格局—过程—尺度”基础理论，完善多尺度规划视角，分析格局对水生态过程、城市内涝的作用机制，确定多尺度寒地海绵管控内容，阐述寒地海绵城市建设所涉及的景观生态学模型分析、计算机模拟、空间规划与修复等技术方法，综合城乡规划、水文学、水利工程、城市地理学以及其他相关学科，以此为基础构建多尺度寒地海绵城市规划体系。

（4）解决寒地海绵城市水生态与水安全规划的实际问题

针对寒地城市地域气候与水文特征，夏季降雨集中且强度较大，冬季有降雪并存在封冻期，春季有冻融问题，水系存在丰水期与枯水期的不同季节化特点，为夏季降雨设计足够的弹性空间，为冬季降雪设置相应的基础设施，设计中结合景观生态设计，选取适宜的寒地植物，形成寒地城市不同时期的景观效果。同时，对低影响开发措施进行筛选分析，总结出适用于寒地城市研究区域的技术措施并进行适宜性改进，对海绵城市各项指标进行计算分析，最后将各指标分解到不同分区中，使研究区域的规划设计发挥出最大的生态效益，并针对寒地地域气候局限性，考虑融雪剂、冻土、冬季维护等问题，解决寒地海绵城市规划的实际问题。

1.2.2　现实意义

（1）为寒地城市海绵规划建设提供理论和实践参考

本书针对寒地城市地域性特征与问题，探讨寒地海绵城市规划实施的途径与技术方法，完善海绵城市地域性规划。通过研究区寒地海绵城市规划，探讨基于水生态与水安全关联耦合理论在多尺度海绵城市规划中的应用，为实现寒地海绵城市建设提供科学依据，为地域性城市规划实践提供参考和借鉴。

（2）为寒地城市水生态与水安全问题解决提供理论支撑

随着我国城镇化进程的快速发展，寒地城市水生态与水安全问题严重，如寒地城市冬季降水量少、夏季降水量多，导致水资源短缺与城市内涝频发并存等一系列问题，可从宏观层面空间格局角度入手，结合中观层面系统性和微观层面功能性，来解决寒地城市水生态与水安全问题。水不单存在于水体中，更存在于城市生态系统中，如城市植被与土壤也担负着提供生态服务功能、调蓄雨雪水、缓解城市内涝的重任，其空间布局对水生态与水安全具有重要的影响。因此，构建以水为核心的多尺度城市空间结构布局为全面解决城市水问题提供刚性框架，也为寒地城市水生态与水安全的可持续发展提供理论支撑。

（3）为寒地海绵城市规划提供技术保障

城市绿地与水系作为构成城市最为重要的水生态基础设施，决定着寒地海绵城市在空间布局和功能区划方面建设的发展方向。因此，城市水生态基础设施应以实现寒地海绵城市整体利益最优化为目标。研究从流域、城市与河段多尺度出发，运用相应的多种相关技术方法，如景观生态学模型分析、计算机数值模拟、空间规划与修复等，同时针对寒地城市降雪、冻融等问题，在海绵措施技术方面有所考虑，为寒地海绵城市规划体系构建提供技术保障。

1.3　城市水生态安全理论与发展

1.3.1　城市水生态理论研究

水生态系统是城市生态系统不可或缺的组成部分。在生态城市建设研究过程中，城市水生态系统问题被提出且日益受到重视，并始终贯穿于生态城市建设研究的过程中。19世纪末，从改善城市人居环境的角度出发，奥姆斯特德和霍华德等人就提出“公园系统（Park System）”和“花园城市（Garden City）”等生态理论并付诸实践，对现在的城市规划与城市生态研究产生了深远影响[10]。20世纪50年代在西方逐渐兴起的以绿道（Greenway）运动为代表的生态网络构建，逐渐成为自然资源保护的新热点[11]。早期的城市生态规划中，较侧重于城市结构调整、城市形态布局和城市艺术设计等方面研究，大多关注城市生态系统中的能源开发、经济发展和环境保护等方面[12]。到20世纪90年代初，关于城市水生态、水循环问题的研究才逐渐受到重视[13]。国外关于水生态的研究大体可分为三个方面：

（1）城市中水务的控制规划研究：主要包括城市暴雨水量和水质的控制、利用及综合管理；城市内河水环境保护；城市水资源的综合利用，其中包括城市供水、排水和休闲娱乐等几个方面。

（2）流域、湿地等生态系统修复理论和应用：生态系统修复技术是近年来国外研究的热点，主要通过对河流、湿地生态系统，生态系统修复技术，植物对生态修复的作用机理以及有关生态平衡、生态风险评价等方面的研究，使人类更进一步认识到自身行为对生态系统的影响效应。

（3）水利工程、河道流量变化对河床变迁、水域生态的影响：水利工程由于破坏了水体的连续性，造成河道内流量减少、泥沙淤积、断面萎缩、河床移位、水环境质量下降、生物多样性被破坏等，而使生态系统出现失调现象。

国内关于水生态的研究多以生态学为基础，其中部分研究是通过优化整体景观格局保障区域水生态安全。张青青、徐海量等对玛纳斯河流域上中下游四类生态区近三十年的生态安全进行评价，通过生态安全格局变化研究，表明传统农业发展耗水量大，且破坏生态平衡，造成水土流失和水体污染[14]；潘竟虎、刘晓建立基于景观格局的生态风险指数，分析研究景观生态风险的时空变化特征和聚集模式，通过优化景观安全格局，打通生态廊道，连通生态流，提高生态系统的强度和健康度[15]；袁君梦、吴凡以秦淮河流域作为研究对象，构建水生态安全格局评价指标体系，划分秦淮河流域的水生态敏感区，并根据不同区域的特征进行相应的政策指引[16]；应凌霄、王军等以闽江流域为例，构建“一江一带一区一屏”的流域总体生态安全格局，并提出水污染、水土流失等问题及解决方法，体现整体性、系统性的修复需求和内在逻辑[17]。

此外，还有部分研究是以生态承载力与评价为主，对城市的可持续发展有一定指导作用。于冰、徐琳瑜等提出一种城市水生态可持续评价指数，并结合自回归移动平均（ARIMA）模型对城市水生态可持续发展趋势进行定量评价和预测，基于此，从优化水资源利用模式和提高水资源供给能力两方面提出维系大连市水生态可持续发展的对策和建议[18]；任俊霖、李浩等从水生态、水工程、水经济、水管理和水文化等方面筛选18项指标构建水生态文明城市建设评价指标体系，应用主成分分析法对长江经济带11个省会城市的水生态文明建设水平进行测度分析[19]；徐霞、曾敏等以昆山阳澄湖东部为研究区，借助ArcSWAT水文分析技术与数值模拟方法，构建了区域水生态安全格局，用于保护区域水生态系统的良性循环并建立水系景观生态网络，为区域水生态环境修复建设奠定了基础[20]。

1.3.2 城市水安全理论研究

城市水安全是保障城市可持续发展的重要组成部分。水安全问题的研究大约起步于20世纪70年代，随着水安全问题不断出现，逐渐成为世界关注的热点。1972年联合国的第一次环境与发展大会中即有专家预言：水危机是继石油危机之后的下一个危机[21]。1988年世界环境与发展委员会提出的一份报告中特别指出：“水资源正在取代石油而成为在全世界引起危机的主要问题。”1992年《里约宣言》认为水、粮食、能源三种资源中，最重要的是水资源。2000年3月，第二届世界水资源论坛明确了水安全的含义：保护并提高淡水资源、海岸及其生态系统抵御能力，提高可持续发展能力，维护政治稳定性，保障人类的安全用水及生活的健康稳定，使脆弱性群体远离水灾害的威胁[22]。联合国秘书长在2001年3月22日世界水日的献词《水安全——人类的基本需要和权利》中指出：“水安全问题是人类的基本需要，因此也是人类的基本权利。”2006年3月22日墨西哥城第四届世界水资源论坛公布的《世界水资源开发报告》称：“全球饮水量在20世纪增加了6倍，增长速度是人口增长的2倍，有11亿人缺水，26亿人无法保证用水卫生，90%的自然灾害与水有关，水资源安全问题日趋恶化。水安全问题已成为制约世界社会经济发展、生态环境建设以及区域和平的主要因素。”[23] 1990年以来，有关国际组织实施一系列水科学计划，相关国际会议也越来越频繁，主要围绕水与可持续发展、水环境保护、水资源科学管理、水资源开发与保护、环境变化与水文循环等主题进行研讨，不断提高人类对水安全问题的应对能力。从大量科学计划与国际会议中可以看出，人类对水安全的研究认识不断深入，逐步从水资源缺乏、水污染、水冲突、水管理到达水安全的高度。

我国水安全研究起步略晚于国际同类研究，但发展迅速。近年来，我国政府更加重视从战略高度来认识和解决水安全问题。水利部前部长提出了由工程水利向资源水利转变的水安全战略，从水资源开发、利用、治理、配置、节约和保护六个方面进行综合开发和科学管理，以满足社会与经济发展对水资源在饮水保障、防洪安全、粮食供给、经济发展和生态环境五个层次上的需求[24]；2002年，由钱正英、张光斗等数十位中国工程院院士及专家完成的《中国可持续发展水资源战略研究》提出了我国水资源总体战略，这项研究在广泛吸收国内外水安全战略研究最新成果的基础上，针对我国主要水安全问题进行了系统综合的专题研究，是我国水安全战略研究的里程碑；2004年，北京举行首届“中国水安全问题论坛”，对我国水安全问题进行了多学科、多层次的探讨[25]。

从水安全研究内涵角度，张翔等以环境变化与安全问题的本质联系为出发点，认为水安全包括水资源短缺和洪水灾害的水量问题以及水体污染导致的水质问题，涵盖了资源、环境、生态、社会、政治、经济等多个方面[26]；史正涛、刘新有认为水安全除了要保证客观上安全外，还要消除人们主观上对水安全的担忧，即人群必须感觉到水供应、水环境、洪水预警等是安全的[27]。国内研究将水安全的内涵逐步归纳为水资源安全与水环境安全两方面。从城市水安全的不同属性角度出发，其内涵表述不同（表1-2）。

水安全内涵不同属性表述[28] 表1-2

城市水安全属性	内涵
生态环境	水主要载体为生态环境系统
自然方面	自然环境水质、水量、水的存在形态及时空分布特性
人文方面	对水灾害问题防控干预，水资源的支配
社会经济	水为人类重要物质基础，强烈关联社会经济

另外，我国学者还从空间格局角度，对城市水安全问题做了相关研究。王宁等在分析我国城市水系存在问题的基础上，结合厦门市后溪流域污染综合整治规划实践，以水污染防治规划为主，初步探讨构建后溪流域生态安全格局的措施，为我国

东部沿海经济较发达地区的城市水环境治理提供借鉴[29]；俞孔坚等在《"反规划"途径》一书中首次将水安全格局作为生态安全格局的一项研究，之后在《区域生态安全格局：北京案例》一书中又将综合水安全格局作为生态安全格局的其中一部分研究，并运用GIS分析技术，利用径流模拟和数字高程模型对洪水、地表径流等过程进行分析和模拟，明确可用于调节、蓄滞的湿地和河道缓冲区，选取关键意义区域进行控制，构建雨洪安全格局[30]。陈璐青等基于防洪标准和对河流生态影响最小化原则进行滨水地区岸线规划，通过优化水系结构、连通河湖水系，增加蓄洪空间、提高抗洪能力的途径来保障滨水区域的水安全[31]；许宏福等从水系统整体出发，基于大冶湖生态新区流域特征及其生态敏感性分析，构建耦合水功能区、汇水廊道、汇水节点和潜在洪水淹没范围的水安全格局[32]。

1.3.3 小结

关于城市水生态方面，近年来虽然国内外对城市生态十分重视，相继提出了"园林城市""山水城市"和"生态城市"等规划理念并进行建设实施，但这些城市规划仍然未有系统性对水的认知，只单单把水作为城市复合生态系统中的资源需求和环境要素进行分析评价，还未提出其生态功能作用。而且对于城市水生态系统理论研究也相对缺乏，未能解决关键技术问题。相较于国外技术手段与其研究成果的理论性和科学性，我国的研究与建设成果相对较弱，主要表现在：一是由于城市河流污染严重，存在紧迫的水环境保护和污染控制问题，所以比较重视城市水体的污染防治和治理、供水水源的保障等；二是关注水利工程的正面效用而忽视其对生态系统干扰的负面作用，造成河道水体流动不畅，河床裸露，沿岸景观单调乏味，生态系统退化。

关于城市水安全方面，水安全的内涵从不同属性角度出发，其内涵表述较为不同，较多是从社会经济和人文角度出发，指人类社会生存环境和经济发展过程中发生的水的危害问题。几十年来，国外对于区域水安全研究主要体现在水资源的开发利用、防洪涝、水质安全等方面，并对水安全问题产生机理有大量的研究。而国内对水生态与水安全多尺度研究尚处于起步阶段，对于水生态与水安全关联耦合这一层面的研究较少，多数集中在雨洪管理、水源地保护与生态环境营造等措施实施层面，运用多学科综合的方法解决多尺度水生态与水安全规划的案例也较少。

1.4　景观生态学规划理论及发展

1.4.1　景观生态学的发展、概念及意义

（1）景观生态学发展进程

1939年，德国著名的生物地理学家Troll第一次提出“景观生态学”（Landscape Ecology）理论[33]。1984年，欧洲学派以Naveh和Lieberman为代表，出版景观生态学专著《景观生态学：理论与应用》（*Landscape Ecology: Theory and Application*），将景观生态学更为系统化，强调景观整体性[34]。1982年，国际景观生态学会（AILE）的创立对学科理论的内涵进行了进一步完善，定义“景观生态学是研究各种尺度层面上景观空间变化的学科，研究内容包括分析景观生态构成的异质性，以及影响生态环境的地理、生态等社会因素”[35]。同时随着该理论在北美地区的兴起，也极大地推动了整个学科在理论方面的发展。1986年，美国学派的Forman和Gordan编著《景观生态学》（*Landscape Ecology*）侧重于生态学与数字模型的空间格局分析，强调景观异质性，对学科地位确定具有重要意义[36]。

国外景观生态学几十年的时间里大致经历了三个发展历程（表1-3）：

国外景观生态学发展历程阶段划分　　表1-3

历程	时间	成果
初始期	1880～1930年	欧洲地理与生态学科逐渐融合
	20世纪30年代末	德国学者C. Troll首提“景观生态学”
形成期	20世纪60年代末	欧洲首届该学科学术研讨会
	20世纪80年代	捷克设立该学科研究所
完善期	1981年	首届国际学科大会在荷兰召开
	20世纪80年代中期	美国学会正式成立
	1987年	《景观生态学报》创刊
	20世纪90年代	《景观生态学的定量方法》一书出版，对该学科量化研究作出贡献
	2000年至今	RS、GIS等技术对学科发展有极大推进作用

国内对景观生态学的研究起步较晚，20世纪80年代初开始对景观生态学概念、理论与方法的研究。肖笃宁认为景观生态学是研究景观的功能、形态特征及空间结构等对人类和生物及其活动的影响的一门科学[37]；邬建国将景观生态学定义为，研究景观单元的类型组成、空间格局及其与生态学过程相互作用的综合性学科，强调空间格局、生态学过程与尺度之间的相互作用是景观生态学研究的核心所在[38]。国内景观生态学的发展分为四个阶段（表1-4）：

国内景观生态学发展阶段划分 表1-4

历程	时间	成果
萌芽期	20世纪80年代以前	国外景观生态学研究进入并影响我国，开始研究景观生态学的核心理论、内容与方法
形成期	20世纪80年代至90年代	基于国外理论研究对其概念、学科体系等进行梳理，分析其与相关学科的关系
发展期	20世纪90年代至90年代末期	景观格局指数相关研究，针对典型地区的景观格局时空演变过程，但仍然缺少格局演变对生态学影响的深层次研究
创新期	21世纪至今	从我国国情出发，研究不同尺度中格局与生态过程效应，通过生态用地与生态安全格局研究，进行景观生态规划，如生态区域保护、区域生物多样性、景观安全格局维护等系统性研究

（2）景观生态学相关概念

景观生态学是研究景观单元的类型组成、空间配置及其与生态学过程相互作用的综合学科。它的研究对象和研究内容基本包括三个方面：景观结构、景观功能、景观动态[39]（图1-1）。

1）景观结构、功能与动态的关系

景观生态学理论研究的基本内容是景观结构、功能及动态之间的相互作用[40]。景观结构是指景观单元的类型及空间关系，如景观中不同土地利用类型的面积、形状和相互之间的空间格局都属于景观结构的特点，强调各景观要素的特征及要素间的配置关系。景观功能是指景观结构单元之间的作用机制及景观结构与生态过程的相互关系，反映在物质、能量和物种的流动过程中，强调各景观要素间的相互作用。而景观动态是指随着时间的改变，景观结构的组成部分、形状及空间格局发生的变化，以及因此产生的物质流、能量流及物种流等景观生态流的差异[41]。

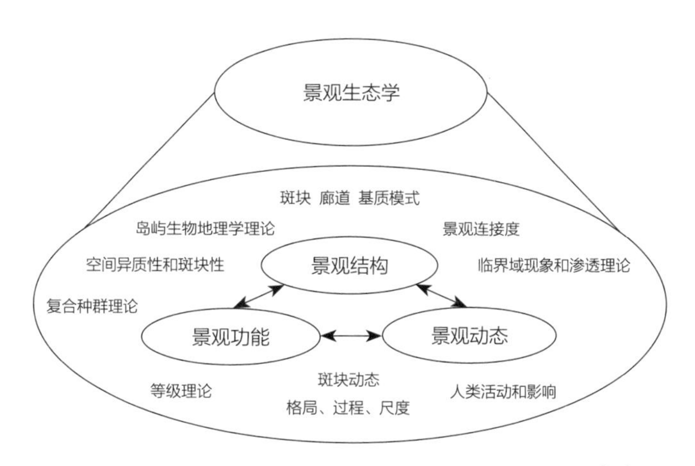

图1-1　景观生态学的主体研究对象、内容及基本理论[39]

景观结构、功能和动态之间相互联系、相互依存和相互制约。任何形式的景观系统都有其相互影响的功能和结构[42]。在很大程度上，功能影响着结构的形成和完善，同时结构也决定着功能。实际上，各生态元素在景观中不同的布局形成了景观结构的结果，景观生态元素在景观中的布局变化将直接导致景观结构中元素的形式、数量、尺寸、外形特征等发生变化，进而构成新的景观结构。而新的景观结构又影响着景观元素的特征，从而导致景观的整体功能发生变化，即景观系统与外界环境之间的影响、能量的传递、信息流交换的改变。而这些变化将最终传递给景观结构，影响景观结构的形成与发展[43]。

2）景观斑块、廊道、基质模式

这一概念模式由Forman和Gordon（1986）首创，从离散的角度将景观理解为不同组分构成的镶嵌体，为景观格局的定量分析提供了一套概念体系。Turner和Gardner（1991）、Li和Reynolds（1994）等在此基础上发展了一套以斑块为基础的景观格局描述和分析指标、方法[44]。

在景观生态学中，斑块（Patch）、廊道（Corridor）、基质（Matrix）作为景观构成的基础元素，适用于不同的景观应用模式，用来表述景观结构的一般模式。景观中任意要素或存在于斑块内，或存在于起到连接作用的廊道内，或坐落于作为背景的基质内。该模式能识别和比较不同景观结构特征，考虑景观结构及景观功能间的相互关系，从而提出相应的规划途径，提供了一种简单、明确并且具有可操作性的“空间语言”[45]。

景观生态学对于涉及景观构成与作用关系的基本原理进行总结，是规划和修改的依据，这些原理对于景观过程与动态格局关系具有普遍的作用和意义，适用于不同类别的景观。在景观生态设计规划中，这些基础理论体现在对景观元素空间构成的空间格局和景观元素属性的设计上，理论包括：景观斑块即生态学一般用来表述景观单元的大小、形状、性质及数目等特征；景观廊道即狭长的景观单元，不同于两边的环境，呈线性或带状分布，纵向具有通道作用，横向具有阻力作用，既可以分割景观单元又可以连接景观单元，它的景观结构对景观过程有重要影响，是能量流与物质流的媒介；景观基质则是指拥有最广分布范围及最大连接性的景观背景组分。

3）景观连通性与连接度理论

在景观生态学中，景观连通性是景观元素在空间结构上的联系，用来测定景观的结构特征；而景观连接度是指景观元素在功能和生态过程上的联系，用来测定景观功能特征[46]。景观连通性可从斑块大小、形状、同类斑块之间的距离、廊道存在与否、不同类型树篱间的相交频率和由树篱组成的网络单元的大小得到反映；景观的连接度则要通过斑块之间物种迁徙或其他生态过程发展的顺利程度反映。因此，具有较高连通性的景观不一定具有较高的连接度，连通性较小的景观其景观连接度不一定小。景观连通性与连接度理论有利于景观生态学在研究景观的整体系统功能时，更加兼顾景观结构和景观功能两方面，加强相互之间的联系，从本质上研究透彻景观的机理。

4）景观异质性和多样性理论

景观异质性指景观的变异程度，多样性指景观类型的差异，景观异质性的存在决定了景观格局的多样性和斑块多样性[47]。而景观多样性是景观单元在结构和功能方面的多样性，反映了景观的复杂程度，包括斑块多样性、格局多样性。景观异质性和多样性理论不仅使得景观生态学能在空间范围内对景观格局进行优化，而且还使得其能在时间跨度上研究景观的演替发展情况，做出相应的调整。

5）“源区”与“汇区”理论

生物物种与营养物质和其他物质、能量在各个空间组分间的流动被称为生态流，它们是景观中生态过程的具体体现。受景观格局的影响，这些流分别表现为聚集与扩散，属于跨生态系统间的流动，以水平流为主。生态系统中流的聚集与扩散使得生态系统间形成了“源区”与“汇区”的关系，并且相邻的景观要素处于不同的发育期时，可随时间转换而分别起到“源”与“汇”的作用[48]。

（3）景观生态学的意义

景观生态学是关于研究景观的组分构成与空间构型属性，是对景观的生态与地理特征的独特反映[49]。景观生态学意义主要反映在以下三方面：

1）指示环境背景

不同的景观类型具有特定的空间构型，反映了不同的自然地理与人文环境背景[50]。例如：同为农田景观，我国华北平原的农田景观具有整齐划一的长条形斑块和笔直的边界，而南方丘陵山地的梯田景观则具有弯曲蜿蜒的典型"指纹"格局，反映了山地和平原地形对农田斑块构型与边界形状的约束，以及人类农田开发对不同环境特征的适应结果。同样，发育在山地、山口洪积扇、冲积平原上的河流景观不仅具有明显不同的纵向格局，如树枝状、辫状和蜿蜒的空间构型，其横剖面结构上也存在显著差异，反映了不同地形条件下，径流量、河水含沙量以及下伏岩层对河床发育的约束强度差异。

2）揭示生态过程

景观格局与生态过程之间的相互作用是景观生态学的核心科学问题。这是因为，特定的景观组分结构与空间构型都是相关生态过程作用的结果，而景观格局反过来也会影响很多空间过程的强度、方向和路径[51]。研究发现，具有渐变格局的景观过渡带往往对应于不整齐的边界，反映了比较和缓的环境梯度，因而存在着较为频繁的物质和能量流穿越过渡带，如动物迁徙、植物种子扩散等；而界限截然的线性边界两侧景观通常具有高对比度，穿越性的生物和非生物过程则大为减少。景观中连接度高的斑块类型更容易被特定的生物、非生物物质能量流利用来进行水平迁移。例如：山地动物种群总是沿着山脊线、山谷线或与之平行的线路进行水平方向的迁徙。

3）反映生态系统服务的类型与水平

景观格局反映了景观组分的多样性和优势度，不同类型景观斑块分布的连接度、破碎化程度，以及整个景观的异质性等多方面特征[52]。不同景观中这些特征的差异无疑对应于生态系统提供的服务类型和供给强度，如以森林为基质的景观，其具有的（地下水、氧气等）供给、（小气候、水文）调节、（生态过程）支持服务随着森林景观破碎化程度加剧往往趋于减弱[53]。与此同时，由于不同人文景观组分的加入，景观的文化功能一般会相应加强。道路系统的发展一方面增强了对人类活动、交通运输的支持功能，另一方面又阻碍了动物种群的迁徙。在景观的人工组分全部替代了自然斑块，并逐渐集中到高度专一化的景观斑块以后，景观的文化功能和（生产性物品）供给功能也将逐渐萎缩、单一化。

景观格局主要从空间结构方面反映景观属性，而非景观属性的全部。因此，对其所反映的生态学内涵也需要结合其他方面的属性特征来理解。例如：对于分别以森林和城市为基质，具有相似破碎化程度的景观格局；前者森林基质中的人工景观斑块（如建筑）属于引进斑块类型，而后者城市基质中的森林斑块已是残遗斑块类型；两者显然具有大不相同的景观生态属性和生态系统服务。

1.4.2 “格局—过程—尺度”关系理论研究

“格局—过程—尺度”是景观生态学研究的核心问题。景观格局是指景观空间单元或斑块在空间上以不同类型、数目的空间分布与配置规律[54]。最明显的空间布局有均匀性、聚集型、线性、并行以及空间链接特殊格局。格局从某种意义上讲就是景观的结构，是景观生态学的根本所在。格局决定景观的性质，包括景观多样性、空间异质性、景观连接度等。景观格局的基本性质是景观异质性，正是因为有了异质性，景观格局才有了研究与分析的价值与意义。景观格局常用景观格局指数加以抽象和表达。

景观过程是景观格局在时空尺度上的连续或非连续性变化，因此它强调事件在时间和空间上的发生、发展的动态特征[55]。它是景观系统内部及内外物质、能量、信息的流通和迁移，以及景观系统自身演变的总称。过程强调动态特征，其表现形式多样，包括物种迁徙、群落演替、物质与能量流动、景观格局变化等。关于景观过程的研究近年来逐渐受到研究人员的重视，主要体现在景观格局演变过程的分析与模拟、自然生态系统对景观格局演变的响应方面。景观的格局与过程之间关系密切，格局与过程的关系逐渐成为景观生态学研究中的核心内容。景观格局指数是定量分析景观格局与生态过程的主要方法。

景观尺度主要包括时间尺度和空间尺度。时间尺度主要体现在对景观过程的研究中，较小的时间尺度表示景观采样的时间间隔小，能够反映出景观过程演变的细节信息，与此相反，较大的时间尺度则能够高度概括景观在长时间水平上的变换趋势。空间尺度即景观格局的空间辨识度，主要包括两个方面的概念：一是景观粒度，即景观中最小可辨识单元的空间测度，在最小可辨识单元内认为景观是同质的，最小可辨识单元之间则可能存在异质性；二是景观幅度，即研究对象在空间上的总体量度，可以理解为研究范围大小[56]。在某一大尺度上进行研究时的噪声成分，在比其小的尺度上往往表现为重要的结构型成分。因此，在不同尺度下进行景观生态学研究，往往会得出不同的结果，即景观格局与过程具有尺度依赖性（图1–2）。由此可见，景观格局与生态过程之间是紧密联系的，他们的关系在某一确定尺度中是一对多的关系，其研究对象是具体问题，同时依赖于景观尺度。

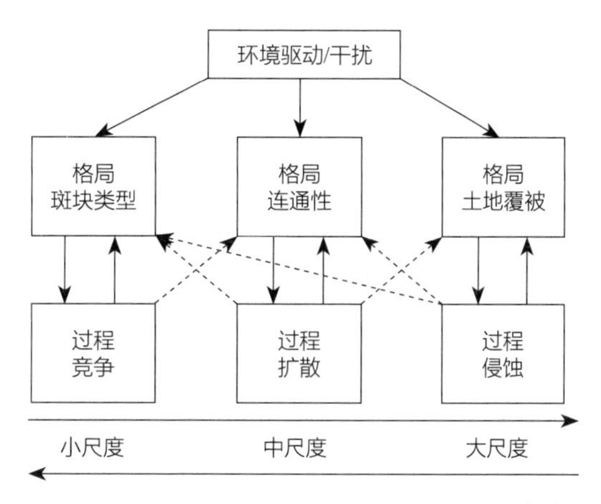

图1-2 格局、过程及其尺度之间作用关系[57]

从规划层面看，城市开发可以看作空间异质性格局的变化过程，同时也是对景观格局的一种干扰行为，为景观生态学与城市开发对城市景观生态的影响提供了依据。由于研究对象的不同，在景观生态学中对格局与尺度的选择会对研究结果有较大影响。因此，在运用景观生态学为基础理论进行研究时，应首先确定研究的尺度与格局，这里的尺度并非单指事件发生所处空间的面积大小，同时也包括事件在发生时间上的范围与频率。

景观生态学对生态结构以及其承载景观功能与动态的分析是建立在空间异质性的基础之上，即根据某种生态学变量区分不同生态结构并根据其空间分布特征来确定研究范围的生态安全格局。研究格局与尺度对空间异质性的判定有较大影响，在某一尺度下较明显的生态学变量在另一尺度上的表现可能微乎其微，如在较小尺度上不同类型的植物簇可被划分作不同类型的斑块，而在较大尺度上其可被划分为同类型斑块，与其他生态环境类型如河流、湿地区分为不同类型斑块。空间异质性是自然界中存在的普遍特征，也是景观生态学的理论基础，在运用景观生态学时应正确清晰地选择合适的异质性特征。

除缓慢的自然演变过程会造成景观结构的变化外，较大的瞬时外力，如人类对自然的开发、自然界中的火灾及洪涝灾害等，也会对景观结构造成较大影响，继而影响生态功能与动态。景观生态学将这类直接干扰生态结构的事件定义为干扰，并加以说明。城市开发行为对生态结构的影响作为一种干扰类型，在景观生态学领域中可被充分分析与解读，因此选用景观生态学作为工具处理引发生态问题的开发行为有较明显的优势。

1.4.3 国内外相关研究进展

（1）国外相关研究

19世纪30年代，有众多著作采用定性方法描述了景观格局特征。1939年，德国著名生物地理学家Troll提出了“景观生态学”的概念，他将陆地圈、生物圈和人类圈看作景观的有机组成部分，融合地理学和生态学研究方法，对景观整体的结构和功能进行横向空间关系研究和纵向生态区域内功能研究[58]。Buchwald和Engelhart进一步发展了景观思想，认为景观可以被理解为包括景观结构特征的地表某一空间的综合特征[59]。Forman提出的“斑块—廊道—基质”景观构成模式对当代景观生态学研究产生了深远影响，格局与过程之间的相互作用机理可以通过量化的景观单元的组合结构特征进行表征[60]。随后Forman将景观格局定性地划分为“指状景观、棋盘状景观、网络状景观和斑块散布状景观”四种类型，重点研究了包括景观要素与生态系统的空间格局、景观要素之间动植物物种、能量、物质和水分的交换与流动以及景观要素及景观格局的动态变化[61]。此外，Zonneveld对景观系统的层次结构进行划分，并对景观组成及关系进行明确[62]。

20世纪70年代以后，景观格局的研究方法开始从定性描述转变为定量分析，空间统计方法在景观格局分析中的应用较为广泛。学者们发展度量分析、点空间排布、空间方程、近邻分析法及其他用于种群空间分布格局分析的方法来研究动植物种群的空间分布规律[63]。此外，Burrough采用分维分析，对多种景观和环境现象的分数维度进行了计算[64]。

20世纪80年代以来，学者们开始利用景观指数法分析景观格局及其变化，并逐渐发展成为景观格局分析的最主流工具。O'Neill等人率先基于信息论和分形几何理论，利用数字化的底图，计算了美国东部地区的优势度、蔓延度和分维数等景观指数，得出指数间相互独立且能对景观格局具有较好的描述效果的结论[65]；也有学者利用格局指数和变化指数对荷兰的景观格局进行分析[66]；甚至还有学者采用景观指数对南极浅水区域的景观格局进行分析[67]。

（2）国内相关研究

相对于国外相关研究而言，国内学者对景观生态学的研究起步较晚，但起点较高，发展较快。20世纪80年代初，林超、黄锡畴、陈昌笃等学者将景观生态学引入中国[68]。自1989年召开第一届全国景观生态学讨论会之后，国内学者开始广泛关注景观生态方面的研究。20世纪90年代初，学者们除了介绍国外景观生态基础理论之外，关于景观格局分析方法论的探讨，以及景观格局定量分析的应用型研究也逐渐展开，这一阶段景观格局的研究对象主要面向于城乡、农林、荒漠和湿地等区域。

1990年，肖笃宁等人首开国内景观格局定量研究的先河，采用斑块数目和面积大小、斑块转移矩阵、斑块优势度指数和景观多样性指数四种指标对沈阳西郊景观格局进行研究[69]；宗跃光根据廊道效应原理，对北京的城市景观结构进行研究[70]；车生泉对城乡一体化过程中城乡生态安全格局进行了分析，论述其景观多样性、景观空间格局和景观的廊道效应[71]。除了对城市和乡村景观展开景观格局分析外，20世纪90年代，学者们关于景观格局的研究大多是以农林区域为研究对象。同时，荒漠与湿地也是此阶段景观格局研究的重点对象，常学礼等用修改的分维数、分维数和景观多样性指数方法，对科尔沁沙地不同沙漠化土地景观空间格局进行了研究[72]；王根绪等将区域空间格网化，以网格为研究单元提取指标信息的景观格局分析方法，对黑河流域下游三角洲区域的荒漠绿洲生态体系进行研究[73]；此外，还有学者利用遥感、GIS手段对辽河三角洲湿地景观的格局与异质性进行研究[74]。

2000年以后，景观格局空间异质性分析的研究对象和范围也进一步扩大，大部分研究是针对区域流域、城市农村、森林植被区域，另外也有针对湿地、绿地公园、绿洲、旅游风景区、沙漠荒漠、自然保护区、煤炭矿业的景观格局研究[75]。研究方法也更加多元化和集成化，除采用定性描述法、景观类型面积比较法、空间统计分析法以外，研究普遍采用景观格局指数法来描述景观类型构成和结构特征，此外，基于特定生态过程的景观格局模型法也逐渐得以推广应用。从栖息地网络到EI的研究是景观连续性及景观格局研究的初始，研究尺度和范围上也一直在扩大，从最早的小尺度小范围开始，到现在的大尺度大范围格局研究。研究内容上从最早的生物多样性保护和栖息地网络到现在的生态水系统、文化遗产网络、游憩安全系统等，以北京市密云县（现密云区）高岭镇土地利用为例，构建以水体安全为核心的生态基础设施[76]。傅微基于荷兰福尔曼和戈德罗恩的以斑块、廊道和基质作为景观结构要素的研究视角，从宏观、中观、微观三种尺度阐述荷兰传统村镇景观格局特征及发展过程[77]。睢晋玲等以辽宁省盘锦市辽东湾新区为例，通过对典型区域进行下垫面及各地块用地类型分析，结合研究区地形、水文、降雨强度等因素，选取低影响开发（LID）措施，提出研究景观格局与过程的新思路与方法[78]。

1.4.4 小结

基于国内外研究文献的整理、回顾和分析，可以看出，国内外学者对景观生态学相关理论进行了广泛且深入的研究。当前研究具有以下几个方面的特点：第一，对景观格局的研究从定性表述向定量分析进行转变，普遍应用3S手段，基于遥感影像和GIS空间分析，采用面积比较法、空间统计分析法和景观指数法等对景观格局的几何特征进行分析；第二，景观格局研究对象呈大尺度趋势，从早期集中于农林和湿地两类生态系统，到后来对区域流域、城市及乡村等区域尺度的研究，人们对景观格局研究形成了系统性的分析方法，对其变化规律有了初步了解；第三，关注对景观生态驱动机制以及反馈机制两个系统的关联性研究，土地利用作为沟通自然系统和生态系统的重要桥梁，以景观格局变化过程为研究切入点，分析两个系统之间的耦合性以及互动机制，有利于促进对两个系统之间关联性的认识和理解，进而为社会经济系统和生态系统可持续发展提供科学的参考意见和技术解决手段。

1.5 国外雨洪管理体系

1.5.1 宏观层面防洪排涝

（1）美国经验

结合洪灾损失、防灾措施、要求等的发展状况，美国针对法规进行多次修订。美国于1849年到1999年间，通过了十多部防洪法规，具体涉及全国防洪保险法、河流流域管理局法案等[79]。相关内容包括经费分担、防洪工程的规划修建等。表1-5为美国流域防洪的政策演变过程。

美国流域防洪的政策演变过程[80] 表1-5

流域防洪观划分	时间（年）	法案
“堤防万能”的工程性防洪建设观	1849～1850	通过《沼泽地法》
	1861	Humphery和Abbott提出“堤防万能”防洪政策，被采纳
	1879	成立密西西比河委员会
	1913	建立迈阿密河水务局

续表

流域防洪观划分	时间（年）	法案
“堤防万能”的工程性防洪建设观	1917	国会通过第一部《防洪法》
	1928	修订《防洪法》
	1930	国会批准佛罗里达州奥基乔比湖附近地区《防飓风洪水规划》
	1933	国会通过《田纳西河流域管理局法案》
	1936	国会通过美国历史上第一部综合性《防洪法》
	1938	修订《防洪法》
	1941	修订《防洪法》
	1944	修订《防洪法》
	1950	修订《防洪法》
	1954	国会通过《河流防洪排涝计划》
	1956	修订《河流防洪排涝计划》
	1958	修订《防洪法》
	1960	修订《防洪法》
“流域保险”的经济性防洪排涝观	1968	国会通过《全国防洪保险法》
	1973	修订《防洪法》
	1977	总统发布《洪泛区管理及河滩保护特别法令》
	1979	国会批准成立联邦应急管理局
	1988	修订《防洪法》
	1994	美国联邦跨机构洪泛平原管理审查委员会报告
“全面协调”的生态性雨洪管理观	1994	颁布《国家洪水保险改革法》
	1995	总统提交《1994年国家洪泛平原管理统一规划》
	1999	颁布《水资源开发法》

在上百年的治水历程中，美国因为多次惨重损失，而对多部法律进行制定和颁布。联邦政府以此前教训作为基础，也针对防洪政策予以调整，并最终对协调、全面的措施加以运用，对自然系统、人加以保护以及管理，由此确保经济发展以及生态环境之间的长期可持续发展。

（2）日本经验

结合生产需求、生存保证以及生活适应自然三方面，可对近代日本开展的治水活动进行如下三阶段的划分[81]：

一是19世纪中叶到20世纪中叶，这一阶段，为实现防洪这一目标，对河堤进行大量修筑，避免出现海啸或洪水泛滥问题；二是20世纪中叶到20世纪末，这一阶段以开发利用水资源以及治水为主，对多功能水库进行修建；三是21世纪后，已发展至环境保护、水资源开发以及治水相结合阶段，具体体现为对超标准洪涝灾害的预防、关注环境保护以及减灾。

日本地处亚洲东部，环太平洋火山地震带，其气候为温带海洋性季风气候。这一气候条件使得日本成为火山、台风等灾害多发地区。当地城市防洪体系具体涉及两大块，即水灾防治和水灾减轻。在防治水灾方面，主要包括河道整治、水库修建等工程建设，多由国土交通省等负责。而减轻水灾涉及避难、洪水预报，工作主要由个人或防汛团体、消防厅等负责。

因日本不仅多雨，且多以山地地形为主，使得其发生洪水、泥石流等灾害的可能性极大增加。当前，就该国人口以及社会资产来看，前者的50%以及后者的3/4，均处于雨洪水风险区。自旧《河川法》于1896年发布以及实施以来，日本治水历史已长达一百多年，目前已构建起以预防为主的防洪体系，也成为全球抗灾方面的先进国家。当前，日本以利根川等大河采取100到200年一遇，中小河流采取50到100年一遇，以及农村采取30到50年一遇防洪体系作为防洪标准。但就近年来出现的城市内涝灾害来看，也凸显出日本在抗洪能力方面的弱点以及限度，使得该防洪体系逐步由关注防灾向减灾方面发展。日本于1997年修改《河川法》，并于2001年对《防汛法》进行修改，以对河流生态环境加以关注和保护的基础之上，实现社会减灾以及抗灾能力的提升，关注居民以及地方在减灾工作中的重要作用。当前，日本正对公助、自助等方案进行研制，也就是包括国家、地方以及个人在内，共同实现自身作用发挥的一大防洪排涝体系。其具体特点包括：对水库进行修建、河堤予以加固以及提高标准的同时，对预测以及预报中小河流洪水的方法加以改进，使得全民对自然灾害产生更为深刻的认识，具备更强的防灾意识。

1.5.2 中观层面雨洪管理

1970年之前，国外对城市尺度雨水径流的管理主要是依托城市雨水管网，以快速高效的目标将雨水径流及时排出场地，减少城市内涝积水问题。但是随着城镇化进程加快，不断扩张的城市规模对城市水系统与自然水过程造成影响及破坏，导致城市雨洪灾害日益严重[82]。20世纪末，在雨水可持续管理理念指导下，各国研究者根据不同城市的现状条件，因地制宜地提出不同的理念技术以解决相应雨水问题。国外与海绵城市相关的研究理论与技术措施主要包括：最佳管理措施（Best Management Practices，BMPs）是1972年美国《联邦水污染控制法》首次提出，以工程措施与非工程措施相结合解决水量、水质和生态等问题[83]；低影响开发体系（Low Impact Development，LID）是1990年美国乔治省马里兰州环境资源署提出，以分散小规模措施对雨水径流进行源头控制[84]；水敏性城市设计（Water Sensitive Design，WSUD）是1976年澳大利亚国家水工程委员会首次提出，1994年被澳大利亚学者Whelan正式提出，以整合城市空间设计和综合水资源管理手段实现雨水综合利用[85]；可持续城市排水系统（Sustainable Urban Drainage System, SUDS）是英国1999年提出，以源头、中途和末端控制的工程性措施应对传统排水产生的内涝、污染和环境破坏问题[86]；绿色雨水基础设施（Green Storm-water Infrastructure, GSI）是2000年由美国西雅图公共事业局提出，它将BMPs和LID等理论中的微观技术措施进行重组，以多源头控制雨水全过程，并将其应用于相应场地中[87]。Fletcher等（2015）指出LID和GI结合的规划方法更为关注宏观规划及其发展的需要[88]。新西兰、德国分别在总结前面国家雨洪管理经验的基础上，提出了低影响城市设计和开发（LIUDD: Low Impact Urban Design and Development）、雨水利用（Storm Water Harvesting, SWH）[89]。日本则单独根据其灾害多发、城市建设密度较大的特点，形成了独特的末端雨水收集模式，建成了世界上独一无二的地下排水系统，有效缓解了雨洪灾害的威胁。根据该领域研究发展近况（图1-3），可见低影响开发、最佳管理措施以及绿色基础设施的研究已经成为城市雨洪管理模式的主流。

（1）美国——BMPs、LID和GI

1）最佳管理措施（Best Management Practice, BMPs）：美国是雨洪管理方法较为成熟的国家，最佳管理措施最初是针对农业用水的非点源污染而提出的末端处理措施，现已发展成为面向水量、水质、水生态等多方面的综合城市雨水管理技术体系[91]。BMPs通常分为工程性措施和非工程性措施两类。工程性BMPs指运用各种水处理设施和工程技术来控制城市降雨造成的洪涝和径流污染问题，主要包括雨水塘、雨水湿地、渗透池、生物滞留等水处理设施（表1-6）。非工程性BMPs指通过立法、监管、宣传等手段建立雨水处理管理体系，提高公众参与雨水管理的过程。

美国联邦环保署于1999年颁布了第二代雨洪控制规范，对BMPs提出了详尽的技术导则，将BMPs分为六大类，即场地建设的雨水径流量控制、违法排放的检查和去除、污染预防/家庭管理、施工后雨水管理、公众教育、公众参与，详细规定了在不同情况下BMPs实施的方法和规范[92]。

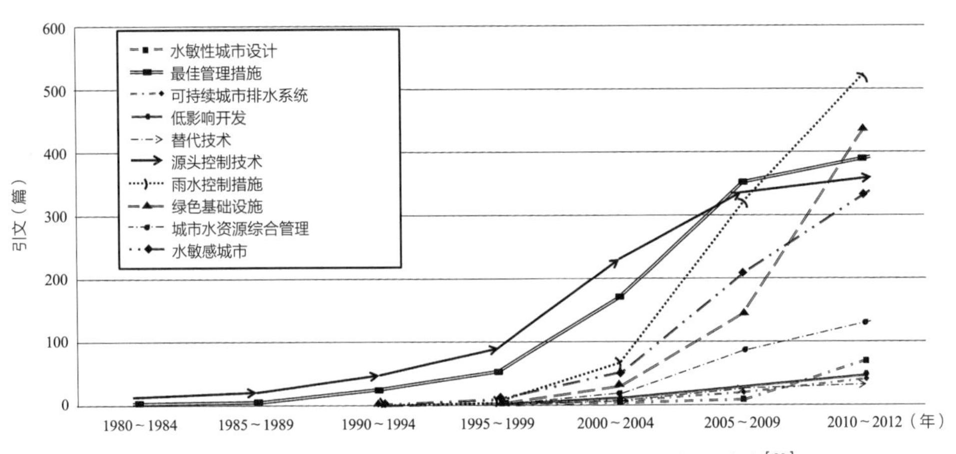

图1-3 1980～2012国际上城市雨洪管理相关的术语发展动态[90]

工程性最佳管理措施的类型和适用尺度[93] 表1-6

工程性最佳管理措施	地块尺度	街区尺度	开放空间网络或地区尺度
径流转移到种植床	√		
雨水滞留池/再利用设计（绿化或厕所用水）	√		
拦沙坑，沉积井	√		
渗滤和收集系统（生物过滤系统）	√	√	√
渗透系统	√	√	√
乡土植被，覆盖、滴灌系统	√	√	√
透水铺装	√	√	√
缓冲带		√	√
建造的湿地		√	√
干燥滞洪区		√	√

续表

工程性最佳管理措施	地块尺度	街区尺度	开放空间网络或地区尺度
垃圾截留设施（立箅式雨水口）		√	
池塘和沉积井		√	√
沼泽地、洼地		√	√
湖			√
大颗粒污染物截留设施			√
恢复的水道/排水沟			√
再利用设计（开放空间灌溉和厕所用水）			√
城市森林			√

2）低影响开发（Low Impact Development, LID）：为了避免最佳管理措施末端处理方式的不足，美国乔治省马里兰州环境资源署于1990年提出低影响开发（Low Impact Development, LID）的概念[94]。LID是在新建或改造项目中，结合生态化措施在源头管理雨水径流的理念与方法。LID理念的核心是通过合理的场地设计，模拟场地开发前的自然水文条件，采用源头调控的近自然生态设计策略与技术措施，营造出一个具有良好水文功能的场地，最大限度地减少、降低土地开发导致的场地水文变化及其对生态环境的影响（图1-4）。在诸多收集、利用城市雨水的生态技术体系之中，这一方法可轻松实现，其以自然净化、地下水回补等作为关键。与BMPs相比，LID强调通过分散式、小规模调控措施对雨水径流进行控制的源头控制机制，体现的是贯穿于整个场地规划设计过程的场地开发方式和设计策略。LID设计通常需要综合渗透、滞留、储存、过滤及净化等多种控制技术。LID体系包含结构性措施和非结构性措施两种策略，结构性措施主要有生物滞留池或雨水花园、植被浅沟、植物过滤带、洼地、绿色屋顶、透水铺装、蓄水池、渗透沟、干井等；非结构性措施包括街道和建筑的合理布局、增加植被面积和可透水路面的面积等。相对于传统的雨洪管理措施，LID具有适用性强、造价与维护费用低、运行维护简单、多功能景观等优点，并且可以减少集中式设施的使用，已经被美国、加拿大、日本等一些国家应用于城市基础设施的规划、设计与建设领域。

这一技术的原则包括：

A. 在开发以及规划土地时，以当前自然生态环境作为综合框架：首先需对流

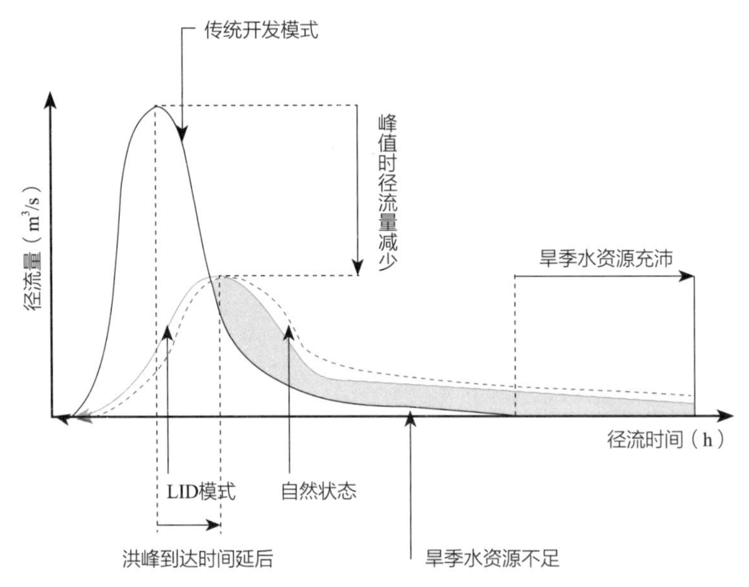

图1-4 在自然条件下LID与传统模式的径流量—时间变化图[95]

域范围、地区环境进行考虑，对指标要求、项目目标加以明确；此后，就邻里、流域尺度范围之中，对雨水管理存在的局限性以及可行性进行寻找；对环境敏感型地区资源予以明确以及保护。

B. 专注于雨水径流控制：结合使用可渗透铺装以及对场地设计策略的更新，使得不可渗透铺装面积达到最小化；在建筑设计过程中融入雨水收集、绿色屋顶等；在可渗透区域内引入屋顶雨水；并对目前景观、数目加以保护，以此确保冠幅面积达到最大。

C. 结合源头来开展雨水控制管理：在雨水管理方面，以雨水引流、分散式地块处理作为其中的一部分；对排水坡度减小、径流路径延长方式加以运用；并结合开放式排水，对自然径流路线进行维持。

D. 对多功能景观进行创造：向诸多发展因素之中综合雨水管理设施，以此对可开发土地进行保护；对促进渗透、净化水质的诸多设施进行运用；结合景观设计，使得热岛效应、雨水径流得以减少，由此实现美学价值的提升。

E. 教育以及维护：就公共区域内，通过资金提供以及培训活动的开展，来实践雨水管理技术措施，并予以维护，教导人们如何在私有场地区域之中运用雨水管理技术措施，由此实现合法协议，对长期维护以及实施加以保障。

3）绿色基础设施（GI）：BMPs和LID虽然强调城市开发过程中水文特征的自然化，但实现方式均为分散式的雨水处理设施，缺乏对城市整体生态环境的思考。

针对这一不足，2000年美国兴起绿色基础设施（GI）或绿色雨水基础设施（GSI）的概念，将一系列更大尺度的措施和方法（包括景观水体、生态廊道、大型湿地等）应用于场地和区域层面的城市开发，强调通过绿色网络系统的布局和设计，保护区域生态格局，实现暴雨控制，改善城市水文环境。

绿色基础设施（Green Infrastructure，GI）是对基础设施概念的一种延伸，旨在通过某些要素及其连接构成一种具有特定服务功能的网络，其特征是景观元素的筛选及连接[96]。美国规划协会对绿色（雨水）基础设施作了如下定义：它是一种由诸如林荫街道、湿地、公园、林地、自然植被区等开放空间和自然区域组成的相互联系的网络，能够以自然的方式控制城市雨水径流、减少城市洪涝灾害、控制径流污染、保护水环境（表1-7）。绿色雨水基础设施（Green Stormwater Infrastructure，GSI）是广义绿色基础设施的重要组成部分，对于水资源的保护利用、城市洪涝灾害的减少、网络化的连接以及人文游憩方面的考虑，对于海绵城市的建设极具参考性[97]。

绿色基础设施网络（生态价值方面）的一般构筑物组成[98]　　表1-7

构筑物	实例	提供功能示例
生态群落和其他具有自然属性的地域	国家、地区及地方级的公共、私立及非营利公园、私人禁猎区、保护区；本地物种栖息地、瀑布、峡谷、溪谷的土地	保护和恢复当地的动植物群落，丰富生物多样性，保持/恢复自然生态属性
鱼和野生动物资源	野生动物避难所，猎物保护区，景观连接/野生动物底道，生态带，溪流和湖泊	为野生动物提供栖息地，支撑动物迁移，保持物种健康
流域/水资源	河边的和相关非滨河土地，湿地，泛滥平原，地下水补给区	保护和恢复水的质量和数量，为水生和湿地有机体提供栖息地
具有生态价值的生产性景观	具有本土栖息地和自然属性的林地，牧场和农场；具有恢复生态价值潜在性的生产性景观	鱼和野生物种的栖息地，水资源价值（平原、湿地）的保护，网络成分的连接和缓冲，保护土壤

绿色基础设施出现十多年，简单进行理解，即属于生态化绿色环境网络设施。其与造林以及城市绿化极为不同，其强调之处在于，在相应区域范围之中，将绿地、自然系统作为基础，结合弹性方式的运用，对自然资源进行保护，通过对生态环境的恢复以维持，由此使得城市发展进程中存在的生态问题得到解决，令自然能

够和社会相融合，形成一个经济、社会以及环境可持续发展的生态框架。其以生态系统整体性思想作为切入点，结合区域城乡生态环境这一视角，对城市生态建设全新理念予以总结，在当前城乡绿化一体化工作的推进方面，指导价值极为突出。

因城市快速扩张、人口迅速增加，以及城市群的不断出现，人类聚居区范围日益扩大，而自然以及乡野区域则随之收缩，由此逐步形成绿色斑块、城市孤岛等现象。生态进程因此遭受阻碍，生活环境日益恶化，这也为生态安全等带来极大挑战。其一，大范围消失的湿地以及不断缩小的自然森林，物种锐减，既降低了生物多样性，使得自然生态系统功能显著改变，全球气候受其影响出现变化，并逐步向全球变暖不断加速；其二，在土地大规模变更，且开发活动大规模开展时，系统应对短期灾害天气的能力不断下降，如雨量调节、洪水控制等，使得旱涝等灾害风险有所增加，也使得城市减灾投入不断增加。以此作为背景，即产生了绿色基础设施这一概念。

美国农业部林务局、保护基金会于1999年联合组建工作组，其中涉及非政府以及政府机构，并制订了一项计划，以便于各地方、各州将可持续发展目标以及生态系统恢复纳入相应政策以及计划之中。首先，这一工作组对绿色基础设施进行概念总结，即国家自然生命支持系统互通网络，具体涉及公园、湿地、野生动物生境、种植场等，以及对当地人民生活质量、健康等有所贡献的空地、荒地等。这一概念的提出，很快受到了当地政府的关注，并以此作为可持续发展目标得以实现的一大重要战略。就自然保护区以及绿色基础设施而言，二者差异显著。其一，其在对绿色空间网络进行构建时，以较为主动的方式进行，如开展维护、重建等工作，而非被动地进行隔离。其二，其以对生态安全的维护作为切入点，对自然环境具备的生命支撑功能予以突出，对系统性生态功能网络结构进行构建，达成可持续发展目标。此外，其也对平等对待、敬畏大自然、和谐共处、共存永远的生态文明思想有所体现。

结合这一理念来看，若想形成一个稳定、良好的自然生态系统，需具备连接环节网络系统，且涉及人工景观、天然生态要素等。在构建这一网络系统时，连接环节是其中的关键，其密切地实现系统整体的连接，由此确保该网络得以正常运转，并使网络能够实现整体生态作用的充分发挥。一是结合对分散绿地的保护以及连接，将审美、休息等诸多服务提供给人们；二是对自然区域进行保护以及连接，由此实现生物多样性的维护，并避免出现生境破碎现象。就空间方面来看，包括人工、天然绿色空间、连接廊道、生态节点等在内，共同构成了绿色基础设施系统。其中，自然保护地充当生态节点，是绿色基础设施的起始点，并能够将栖息地提供给野生动物。

具体生态节点如下：关键的生态保护地，即湿地、原生状态保护地等；具备娱乐、自然价值的景区，如湿地、森林公园；绿色农林业生产场地，如森林、农田等；可开展娱乐活动的自然场地，如城市公园等；可重新开垦、修复的循环土地，如垃圾填埋场等。

连接廊道的存在，可对生态节点进行连接，也就是针对岸线、公园等开展策略性衔接，构建起网络结构，并对生态过程加以维持，由此确保相关种群的顺利成长，使得整体生态功效得到充分发挥。具体类型包括：一则为森林、自然山体等在内的保护走廊，以此实现对山水整体格局的维护，恢复海岸、河道的自然形态；二则为防护林、沿河渠林带等在内的绿带，由此对受保护的生产性景观、自然土地等进行连接，构建起景观、生态廊道，实现对自然生态进程的保护；三则为景观连接，即不仅需对当地生态加以保护，还涉及诸多文化元素，其是湿地、森林公园、文化景观之间的联系纽带，可使得步行者顺着通道前往风景区，属于其最为关键的作用。

绿色基础设施，使得城乡分离、自然保护地隔绝等对生态系统延续极为不利的弊端予以纠正，串联起绿色孤岛，由此保障生态进程的连续性，以便于自然生态系统功能的维持以及恢复。

就形态方面来看，此前被自然区、郊野包括在内的点状分布格局，目前正逐步向反方向发展，城市群逐步对自然区、郊野进行包围。针对这一问题，若仅结合建成区绿量的提升，或将森林公园建于郊外等方式，往往无法使得此类环境变化格局得以改变。由此，绿色基础设施理念的提出，为解决这一问题提供了清晰思路：即通过对行政地缘界限的跨越，来串联荒野、郊区以及城市，形成城乡一体化、和谐的一大绿色框架网络。在城市生态安全方面，这一框架网络属于其中的一大关键，将生态系统服务保障提供给城市，具体而言，其涉及生物栖息地提供、水源涵养以及热岛效应缓解等。以对自然生态过程的维持作为关键，对大地机体、整体山水格局的完整性、连续性进行维护，实现对水、空气资源的保护，使其能够保证高质量、健康的生活。对一体化绿色框架网络进行构建，需以绿色基础设施这一理念作为指导，优先对城乡一体化进程予以规划和推进，并提升对自然生态系统的管理，结合经济、环境可持续发展等角度，对连续乡土生境保护网络进行构建，最终实现对生态环境的改善。

在绿色基础设施之中，根据雨洪控制利用的特殊地位以及具体工程应用，西雅图公共事业局于2008年提出了绿色雨水基础设施（GSI）这一更为专业的名词

（图1-5），此类绿色基础设施主要针对雨洪控制、利用，具体涉及绿色屋顶、渗透铺装等，即将结合对各环节的全程控制，如产流、输送等，尽可能使得每一环节的径流产生得以减少，使得污染得以降低的同时，令雨水具备更高的综合利用效率[99]。

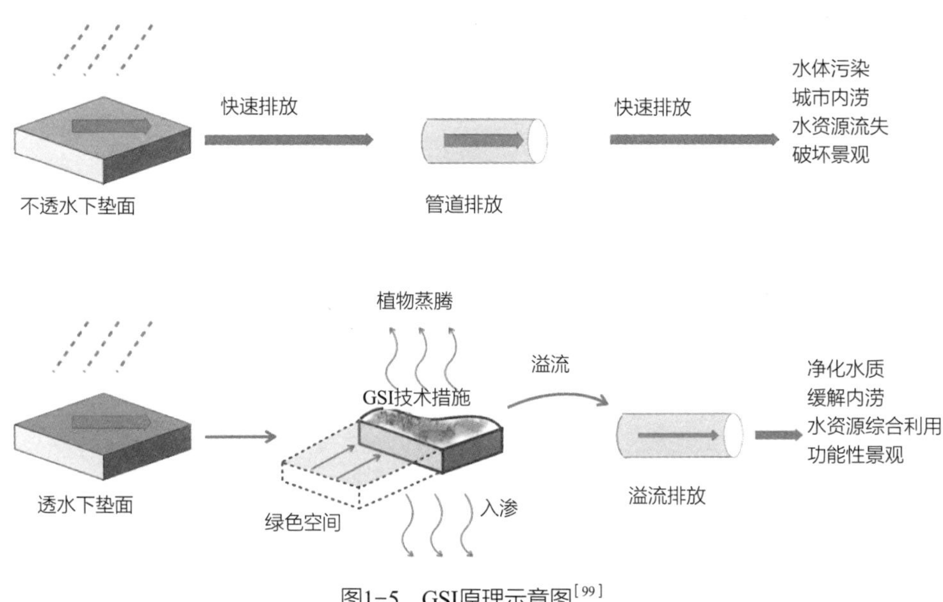

图1-5　GSI原理示意图[99]

（2）澳大利亚——水敏性城市设计（WSUD）

澳大利亚学者Whelan等人于1994年率先提出水敏性城市设计的理念，对于水敏性城市设计的官方定义有如下两种[100]。国际水协会定义其为：水敏性城市设计（Water Sensitive Urban Design，WSUD）是城市设计与城市水循环的管理、保存以及保护的结合，由此对尊重生态过程、自然水循环加以确保。澳大利亚水资源委员会定义其为：可结合城市规划所有阶段，均能够将开发城市以及水循环相结合的全新区市规划途径。

澳大利亚的水敏性城市设计是在对传统的城市发展和雨洪管理模式的反思中产生的（图1-6）。与美国的雨洪管理体系相比，其更关注城市整体的水循环系统，将地表径流管理、城市设计、雨水收集、供水、污水处理、再生水回用等环节整合到一个体系中，考虑各种水系统之间的影响与补充，将城市水循环与总体规划有机结合。

水敏性城市设计的核心目标包括：通过需求和供给两方面的水资源管理降低对饮用水的需求，实现节约用水；需找代替水源，提高雨水利用率；减少生活废水的

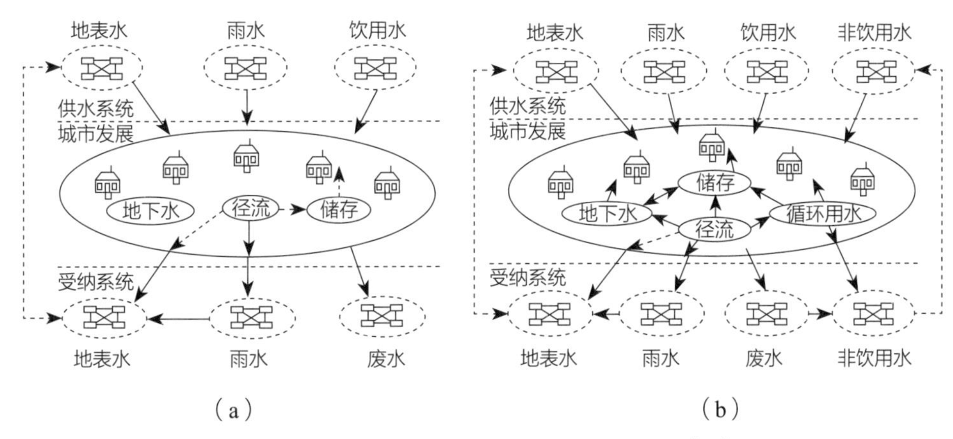

图1-6　传统城市雨洪管理与WSUD结合模式[101]
(a)"传统"城市发展;(b)与WSUD结合的城市发展

产生；从城市建设开发的各个环节降低城市发展对自然水循环系统的影响。水敏性城市设计涵盖了五项基本原则：保护自然系统，通过保护及提升策略充分发挥天然水系的功效，作为整个生态系统的核心基础；将雨洪管理的方式与景观相结合，在利用雨洪资源的同时最大限度地提升可视性及休闲娱乐价值；保护水质，在雨水径流产生、传输、排放过程中去除污染物质；通过控制城市开发，减少径流和峰值流量，保留并使用有效的土地利用方式来储蓄或滞留洪水；在增加其他功能效益的同时最大限度地降低建造成本，同时使景观得到改善，从而提升区域土地的价值。

(3)英国——可持续排水系统

可持续排水系统(Sustainable Urban Drainage System, SUDS)是1999年英国在借鉴美国BMPs基础上发展起来的城市排水措施[102]。SUDS将环境和社会因素纳入排水体制及排水系统中，综合考虑径流水质与水量、城市污水与再生水、社区活力与发展需求、生物栖息地、景观潜力和生态价值等因素，从维持良性水循环的角度对城市排水系统和区域水系统进行可持续设计与优化，通过综合措施来改善城市整体水循环。SUDS雨水径流管理链是由四个等级组成的管理体系：管理与预防措施、源头控制、场地控制以及区域控制。首先是利用场地设计和家庭、社区管理，预防径流的产生和污染物的排放；其次是在源头或接近源头的地方对径流和污染物进行源头控制；最后是较大的下游场地和区域控制，对来自不同源头、不同场地的径流统一管理(通常使用湿地和滞留塘)。其中管理与预防措施、源头控制两级处于最高等级，强调从径流产生到最终排放的整个链带上对径流的分级削减、控制，而不是通过管理链的全部阶段来处置所有的径流[103]。SUDS的技术措施类似于BMPs和LID技术，也可以分为源头、过程和末端控制三种途径，以及工程性、非工程性两种措施，这些技术和措施相互配合，贯穿于整个雨水径流的管理链。目前，英国、爱尔兰、瑞典等国家已经广泛推行SUDS体系。

（4）德国——雨水利用（SWH）和雨水管理（SWM）

德国是西欧较早开展雨洪管理的国家，其雨洪管理已经形成了雨水利用（Storm Water Harvesting, SWH）和雨洪管理（Storm Water Management, SWM）两种成熟的体系[104]。以地下管网系统、雨水综合利用技术和规划合理的城市绿地建设为主体的雨洪管理体系，使得德国"海绵城市"建设成效显著。

德国城市地下管网十分发达，排污能力处于世界领先水平。德国城市都建有现代化的排水设施，不仅能高效排水排污，还可以平衡城市生态系统，促进城市水文循环[105]。以柏林为例，其地下排水管网长度总计约9646km，其中部分管网始建于19世纪，有近140年历史，仍可以有效使用。分布在柏林市中心的管道多为混合管道系统，即雨污合流管网，可以同时处理污水和雨水。不仅可以节省地下空间，也不妨碍市内地铁及其他地下管线的运行[106]。而在郊区，主要采用分离管道系统，即污水和雨水分别在不同管道中进行处理，可以提高水处理的针对性和处理效率。

近年来，针对工程管网系统处理雨水的不足以及适应自然环境保护的要求，德国开始广泛推广"洼地—渗渠系统"，将点状的源头雨水处理设施[107]，如雨水花园、下沉式绿地等，通过渗渠相连接，并与城市排水管网连通，形成雨水处理设施网络。在这个系统中，低洼绿地能短期储存雨水并促进入渗，渗渠则能长期储存雨水，从而减轻城市排水管道的压力。在城市绿地系统方面，德国城市中心都规划有面积巨大的城市公园，对调节城市局部气候、保持水土和地下水蓄积有重要作用[108]。此外，许多大型建筑物停用或废弃后，政府会将其规划成城市绿地或公园，供居民休憩、娱乐并改善社区环境。

为了加强城市"绿色基础"建设，德国联邦环境部出台了一部关于城市绿地建设的绿皮书，旨在讨论德国未来城市绿地建设的远景规划。并在2017年发布一本白皮书，详细介绍城市绿地建设的具体措施[109]。"绿色基础"建设将极大地改善未来城市居民的生活质量，并带来经济、生态、社会和文化的综合效益。

（5）法国——替代技术（Alternative Techniques）或补偿技术（Compensatory Techniques）

替代技术最开始应用于法国等法语国家，与传统的"快排快放"的排水方式相比有很大的改进。随着巴黎城镇和郊区的快速扩张，法国人急切地需要找到一种更为自然环保的方案来解决排水问题。他们不仅更好地解决了排水和排污问题，同时还提升了生活质量，这个方案被称为“雨水径流控制——通向更高质量的生活”[110]。其核心思想主要包括优化城市土地利用和限制成本预算。实践证明该项技术可以弥补城镇化的不良影响，因此被称为补偿技术[111]。补偿技术的目标是减少径流和峰值流量，保护地表生态环境质量。补偿技术的主要原则之一便是保持与自然过程相同的流量和生态过程，在自然下发生。

（6）新西兰——低影响城市设计与开发（LIUDD）

新西兰的低影响城市设计与开发（Low Impact Urban Design and Development，LIUDD）借鉴了低影响开发与水敏性城市设计的经验[112]，通过适当的规划、投资和管理手段建立了一整套综合的方法来避免传统城市开发在环境、社会、经济方面的弊端，并同时实现生态系统的保护与恢复（表1-8）。

LIUDD的起源、概念及目标等概述[113] 表1-8

项目	内容
起源	该技术体系由LID和WSUD发展而来，起源于新西兰科学技术研究基金会所支持的“可持续城市投资开发项目”下的一个流年计划，2003年实施
概念	强调利用以自然系统和低影响技术为特征的规划、开发和设计开发方法来避免、最小化和缓解环境损害
目标	通过设计自然特征的系统调节径流量和温度，降低洪涝风险，控制污染物、改善流域环境
技术体系组成	LID（低影响开发）+CSD（小区域保护）+ICM（综合流域管理）
目的	强调跨学科的规划与设计，最大化地发挥自然价值，通过设计自然特征的系统调节径流量和温度，降低洪涝风险，控制污染物、改善流域环境

该体系制定了开发分级原则，在第一个层次从宏观层面着眼于流域空间，城市的开发需遵从自然循环过程，保证在第二个层面城市发展中对土地的合理利用，通过这种方式来保全一个相对完整的生态系统，最大限度地减少对环境的负面效应，从而有效发挥生态系统在城市防洪排涝、水源涵养、生态修复等方面天然的服务功能。该体系的第三个层面，对人的开发建设行为及日常生活提出更为详细的要求，涉及能源节约、资源高效利用、生物多样性保护、减少污染物和废弃物排放等诸多

方面，并通过增加自然空间来优化现存的基础设施。

相对于美国、欧洲、澳大利亚的管理体系，低影响城市设计与开发考虑的范围更加全面广泛，雨洪管理只是整个城市可持续发展体系的一个分支，仅仅作为城市水循环系统的一部分。

（7）日本——雨洪管理体系

日本由于地理条件等自然因素处于洪涝灾害的高发区域，由此非常重视城市内涝与洪水灾害的控制，现今已经形成了较为完善的雨洪管理体系，虽然不能改变洪灾发生的频率，但可以有效地减弱洪灾的强度[114]。

日本的雨洪管理体系针对城市整体的空间格局提出了以下应对策略：

1）保护城市水源涵养地区。东京颁布《东京的自然保护和恢复的有关条例》，对五种类型自然区域的土地利用方式进行严格控制，包括绿地保全区、里山保全区、自然环境保全区、森林环境保全区、历史环境保全区，明确指出这些区域具备原生态的水源涵养功能[115]。

2）河川的自然化恢复。日本从20世纪90年代开始实施“自然多样河流整治法”，河流整治工作注重天然河槽的复杂性和细微变化，保护河流自然景观及附近野生动物栖息地，维护或增加沿堤岸种植的树林。河流整治的方式由早期硬化工程措施转化为非工程设施与防洪工程相融合，其目的是恢复河流的自然蓄洪功能。

3）构建城市整体的蓄水空间。城市已经形成用于临时滞蓄洪水的空间系统，包括保水空间、滞洪空间和地势低洼地三种类型，对城市洪水分阶段进行控制。第一种类型是保水空间，以地上及地下调节池为主，其中地上调节池为多功能的调蓄场地，与城市功能相整合，结合大型运动场、城市公园等开放空间进行设置。第二种类型为滞洪空间，是在超过保水空间设计容量的情况下继续承接暴雨水的设计淹没区域，这一区域的建设控制较为严格，以运动场或城市休闲游憩等开放空间为主。第三种类型为地势低洼地区，作为前两种空间无法抵御洪水容量时设计淹没的区域，这些地区处于城市地势较低的区域，具有商业、住宅、游憩绿地等多种功能[116]。

4）针对城市细部空间采取两类措施。一是设计高规格防堤，这种防堤与传统堤坝相比边坡坡度较缓，亲水性增强，利于营造生态效益良好的滨水城市空间。二是积极采用雨水利用设施，如车行道和人行道的透水性路面，使用各种渗透性设施，在建筑中设置雨水储蓄利用系统，以及利用人工或天然水体调蓄雨水，改善城市开放空间、住区等场所的水生态环境。

1.5.3　微观层面河岸带设计

河网水体是水资源形成和演化的主要载体，也是生态环境的重要组成部分，人类的发展以及城市经济社会的发展都与其密不可分。由于城镇化水平的加剧，使得建成环境中水体的结构受到了破坏，如在城市建设过程中牺牲河道，对河道截弯取直，河床淤积，河道人工渠化的行为，强烈冲击着环境中河网水体的结构。

20世纪60年代，国外已经开始质疑这种人工治理硬化和直线化的传统工程化河道治理模式[117]。1962年，H.T. OdUm主张应该深入研究生态系统规律，利用生态工具而不是利用人工化的工程措施来治理河流，并且由此提出了生态工程这一概念。结合生态学和工程学的理念，人们开始对河流治理有了新的认识[118]。在理论著作方面，1969年麦克哈格出版的《设计结合自然》(*Design With Nature*)一书，基于新泽西海岸、波托马克河流域等实例研究阐述了生态理念规划操作和分析的方法[119]，将开发建设的“空间论”变为“生态论”，为城市景观生态规划提供借鉴。2002年，日本土木学会编撰的《滨水景观设计》一书以河流滨水景观为研究对象，并结合实际案例从河流景观的规划和建设方法、河道景观空间的构成等角度进行深入研究，探讨了从规划到施工不同阶段河道景观空间的设计方法。

德国的Schlueter U在1972年提出了“近自然河溪治理”方案，并将此理论的目标归纳为：在河流治理时不仅考虑人的游憩和观赏的需要，更要让河道的形态、功能满足生态系统的需求[120]，创造多样化的生境条件。从此，河流专家们开始从生态研究角度思考并试图解决河道的生态问题。1983年，Bidner认为应当先从河流的水文条件、地形条件出发，确定河流治理的强度，然后得出河流治理对于河流生态过程的干扰程度的大小，从而提出相应的改进的方法[121]。1985年，Hulzlnalm在微观生境尺度上进行了研究，把河岸植被看作不同等级的小的生境，宏观尺度上重视河流治理要满足多样化的生境需求[122]。1992年，Hohmann从河流生态系统保护的观点出发，认为河流的治理应当追求自然化，减少对河流原有地形地貌和植被条件的大规模改造[123]。尊重河流本身的特点，保护河流生态系统的平衡。西方国家对于河道规划和改造已经有了完善的理论和实践经验。研究的尺度也从大的流域规划尺度直到小的景观设计尺度都有相关研究成果。这些成果都是融合了水文学、地貌学、植物学、生态学、景观生态学等多学科的相关知识进行综合研究得出成套的理论成果。在实践方面，针对欧洲的莱茵河、美国的布法罗河道等实际项目的治理已经成为各国河道治理的实践典范。

我国对于河道规划的理论研究起步较晚，但由于城镇化进程的加快，河岸区域作为水体污染、防洪排涝的重点区域逐渐引起众多学者的重视[124]。在河流生态修复方面，董哲仁等通过对河流连续体、河流水循环和生态过程的研究，针对当前河道防洪机制和生态问题的冲突提出了河道规划和整治的生态修复目标和规划措施[125]。在河道规划层面，俞孔坚阐述了河道的多目标规划设计和综合整治理念，认为河流的治理目标不能局限于一个方面，而应当综合考虑、统筹安排[126]。许士国等研究了现代河道治理与规划理念，针对退化河岸带提出生态孔隙理论，运用生物、工程的方法进行修复与重建，达到河流生态化治理的目标[127]。在实践方面，胡洁等基于奥林匹克森林公园的景观水系的规划实践阐述了利用中水处理和生态水处理设施促进水循环的进行，从而使得景观水系的水质得到改善，达到景观水体的生态化处理目标[128]。在滨水植物景观营造方面，崔心红编著的《水生植物应用》一书较为详尽地论述了水生植物的群落类型和生态习性，总结了水生植物应用时配置的手法和水生植物的水质净化机理和技术要点。

1.5.4 寒地城市雨洪管理研究

国外针对寒地城市地域性对雨洪管理影响的研究相对较少，其研究多集中在降雪污染、融化过程以及清雪减灾技术等方面，日本等少数国家对雪水资源利用有理论性的探究。20世纪五六十年代，国外学者开始初步研究。1970年，Weiss通过对积雪的分析以及地表径流中污染物的分析来探讨由于人类生产生活所带来的大气污染问题，以及积雪对污染物的吸附问题[129]。1990年，Bengtsson针对城市区域可渗及不可渗地面春季融冻时，各种气候条件下地面积雪的融解过程、径流形成规律进行了研究[130]。1997年，Delisle分析了蒙特利尔城市二次雪的成因及其对河流的污染问题，系统讨论了二次雪污染物去除、消纳空间规划、资源利用与管理预算等问题[131]。

在实践方面，以美国和加拿大寒地城市为主，针对寒地城市地域气候对最佳管理措施（BMPs）和低影响开发（LID）设施的影响进行研究[132]。1997年，Caraco和Claytor在为美国环境保护局编制的*Stormwater BMP Design Supplement for Cold Climates*中对寒地城市在寒冷气候下的表现进行对比分析，研究发现：低温会造成动植物生长期的明显缩短以及生物活性的大幅度下降；寒地城市冬季有较长时间的封冻期，导致土壤冰冻线较深；低温条件下地表径流的主要来源为融雪，积雪中附着的空气、环境污染物会通过融雪径流造成较大的污染。由此可见，寒地城市地域气候对最佳管理措施（BMPs）和低影响开发（LID）设施产生较大影响，其中包括：

生物活性大幅下降严重影响植物对水体的过滤、净化；土壤渗透性的下降；水结冰体积变大产生冻胀效应；低温造成的沉淀速度变慢，削弱对水的过滤、沉淀等，多种雨水设施的运行效能都会受到较大程度影响（表1-9）。

寒地城市地域气候对BMPs、LID设施影响[132]　表1-9

气候条件	对设施影响
较低的温度	管道冻结
	水塘/蓄水池结冰
	生物活性大大降低
	结冰期间水体氧含量下降
	沉降速度减缓
较深的冰冻线	冻胀危害
	土壤渗透性减弱
被缩短的植物生长期	植物生长时间较为短暂
	适寒的植物种类不同于温和气候
明显的降雪现象	融雪期间大量的地表径流
	高污染的融雪水
	融雪剂带来污染及其他危害
	雪管理可能对BMPs存蓄空间产生影响

2007年，美国新罕布什尔大学雨水中心年度报告中详细测试了LID设施在新罕布什尔某区域冬季和夏季的使用效果，结果表明，寒地城市地域气候状况在很大程度上影响生物滞留设施对水质的处理和水量的控制[133]。2011年，加拿大寒地城市埃德蒙顿发布的*Low Impact Development Best Management Practices Design Guide Edition 1.0* 中探讨了BMPs和LID在寒冷气候中的设计导则，也发现寒冷气候对生物活性的影响较大，进而影响其对雨洪管理的效能[134]。

我国对于寒地城市地域气候对雨洪管理影响的研究起步较晚，目前主要借鉴国外经验，尚处于研究探索阶段，未形成系统化理论与实践模式。石平等以沈阳市作为研究区域，探讨绿地系统与海绵城市体系之间的耦合关系，确定沈阳市新型海绵绿地耦合系统规划原则与体系，扩展传统型绿地系统规划内容，提高新型海绵城市雨洪调蓄功能，为寒地干旱型城市在雨洪利用方面提供新型思路[135]；董雷等从北方严寒城市的特点出发，对北方严寒城市暴雨内涝的成因进行分析，指出北方严寒地区海绵城市建设发展面临的障碍，根据严寒气候地域特点，提出北方严寒地区海绵城市建设的策略[9]；赵蕾以雨洪管理理论为支撑，针对寒地城市水系特性和关键性问题，提出寒地城市水系规划系统框架，指导寒地城市水系实现可持续雨洪管理的规划[7]。

1.5.5 雨洪管理经验总结与启示

通过对国外研究动态分析，可以看出各国雨洪管理体系的侧重点从发展阶段、适应尺度、适应类型都有不同方面和不同过程的区别（表1-10），但其核心在于通过模拟自然水文循环系统[136]，从径流总量、峰值流量和水质等不同层面进行调控，构建以低影响设施为主体的城市排水防涝和径流污染控制系统，将城市开发对自然水文循环的影响降到最低，同时实现雨水循环利用、补充地下水和城市景观营造等多重目标[137]。

国外雨洪管理体系重点解析表　　表1-10

名称	国家	时间（年）	背景	特点	尺度
最佳管理措施	美	1972	非点源污染严重	针对面源污染问题，关注水质，技术性强	中观、微观
低影响开发	美	1990	重视水文循环	从产汇区管控，应用措施零散，规模较小，技术性强	微观
可持续排水系统	英	1999	环境与社会问题	通过分级排放思想控制雨水径流，减少径流污染，增加环境舒适性	微观
水敏性城市设计	澳	1994	整体规划视角	从城市尺度整合城市空间设计和综合水资源管理	宏观
绿色雨水基础设施	美	2000	反思灰色基础设施	多源头控制雨水全过程	微观

以美国为例，雨洪管理走过以下几个阶段：从问题导向转向系统研究、机制探索；从小尺度修补转向大尺度综合治理；从末端治理转向以源头治理为主的综合治理阶段，并逐步重视生态系统规划的雨洪管理措施[138]。

（1）问题导向转向系统研究、机制探索

20世纪初，美国针对城市水环境质量恶化问题，开始改造明渠给水排水方式，改用封闭管网给水排水，并于1936年以后逐步确立《洪水控制法案》《联邦水污染控制法》和《清洁水法案》，以法律形式关注水安全，这一阶段是以问题为导向阶段；在1987年修订《水质法案》，提出雨洪最佳管理措施（BMPs），主要作用是控制非点源污染，1990年首次提出LID理念，从源头避免城镇化或场地开发对水环境的负面影响[139]；进入21世纪，绿色基础设施概念出现，相比于LID理念，后者更进一步系统化，深入探索雨洪灾害作用机制，强调城市规划、生态保护等学科的综合应用，雨洪管理从局部问题导向转变为系统研究阶段。雨洪管理措施和理念是城镇化背景下的产物，它们都着力于寻找一种适合特定场地或区域的雨洪灾害防控解决途径。

（2）小尺度修补转向大尺度综合治理

20世纪70年代，美国城市雨洪治理还是局部措施，主要采用滞留坑塘、洼地，以及下沉绿地等针对出现雨洪灾害的区域进行的修补措施。随着城市数量的增多，城市面积的扩大，一方面使得雨洪灾害区域和尺度增大，另一方面经济发展造成环境的污染，使环境治理必须考虑区域因素[140]。到21世纪，美国雨洪管理已经形成向上重点关注区域、向下重点研究机制的阶段，如最佳管理措施（BMPs）、绿色基础设施（GI）等。

（3）末端治理转向以源头治理为主的综合治理

20世纪70年代，当城市规模较小时，形成雨洪灾害的基础较小，雨洪问题较为简单，这一时期各国的雨洪管理基本是以末端治理为主。随着城市的发展，雨洪灾害形成的基础环境越来越大，雨洪灾害发生频率越来越高，应对方式逐渐转变。美国20世纪80年代首先提出雨洪最佳管理措施（BMPs），提出不仅要关注末端措施，更要找到产生雨洪灾害的源头。为了从源头上找到治理雨洪灾害的方案，相继提出低影响开发（LID）、绿色基础设施（GI）、绿色雨水基础措施（GSI）等[141]。此后，英国提出可持续城市水系统（SUDS），澳大利亚提出水敏性城市设计（WSUD），基本奠定了从源头治理为主，辅助过程、末端治理的综合措施。

（4）雨洪管理与规划相结合

20世纪90年代发展至今，雨洪管理的方式已经更加全面，建立了从流域范围到场地尺度下水量与水质的控制体系[142]。流域范围内注重河流、湖泊、湿地等自然资源的保护与恢复；中观尺度的城市区域严格控制不透水地表面积，保证有足够量的绿地发挥渗透功能，将城市的绿地系统作为天然的排水系统；微观尺度的城市用地中将各种技术设施与绿地规划设计相结合。国外雨洪管理的方式已经逐步演化为通过排水基础设施与规划设计来共同实现径流的控制与利用，并以完善的规范标准和政策作为长期实施的保障。

总体上，在雨洪管理经验方面，美国的发展阶段、演进过程较为完善，发现和总结各个阶段城市出现的雨洪问题，采取与之对应的方法策略，影响其他国家雨洪管理的模式。同时，各国又从自身城市面临的问题入手，探索适应各自地域环境条件的雨洪管理模式。而寒地气候低温对措施实施影响较大。从宏观系统角度出发，寻找适应自身特点的雨洪管理模式，重视城市景观生态的建设，这正是中国雨洪管理需要借鉴的地方。

目前，中国已经引入了相关雨洪管理理念，在学界也进行了大量研究。但在选择雨洪管理方法和理念时，还需要深入认识中国的现实条件。值得我们借鉴的包括以下几点：

一是从城市水生态的宏观视角出发构建包括自然水系、城市给水排水、雨洪管理等多种系统在内的综合水文循环系统，这种针对城市水系统的综合考量，为雨洪管理提供了更为宏观、系统的解决方案，使雨水管理措施更为合理有效。二是以削减洪峰流量为核心构建城市雨洪管理的目标体系，具体目标包括雨水径流总量控制、峰值流量、峰现时间等控制指标；此外，地下水位、雨水回收利用率也可纳入雨洪管理目标体系。三是强调城市规划和建设监管在城市水安全维护中的引领作用，欧美等国均为雨洪管理措施的实施提供了完整的法律保障，从联邦政府到地方政府层面都制定了水体管理法案、城市开发手册等具有法律效力的文件，同时建立了完善的城市建设管理体系，在前期调研、规划引导和控制、规划审批等多个阶段对雨水排放和利用进行监管。四是在城市尺度下，转变利用大型集中系统工程的思维，强调雨洪管理措施的微观化、精细化和社区化，以低影响开发（LID）为代表的雨洪管理技术，强调分散式的雨水处理设施布局，利用小型措施如雨水收集罐、雨水花园等，通过社区管理的方式维持日常运营。五是重视城市水景观所具有的生态与社会价值，可持续排水系统（SUDS）、水敏性城市设计（WSUD）等均将水景观的生态社会效益作为雨洪管理的重要内容，特别是河岸带区域为生态敏感带，重视雨洪管理设施与城市生态景观相结合，增加其雨洪调控功能，对城市整体景观风貌提升具有重要的作用。六是关注寒地城市地域气候低温、降雪对海绵设施实施的影响，因地制宜地对海绵设施进行选取与改进。

1.6　我国海绵城市相关动态

1.6.1　我国海绵城市理论发展与现状统计

（1）海绵城市理论发展研究

海绵城市的概念最早被澳大利亚学者用来隐喻城市对周边乡村人口的吸附效应。在我国日益突出的雨洪灾害背景下，结合国外优秀经验和我国现有的雨洪管理技术基础，我国学者提出“海绵城市”的概念。

我国海绵城市概念最早是由北京大学俞孔坚和李迪华教授于2003年在《城市景观之路——与市长们交流》一书中提出，以“海绵”的概念比喻自然湿地、河流等对城市旱涝灾害的调蓄能力。2012年，莫琳和俞孔坚提出构建城市“绿色海绵”，通过以绿地和水系为主体，转变依赖大规模工程设施和管网建设的传统思路，探索雨水资源化的新型景观途径[143]。最初以“海绵”比喻雨洪管理概念，是产生于尊重自然、顺应自然的水适应性观念。随后“海绵体”等词被逐渐提及，2011年九三学社提出建设“海绵体城市”，同年董淑秋等也从规划层面指出要运用“生态海绵”规划理念[144]。2012年“低碳城市与区域发展科技论坛”上“海绵城市”一词被正式提出。2014年10月，住房和城乡建设部颁布《海绵城市建设技术指南——低影响开发雨水系统构建（试行）》（以下简称《指南》），其中对“海绵城市”作出定义，指“城市能够像海绵一样，在适应环境变化和应对自然灾害等方面具有良好的‘弹性’，下雨时吸水、蓄水、渗水、净水，需要时将蓄存的水‘释放’并加以利用”。定义中运用“海绵”概念作为定义的主体，具有比喻性和抽象性。

2015年，权威专家和学者相继对海绵城市的概念进行释义（表1-11）。从《指南》的副标题到仇保兴给出的概念定义，可见海绵城市概念始终与“低影响开发”有紧密的联系，并在一定程度上受到美国低影响开发理论（LID）的影响，而该理念是旨在“通过源头式、分散式的小型生态技术措施来维持或恢复场地开发前水文循环”[145]。给水排水工程专家、北京建筑大学车伍教授则认为海绵城市建设首要是理清城市灰色基础设施与其衔接的问题[146]。俞孔坚教授认为“海绵城市”是一种生态途径，核心在于构建跨城乡尺度的水生态基础设施[147]。

由此可见，“海绵城市”的概念处于不断发展的过程中。定义的对象从最初的河流洪水逐步拓展到雨水、污水等，成为更综合全面的治水问题；研究范围从自然转向城市区域，最终包括城乡范围；技术从绿色基础设施到灰绿设施相结合。在“海绵城市”不断实践的过程中，其内涵和定义仍在持续发展和完善。

不同学者对海绵及海绵城市概念定义的比较　　表1-11

学者/来源	时间	对象	概念定义或相关阐述
俞孔坚 李迪华	2003年	海绵	用“海绵”概念来比喻自然系统的洪涝调节能力，指出“河流两侧的自然湿地如同海绵，调节河水之丰俭，缓解旱涝灾害”
莫琳 俞孔坚	2012年5月	绿色海绵	以绿地和水系为主，构建城市“绿色海绵”，转变依赖大规模工程设施和管网建设的传统思路，探索雨水资源化的新型景观途径
九三学社	2011年3月	海绵体	建设海绵体城市，提升城市生态还原能力
董淑秋 韩志刚	2011年11月	生态海绵	“生态海绵”地区要求改变传统雨水排放的模式，要求采用与自然相近的雨水管理方法，尽可能不让雨水外排，而是分散地蓄留和初步净化，达到“排水量零增长”
住房和城乡建设部	2014年10月	海绵城市	海绵城市是指城市能够像海绵一样，在适应环境变化和应对自然灾害等方面具有良好的“弹性”，下雨时吸水、蓄水、渗水、净水，需要时将蓄存的水“释放”并加以利用
仇保兴	2015年1月		海绵城市本质是改变传统城市建设理念，遵循顺应自然、与自然和谐共处的低影响发展模式，海绵城市建设又被称为低影响设计和低影响开发
车伍等	2015年1月		现代城市应具有像海绵一样吸纳、净化和利用雨水的功能，以及应对气候变化和特大暴雨、保障城市安全、维持城市生态系统的能力
杨阳 林广思	2015年2月		三个深层内涵：应对自然灾害弹性城市思想、控制雨洪的LID思想和技术、可持续水资源水环境的综合管理思想
俞孔坚等	2015年6月		“海绵城市”有别于传统的工程依赖性治水思路和“灰色”基础设施，它作为一种生态途径，其构建核心在于建立跨尺度的水生态基础设施，以综合解决中国城乡突出的水问题

（2）海绵城市研究现状统计分析

本书采用文献计量分析法，在CNKI（知网）四大主要数据库中，以“海绵城市”“雨洪管理”作为主题词进行检索，截至2018年，检索到相关期刊论文共计573篇，硕博论文324篇。研究走势方面，有关海绵城市论文从2014年开始出现仅有2篇，2015年有64篇，而2016年发文数快速增长至245篇，大约是2015年的4倍，2017年和2018年论文数量持续增高，分别为274篇和312篇，至此共有897篇论文（图1-7）。又以“sponge city”or“stormwater management”作为主题词在Web of Science核心合集数据库检索2008～2018年的相关数据（图1-8），显示Article为1103篇，其中美国发文数最高，为259篇，中国居于第三位，发文数为114篇。

从统计中可以发现，与海绵城市相关的研究起步较晚，但是由于近年来城市内涝灾害频发，特别是2014年海绵城市概念被正式提出后，“海绵城市”越来越受到人们的重视，从2015年开始论文数量呈现出大量增长的趋势，这标志着我国海绵城市研究得到社会和学术界的高度重视，已成为城市规划领域研究的新热点。

基于CNKI（知网）学术期刊数据库，依托科学计量分析软件CiteSpace的知识

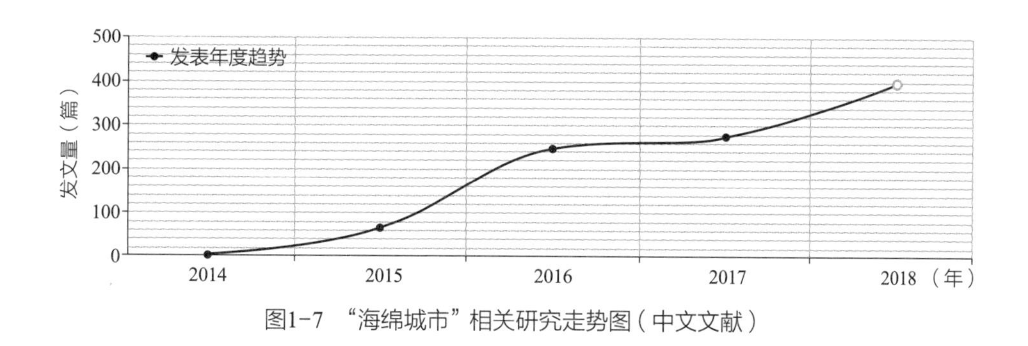

图1-7 “海绵城市”相关研究走势图（中文文献）

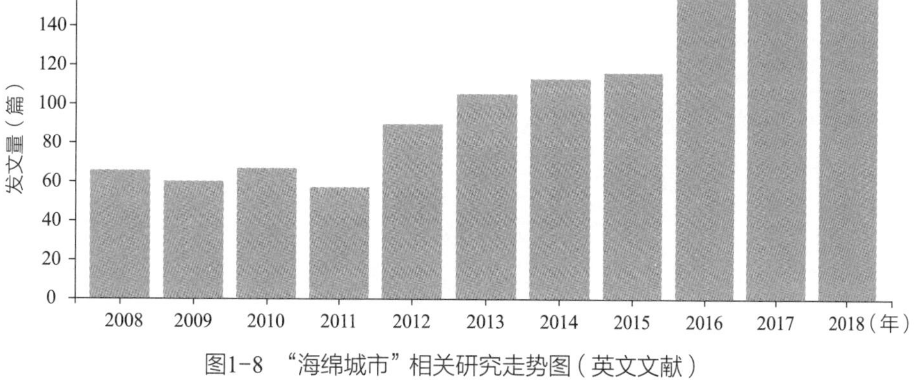

图1-8 “海绵城市”相关研究走势图（英文文献）

图谱绘制功能，对国内海绵城市的研究现状进行阅读与梳理。文献图谱显示（图1-9）有关海绵城市的研究热点，通过对2009～2019年间的文献进行统计，发现随着研究的不断深入进展，出现了许多与“海绵城市”研究相关的研究热点，形成了庞大的研究网络，关键词共现的频次和中心性比较大的主要包括“低影响开发（LID）”“城市雨洪”“径流控制”“雨水利用”“SWMM”等相关研究热点（图1-10）。

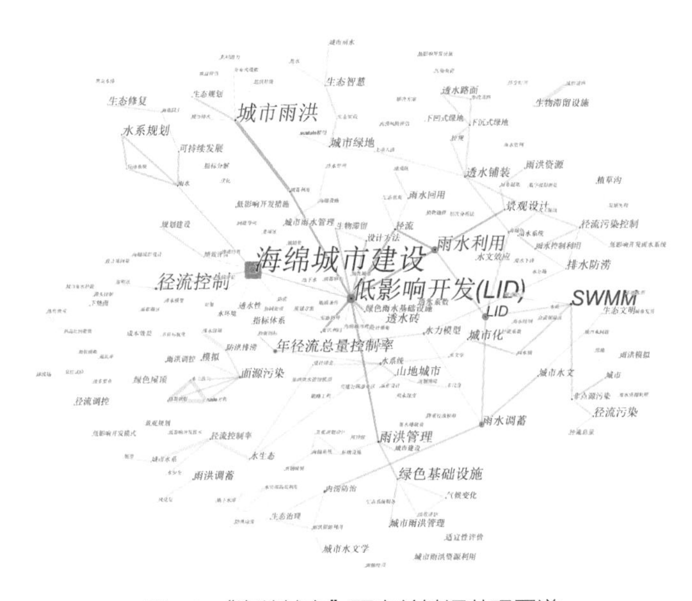

图1-9　“海绵城市”研究关键词共现图谱

图1-10　“海绵城市”研究关键词聚类图谱

学科渗透方面，“海绵城市”的跨学科研究发展迅猛，已深入建筑学、水利工程、环境科学等多个学科，并衍生出多个交叉学科主题，以下是多个渗透学科及对应的研究主题（表1-12）。在现有的海绵城市研究文献中，以城乡规划与市政的研究居多，占到了研究文献数量的60%左右，水利工程、城市经济的研究数量紧随其后。但是，统计发现，相关城市规划的研究，所发表论文数量不足整体比例的5%，这在一定程度上表明，从城市规划视角研究海绵城市的关注度不足。

交叉学科主题　表1-12

相关学科	交叉学科主题
建筑学	城乡建设、内涝灾害、雨水处理系统、技术指南、城市规划
水利工程	低影响开发、雨水利用、水生态、雨洪利用、城市雨水、雨水资源
应用经济学	生态文明、中央财政、生态保护、社会环境、生态试点城市、国家财政
环境科学	水体环境、水景观、雨水径流、环境问题、面源污染、人工湿地
大气科学	水循环、洪涝灾害、自然灾害、热岛效应、特大暴雨、降雨强度
地球物理学	环境变化、年径流总量、水文特征、减灾能力、径流系数、径流过程

从时间维度（2009～2019年）来看（图1-11），海绵城市的研究方向由早期对

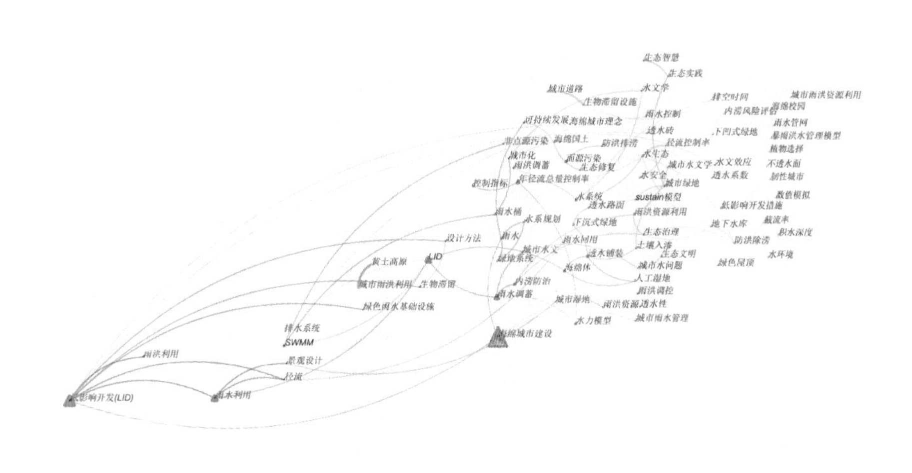

图1-11　“海绵城市”研究热点演进时区知识图谱

单一的低影响开发（LID）研究转向多学科渗透、多种技术融合的雨洪管理研究，从2014年开始，海绵城市的研究更为复杂化、系统化，开始研究城市海绵体，从城市水文、生态修复、生态治理方面来解决城市雨水问题，同时，近年来伴随着大数据等新型研究方法和新技术的发展，如水力模型、Sustain模型、暴雨洪水管理模型、数值模拟等，使海绵城市的研究角度和方法更为多样。

总体来看，相较于国外丰富的理论与技术措施，国内相对起步较晚。21世纪初，相关研究主要集中在低影响开发（LID）与雨水利用上。直到2014年海绵城市理论提出后，国内该领域研究逐渐转向水生态、城市水文学、水环境、韧性城市、数值化设计等研究方向上，研究包括：提升城市水应用能力的规划途径；基于生态过程研究适配的城市空间尺度规划手段；通过统调海绵系统与城市排水系统，平衡利用"海绵体"蓄集雨水与抗洪功能，解决城市水环境问题；通过灰绿基础设施耦合的雨洪管理模式，解决场地内涝积水问题；从空间格局、蓄排系统、治水思想等方面分析塘浦圩田水利体系中蕴藏的雨洪管理智慧，为海绵城市建设提供新思路和方法；以保障绿地的基本功能和消减绿地内外部径流为前提，将半湿润地区降雨特征作为研究基础，提出半湿润地区外源径流型海绵绿地的设计方法。

1.6.2 我国海绵城市内容研究与技术方法

（1）海绵城市相关研究内容

1）城市雨洪成因问题研究

城市雨洪问题的成因是海绵城市构建的根源，其形成机制受到多种综合因素的影响，学术界对其进行了剖析研究，归结主要原因大致包括：降水的趋向性变化以及短时强降水在时间或空间上的极度聚集；大面积不透水表面导致的径流系数剧增；相应雨汇空间的减少；不当的雨洪管理方法等。通过对文献的梳理可以将其进一步总结为城市气候、城市规划、城市建设和城市管理四大类别，其中包括13个影响因素和19种作用原因（表1-13）。这些影响因素之间并非独立存在，而是相互影响地进行交叉作用，形成每个城市独特的成因组合，进而产生不同风险程度的雨洪问题。

城市雨洪灾害的影响因素与作用原因　表1-13

类别	影响因素	作用原因
城市气候	温度	全球变暖导致水文循环过程加快； 热岛效应导致暴雨最大强度点出现在市中心
	雨量	暴雨或持续性暴雨的降水过程
城市规划	规划理念	忽略雨水对城市总体布局的影响； 排水防涝规划仅考虑了管网排水能力，忽略了与竖向、绿地等的系统规划
	用地选址	不适宜致使建设用地处在城市内涝敏感地块
	城市排水设计标准	排水设计标准偏低或规范运用不当； 单个排水系统汇水面积过大
	暴雨强度公式	径流系数错误； 公式选择不恰当
城市建设	下垫面	河流横断面变狭小、升高后河床不利于防控洪涝
	河道	不合理的截污工程造成排水出口瓶颈
	排水截污工程	雨洪混排，雨污混接
	排水防涝系统	城市防洪排涝体系建设不完善； 城镇化进程中硬地化率剧增，不透水比例大幅增加
城市管理	维护管理问题	排水设施使用、管理及维护不善； 排水管网的质量及淤积问题
	防灾机制	城市防灾应急体系建设薄弱，缺乏城市内涝灾害的预警机制
	法律法规制度	法律法规不健全，缺乏外部监督机制，职能分工不够明确

随着对城市水文系统整体性、复杂性和多样性的理解，国外学者较早就开始分析土地利用变化对区域水文过程的影响情况，这对区域雨洪灾害的预测和缓解以及区域规划、可持续发展和管理都具有重要意义。研究统计了2011～2015年与“城市雨洪成因”相关的国家自然科学基金资助成果（表1-14），发现国内学者也开始从土地利用变化的角度来分析雨洪过程，系统性剖析城市雨洪成因问题。

2011~2015年"城市雨洪成因"相关课题　　表1-14

	项目批准号	项目名称	资助申请时间（年）	项目负责人	依托单位	资助力度（万元）
城市雨洪成因	51109039	城市覆被变化对雨洪特性的影响机理及其数值模拟	2011	耿艳芬	东南大学	25
	51178295	基于生态与水文过程的沿海低地城市形态生成系统及适应性	2011	龚清宇	天津大学	60
	51309009	基于城市复杂下垫面特征的分布式水文模型	2013	庞博	北京师范大学	24
	51379149	城镇化对暴雨洪涝的放大效应及城市雨洪模型	2013	宋星原	武汉大学	80
	51408236	我国传统城市"坑塘"水系的防洪排涝机制	2014	李炎	华南理工大学	25

2）雨洪控制目标与指标体系研究

国外城市雨洪控制指标已从单一的径流峰值控制向多样化、体系化演变。由于不同量级降雨所产生的地表径流不同，与之相应的雨洪控制指标也随之变化。比如美国常用的水文控制指标大致分为六个量级，该体系中前三个控制指标是用于控制径流总量，主要侧重于保护水环境；后两个指标旨在控制径流峰值，以减少城市及下游地区的洪涝灾害，最后的预警则属于非工程措施范畴。而我国对雨洪管理的控制指标体系研究较少。2014年2月，北京市率先颁布《雨水控制与利用工程设计规范》DB11/685-2013，提出在实施LID措施的基础上，新开发场地"每千平方米硬化面积配建$30m^3$的雨水调蓄设施，可控制33mm厚度的降雨"。2014年10月发布的《海绵城市建设技术指南——低影响开发雨水系统构建（试行）》中提出，"年径流总量控制率最佳为80%~85%"。这两项指标属于小量级降雨控制。但对于洪水控制指标，我国的《海绵城市建设技术指南——低影响开发雨水系统构建（试行）》中没有具体提到，而2013年发布的《城市排水（雨水）防涝综合规划编制大纲》中明确提出："通过采取综合措施，直辖市、省会城市和计划单列市（36个大中城市）中心城区能有效应对不低于50年一遇的暴雨；地级城市中心城区能有效应对不低于30年一遇的暴雨；其他城市中心城区能有效应对不低于20年一遇的暴雨；对于经济条件较好且暴雨内涝易发的城市可视具体情况采取更高的城市排水防涝标准。"2015年实施的《海绵城市建设绩效评价与考核办法（试行）》，主要从水生态、水环境、水资源、

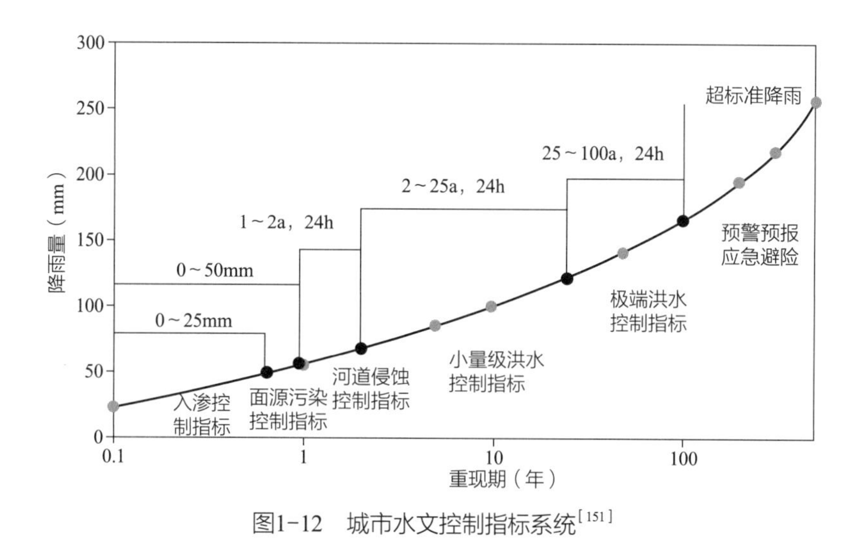

图1-12 城市水文控制指标系统[151]

水安全、制度建设及执行情况、显示度六个方面提出定性及定量的建设要求。

随着各地区海绵城市建设项目的大规模推进，针对各类建设项目制定具体海绵城市建设目标及指标体系的研究近两年受到大量关注（图1-12）。康丹等人基于《海绵城市建设技术指南——低影响开发雨水系统构建（试行）》对年径流总量控制率的要求，采用目标值分解三级法对径流目标值开展系统分解的研究[148]。姜勇将“平均分配+微调整”的年径流总量控制目标分解方法应用于武汉市海绵城市规划设计导则的编制中[149]。靳俊伟等基于水文站的检测资料对重庆市悦来新区海绵城市建设指标体系的年径流总量指标进行了深入分析，最终将分解确定的各地块年径流总量控制率作为该区域建设的定量约束性指标[150]。可见，我国学者已经意识到，在海绵城市建设过程中指标体系的合理确定将直接影响到项目的可实施性，并且取得了一定的成果。

3）海绵城市与景观生态学的关联性研究

从宏观层面上，海绵城市建设的重点是协调土地利用布局与整体水文循环、水文过程的关系。现有的相关研究主要体现在城市内涝灾害与城市雨洪过程的时空特征研究中，主要从两个方面进行研究：一是对城市雨洪风险性的评估分析，包括城市雨洪问题的产生与发展，并对其进行风险区划；二是对雨洪过程中由某些关键性局部和空间所构成的潜在空间格局进行分析，建立城市雨洪安全格局。

其中，对于雨洪风险性分析多侧重于它的评估及预警，常见的有以下几种方法：地貌学方法、综合指标体系评价法、历史灾情数理统计法、水文水力学模拟法（表1-15）。另一方面，城市雨洪安全格局构建的基础是景观生态学理论。在国外，利用空间模型对安全格局进行优化是近年来的重要趋势，如元胞自动机、PLM景观模型等。模型可以融合多源空间信息，便于实现定量化的雨洪安全格局构建。在国内，以俞孔坚等人作为该领域的研究代表，已经将综合解决城乡雨洪问题的水安全格局方法应用于城市生态规划当中[152]。焦胜等人将传统土地适宜性评价结果与利用水文连通性分析方法及分布式水文模型确定潜在雨水生态廊道进行叠加分析，实现土地适宜性对雨洪灾害响应的格局优化[153]。许乙青等通过参数化模拟丘陵地形上的水文过程，构建城市复合生态廊道，为湖北省建始县“以水为媒”的总体规划做出指导[154]。陆明等基于生态水文学理论，采用Archydro水文分析模型，分析雨水径流运动路径和集水区，构建出济南市的水生态网络，并对其网络结构特征提出对应的建设意见[155]。

雨洪风险评估的主要方法对比[156] 表1-15

评估方法	内容	优点	缺点	应用
地貌学方法	借助地貌特征反映雨洪危险性信息	地貌特征的空间分布可以反映雨洪危险性的空间分布	信息不全面	Haruyama S根据达卡市城镇化进程1995～2015年间土地利用/土地覆被变化的卫星数据和地貌分类图进行雨洪风险测量
综合指标体系评价法	将多个指标转化为一个能够反映综合情况的指标来进行综合评价	层次性强，思路清晰	模糊了致灾指标特征，主观性强	Wu Y等建立了基于自然环境危害和经济社会脆弱性的雨洪风险评价指标体系，并提出了用储层模量和滞洪区的流域模数两个指标来表征人类干预能力的雨洪灾害指数集
历史灾情数理统计法	通过对已发生的雨洪灾害历史数据统计分析进行雨洪风险评估	不考虑雨洪的其他影响因素，容易进行统计与计算	没有考虑地表产汇流，历史数据基于行政区划单元	Quan R S等从1900～2000年历史洪水资料的基础上，分析了雨洪灾害的时空特征，并对上海雨洪灾害综合风险进行了评价
水文水力学模拟法	通过水文水力学模型模拟雨洪的发生与演变	同时考虑雨洪空间上的垂直分配与水平运动状态	数据量大，计算复杂，评估精度难以保证	Ernst J等基于高分辨率的地形和土地利用数据，利用二维水力学模型对小流域洪水风险进行评价

以“水生态”“水安全”“景观生态”为关键词，对我国2010～2017年国家自然科学基金资助项目进行搜索，从结果可知，有关基于生态预警评价的雨洪管理和城市水生态环境的规划途径研究，是当前我国学者的研究热点，同时也是国家给予重点鼓励的发展方向（表1-16）。

2010~2017年海绵城市与景观生态学关联性相关课题　　表1-16

	项目批准号	项目名称	资助申请时间（年）	项目负责人	依托单位	资助力度（万元）
海绵城市与景观生态学的关联性	51078004	全球气候变化背景下中国城市水适应能力建设的景观途径	2010	俞孔坚	北京大学	80
	51208020	城市绿地景观格局对雨洪过程和雨水系统效果的影响及优化调控研究	2012	王思思	北京建筑大学	25
	51208139	水敏性城市空间形成机理与调控研究	2012	赵宏宇	哈尔滨工业大学	24
	51278504	基于水环境效应的山地城市用地布局生态化模式——以重庆市为例	2012	颜文涛	重庆大学	80
	51378423	基于生态评价的黄土丘陵区雨水景观系统及其适应性设计方法研究	2013	李榜晏	西安建筑科技大学	80
	51308318	城市生态化雨洪管理型景观空间规划策略研究	2013	杨冬冬	清华大学	25
	51408499	基于可持续雨洪管理的城市建成区绿地系统与雨水管网系统协同优化设计研究——以成都市为例	2014	杨青娟	西南交通大学	25
	41401205	农村沟—塘系统水环境过程与格局优化研究——以风岭水库小流域为例	2014	李玉凤	南京师范大学	26
	51678002	城市水适应性景观的水文调控机制及其消极评估	2016	俞孔坚	北京大学	80
	71741042	雄安新区生态安全格局构建及保护策略研究	2017	俞孔坚	北京大学	16

同时，在城市规划领域，对海绵城市与规划相关联的专著进行统计，反映出国内外学者的研究成果（表1-17、表1-18）。

国外相关专著研究汇总　　表1-17

作者	年份（年）	书名	研究成果
麦克哈格（英）	1992	《设计结合自然》	提倡城市土地利用和自然条件的有机结合，以减少城市建设中人为因素对自然水文地质的破坏
威廉·M·马什（美）	2006	《景观规划的环境学途径》	阐述了规划与土地利用、河流、水质、暴雨水排放和管理的关系，主张设计结合自然
贝内迪克特、麦克马洪（美）	2010	《绿色基础设施：连接景观与社区》	精明保护的原理：大尺度的思考、整合的行动规划、保护和管理自然生态系统并恢复那些有价值的土地
赫伯特·德赖赛特尔、迪特尔·格劳（德）	2014	《水敏性创新设计》	以可持续的方式设计城市以及城市区域范围的水敏性景观
苏菲·巴尔波（法）	2015	《海绵城市》	探讨了水元素在城市空间设计中所扮演的角色和管理，提出了相应的设计构思和解决方法
迈克·怀特（澳）	2015	《雨水公园：雨水管理在景观设计中的应用》	雨水公园可被连接并整合到不同尺度的生态基础设施中，作为绿色海绵来净化和储存城市雨水
弗里克·卢斯、玛蒂娜·维恩·维莱特（荷）	2016	《绿道与雨洪管理》	绿道景观设计指南和雨洪管理方法以及雨洪管理在公共绿道中的适用性
斯考特·斯蓝尼（美）	2017	《海绵城市基础设施：雨洪管理手册》	介绍了不同国家在“海绵城市”建设过程中所采用的技术

国内相关专著研究汇总　　表1-18

作者	年份（年）	书名	研究成果
伍业钢	2015	《海绵城市设计：理念、技术、案例》	从流域、城市、区域不同尺度的景观空间格局阐述了海绵城市建设的设计理念和技术

续表

作者	年份（年）	书名	研究成果
车生泉等	2015	《海绵城市研究与应用——以上海城乡绿地建设为例》	提出了海绵城市绿地雨水调蓄能力调查、评估、分析方法，构建了海绵城市建设的绿地格局优化策略、建设指标体系
戴滢滢	2016	《海绵城市——景观设计中的雨洪管理》	提出了“构建区域绿色基础设施，走向精明规划设计”规划尺度下的雨洪管理思路
曹磊等	2016	《走向海绵城市——海绵城市的景观规划设计实践探索》	结合自身景观创作实践，探讨了海绵城市建设的规划设计学途径
俞孔坚等	2016	《海绵城市——理论与实践（上下）》	提出系统全面的雨和水的价值观，提出了系统解决以水为核心的生态与环境问题的方法论
雷晓玲等	2017	《山地海绵城市建设理论与实践》	以山地城市为例，提出山地海绵城市在水生态、水资源等方面的解决思路和方案
俞孔坚等	2018	《海绵城市十讲》	减小干预，换取城市绿地景观

从研究统计中，我们可以看出在规划途径方面，结合城市绿地系统与水系统来构建海绵体系的思路备受关注。如李方正等通过探索海绵城市建设背景下城市绿地系统规划编制程序与编制内容的响应思路，提出了城市各层次绿地系统的规划方法[157]。于冰沁等基于人工降雨模拟实验和SWMM模拟计算结果，建立了适合上海市的绿地规划指标体系[158]。陈珂珂等从绿地的规划布局、数量特征、降雨强度等多个方面，分析郑州海绵城市建设的途径和措施[159]。在水系规划方面，陈灵凤基于城市、小流域、河段三个尺度探索山地城市水系在土地利用、系统组织和生态建设中的规划方法[160]。

4）海绵城市技术设施研究

国内外海绵城市技术设施的研究主要集中在对BMPs、LID、GSI等具体技术措施雨洪控制效果及其选型与布局的研究。通过对2011～2018年国家自然科学基金资助项目有关海绵城市技术研究的统计（表1-19），可以看出，国内的研究起步较晚，但研究内容较多，开始大多集中于对国外雨洪管理技术设施的跟踪和引介性研究。同时，对雨水花园、下凹式绿地等低影响开发设施的雨洪控制效果和水质净化进行了详细研究。目前对于不同设施的结构、作用原理、适用条件、设计参数、运行维护需求等经济技术特征的比较与选择也受到很多关注。基于以上分析，已有研究从场地、设施功效以及成本投入等方面的特征对多种设施选型与布局的情景方案进行比较研究，并形成一定的方法体系。而针对寒地城市海绵技术措施研究，如睢晋玲等以辽宁省盘锦市辽东湾新区为例，通过对典型区进行下垫面及各地块用地类型分析，结合研究区地形、水文、降雨强度等因素，选取低影响开发（LID）措施对研究区海绵城市规划进行设计[78]；李春林等在沈阳海绵城市低影响开发措施控制效果模拟中，结合研究区的水文状况，考虑LID措施建造成本和难易程度，选择四种适宜的LID措施进行设置研究[161]；李绥等在基于低影响开发的营口滨海工业园区景观生态规划中，选择不同景观节点LID技术措施，实现工业园区生态基础设施合理的空间配置[162]。

2011~2018年海绵城市技术措施相关课题　　表1-19

	项目批准号	项目名称	资助申请时间（年）	项目负责人	依托单位	资助力度（万元）
海绵城市技术措施	51169019	鄱阳湖城市面源污染与雨水洪峰源头控制技术应用机理研究	2011	章茹	南昌大学	52
	51109002	基于不确定性的城市雨洪与非点源污染优化调控研究	2011	宫永伟	北京建筑大学	25
	51278267	城市降雨径流控制LID-BMPs适用措施布局优化及实证研究	2012	贾海峰	清华大学	80
	51279158	低影响开发生态滤沟技术对旱区城市路面径流的净化机理研究	2012	李家科	西安理工大学	80
	41301016	城市低影响开发措施减灾补偿机理及空间布局研究	2013	高成	海河大学	25
	51379013	城市低影响开发植物滞留系统水量水质智能模拟调控理论与应用	2013	杨晓华	北京师范大学	80
	41401038	基于城镇化的BMPs/LID联合调控研究	2014	孙艳伟	华北水利水电大学	26

续表

	项目批准号	项目名称	资助申请时间（年）	项目负责人	依托单位	资助力度（万元）
海绵城市技术措施	41401205	农村沟—塘系统水环境过程与格局优化研究——以风岭水库小流域为例	2014	李玉凤	南京师范大学	26
	51608026	源头径流控制土壤渗透设施水量—水质耦合模型不确定性研究	2016	张伟	北京建筑大学	20
	51879004	基于北京气候特征和水量水质调控规律的简单式绿色屋顶建设适宜性研究	2018	宫永伟	北京建筑大学	60

（2）相关技术方法的研究进展

海绵城市建设所涉及的研究技术方法包括两种：统计与计量分析法和计算机模拟法。统计与计量分析法是基于水文实测数据的统计分析和计量分析的方法。在已有研究中，典型相关分析、方差分析、回归分析、空间自相关分析等多种分析方法被用来探讨城市水文过程的时空特征、趋势及其与城市雨洪灾害形成关系，以实现对城市雨洪影响因素及危险性或风险的研究。国内外大量学者利用该类方法分析城市土地利用、覆被变化对径流量、最大洪峰及径流历时等水文指标的影响情况。计算机模拟法是基于地理信息系统（GIS）的空间分析和水文模拟方法。近几年，更多学者利用GIS空间分析实现对城市用地的图形数据校正、空间查询等，并通过GIS与多种水文模型的耦合来模拟不同降雨情境下的雨洪灾害情景，推求各个情景下可能的淹没水深、淹没范围以及淹没历时。借助水文分析的手段进行雨洪灾害风险评价来判别重点建设与防治区域，对城市土地利用雨洪灾害防治的宏观决策有重要的参考意义。其中利用水文模型模拟的方法便于分析降雨作用于城市下垫面后，雨水在空间上的垂直分配过程以及水平运动状态，能够实现雨洪风险的时空动态表现，国内外学者都对此方法进行了大量的研究工作（图1–13）。

其中，GIS空间计算法对城市尺度的水空间进行测算，提出海绵城市空间分析方法的研究近年来有增多的趋势。近年来，随着海绵城市的提出，水文模型的应用研究开始出现，城市水文模型正在向整体化、综合化、集成化发展，这一趋势将对数据的多元性、研究尺度的复杂性提供较强的操作可能。其中包括研究应用

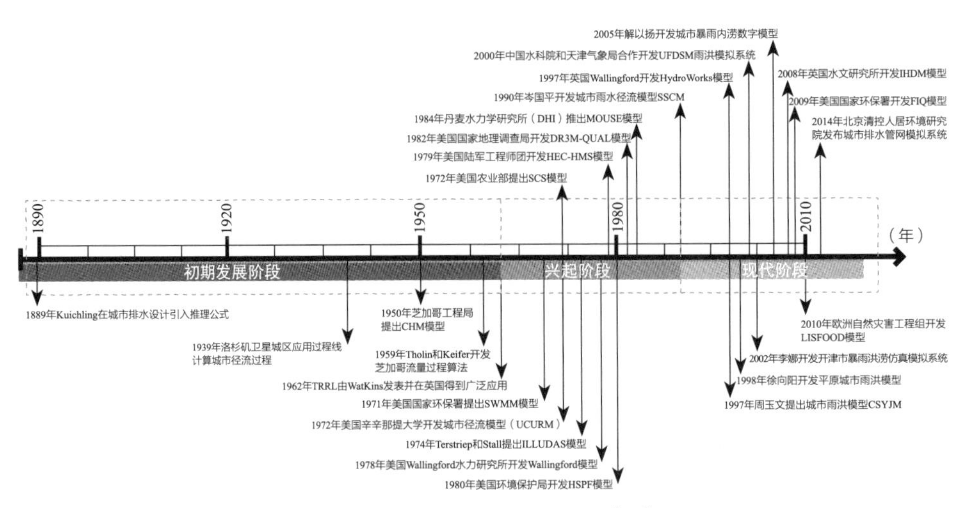

图1-13 技术模型研究进展图[163]

SWMM模型结合GIS分析技术模拟降雨径流，为提出适宜的海绵城市空间结构提供技术支持。DEM模型与MUSIC模型也被广泛应用于城市雨洪空间的研究中，LI等人采用MIKE FLOOD模型模拟了不同降雨条件下传统开发模型和低影响开发模式引发的城市径流量和水质变化状况，使其得以量化[164]。事实上，目前关于海绵城市空间的相关研究面临着数据源单一、方法局限的问题，国内相关研究尚处于萌芽阶段，且主要针对水涝灾害的预防措施和为灾后恢复提供中微观尺度的优化方案。同时，国际上逐渐出现融入大数据的研究方法。近几年，许多国外学者热衷于从计算机领域引入大数据模型来操作复杂且海量的数据处理过程，探索大数据方法应用于雨洪安全问题的潜力。为了量化城市设计中的绿色基础设施的雨水收集和缓渗功效，Coutinho等人利用HYDRUS ID模型来模拟不同铺装场地的雨水渗透过程，从而量化了透水性铺装的水利特性与效能[165]（表1-20）。

国内外主要城市雨洪模型　　表1-20

开发年份（年）	开发者	模型名称	主要应用范畴
1962	Watkins	TRRL	计算地表径流过程线的城市径流模型
1971	美国国家环保署	SWWM	模拟城市降雨径流过程；动态降雨—径流水质水量预测和管理
1972	美国辛辛那提大学	UCURM	城市径流模型

续表

开发年份（年）	开发者	模型名称	主要应用范畴
1972	美国农业部水土保持局	SCS	模拟流域水文过程；城市水文；水土保持及防洪；以及无资料流域
1975	Rober Pitt	SLAMM	城市雨水排水规划；城非点源污染模拟；城市径流污染源与径流水质关系
1977	美国工程师协会	STORM	降雨洪水过程模拟；污染物的扩散过程模拟
1978	美国Wallingford水力研究所	Wallingford	城市管网水量及水质模拟；水文水力模拟
1979	美国陆军工程师团	HEC-HMS	水文模拟
1980	美国环境保护局	HSPF	水库、湖泊等较大流域内的水文水质模拟
1984	丹麦水力研究所	MOUSE	模拟城市径流、管道水流的城市暴雨径流模型、连续模拟暴雨时间
1990	岑国平	SSCM	城市雨水管道设计和校核、城市次洪模拟
1994	美国农业部	SWAT	分布式流域水文模拟；非点源污染模拟
1997	周玉文	CSYJM	城市雨水径流模拟；设计模拟排水管网工况分析
2000	中国水科院和天津气象局	UFDSM	城市雨洪模拟
2008	英国水文研究所	IHDM	水文模型
2010	欧洲自然灾害工程组	LISFOOD	水文模型

根据对海绵城市相关研究方法的文献梳理可以看出，随着研究的深入发展，海绵城市景观空间的方法研究正逐渐转向大数据综合分析空间信息、水文信息与环境信息，并将其纳入城市空间规划决策的技术过程中。

1.6.3 我国海绵城市政策发展与地方实践

（1）海绵城市相关国家政策发展脉络

为解决我国城市所面临的内涝问题，建设中国特色的海绵城市，2001年起，住建部、发改委等部门相继组织开展节水型城市建设工作；水利部组织评估了全国范围内大江大河的洪水风险，以指导地区防洪规划和城市建设。地方层面，以节约水资源、雨水综合利用为目标，北京等城市启动建立各类蓄水池、人工湖和下凹式绿地等集水工程。与此同时，相关的会议召开，相关政策被提出（表1-21），并修订城市规划、给水排水、景观等与海绵城市相关的国家标准，如《城市排水工程规划规范》GB 50318-2017、《城市水系规划规范（2016年版）》GB 50513-2009、《城市绿地设计规范（2016年版）》GB 50420-2007、《室外排水设计标准》GB 50014-2021、《城镇内涝防治技术规范》GB 51222-2017等，消除其建设障碍，推动海绵城市建设进一步发展。

国内相关会议和政策汇总　表1-21

时间	会议及政策	主要内容
2011年3月	两会《建设海绵城市提升城市生态还原能力》提案	将城市停车场和道路两旁改装成下凹式绿地，并把绿化带路面改造为坡度形的，以利于水流入绿化带旁设置的缺口中
2012年4月	2012低碳城市与区域发展科技论坛	首次提出“海绵城市”的概念
2013年3月	中央财经领导小组第五次会议	提出“节水优先、空间均衡、系统治理、两手发力”的新时期治水战略，强调“建设海绵家园、海绵城市”
2013年12月	中央城镇化工作会议	提升城市排水系统时要优先考虑把有限的雨水留下来，优先考虑更多利用自然力量排水，建设自然存积、自然渗透、自然净化的海绵城市
2014年2月	《住房和城乡建设部城市建设司工作要点》	明确提出海绵型城市设想
2014年10月	《海绵城市建设指南——低影响开发雨水系统构建（试行）》	提出海绵城市的概念

续表

时间	会议及政策	主要内容
2014年12月	《关于开展中央财政支持海绵城市建设试点工作的通知》	开展海绵城市建设试点示范工作
2015年7月	《海绵城市建设绩效评价与考核办法（试行）》	从水生态、水环境、水资源、水安全、制度建设及执行情况、显示度六方面对海绵城市建设进行绩效评价与考核
2015年10月	《关于推进海绵城市建设的指导意见》	到2020年，城市建成区20%以上的面积达到海绵城市建设要求；到2030年，城市建成区80%以上的面积达到海绵城市建设要求
2016年3月	《海绵城市专项规划编制暂行规定》	提出老城区的海绵城市专项规划编制应以问题为导向，重点解决城市内涝、雨水收集利用、黑臭水治理问题
2017年3月	《关于加强生态修复城市修补工作的指导意见》	提出通过生态修复和城市修补治理“城市病”，落实海绵城市建设理念，提升城市治理能力

（2）地方城市实践

2010年以后，生态城市建设在全国大范围展开，中新天津生态城、重庆悦来生态城等八个城区列入住房和城乡建设部首批绿色生态城区示范点。生态城市采用生态化建设开发方法，包括区域生态安全格局维护、城市水体保护、雨水收集利用等技术，从整体上推动建设与自然相融合的新型城市。

随后低影响开发、水敏性城市设计等理念被引入国内。2015年，针对我国地理气候的特点，并根据不同的降雨分布和城市社会经济发展规模，首批选择16个城市分两批进行海绵城市试点推广，由国家财政部、住房和城乡建设部、水利部共同组织和指导，地方政府具体负责实施，试点面积不得小于20km^2，为期三年，主要任务是因地制宜地探索海绵城市建设的发展模式。2016年，又正式公布了第二批14个海绵城市试点名单，共计30个城市列入国家试点（表1-22）。目前，在国家试点示范的带动下已有13个省份90个城市开展了地方试点，28个省市区出台了实施海绵城市建设的要求。

中国海绵城市建设试点分类 表1-22

分类	分级	试点个数（个）
气候	多雨	2
	湿润	16
	半湿润	12
城市规模（人口）	特大城市	3
	超大城市	4
	大城市	7
	中等城市	9
	小城市	7
城市等级	直辖市	4
	副省级市	6
	地级市	16
	国家级新区	2
	县级市	2

1.6.4 我国寒地海绵城市存在问题分析

1）从研究关注热点角度分析，既有研究多基于水利工程、大气科学等学科领域，对海绵城市的关注点主要为雨水系统、低影响开发、雨水花园和城市内涝等中微观方面，较少从景观生态学、规划等更为宏观的格局层面入手，对寒地海绵城市进行“多尺度、系统性、定量化”的研究。

从文献综述研究中可以看出，海绵城市的研究虽然起步较晚，但近几年研究成果较为丰富。特别是在技术措施的应用方面，对雨水花园、透水铺装、下凹式绿地等海绵技术设施适用性及其水文效应的评估，并重点分析各类设施对径流水量及水质的控制效果，而较少系统性地关注海绵技术设施的整体空间规划，并且对城市规划、景观生态与海绵城市相结合的理念和方法的研究还略显不足。从一定程度上也反映出海绵城市研究重技术而轻规划、重局部而轻整体的问题。在传统理念上，城市规划往往关注城市物质空间环境和形态美学，未能充分发挥绿地和水系等生态系统的综合服务价值。而海绵城市建设中城市绿地系统和水系统却是其主要载体，在规划阶段可以相互指导。城市规划可以对绿地系统和水系统进行定性、定位、定量的统筹安排，形成具有合理结构的空间布局。海绵城市体系的规划强调城市绿地系统和水系统对雨水径流量、峰值流量与径流污染的控制能力，进而对城市景观的建设提出了更高的要求。而城市绿地和水系的布局、规模与建设情况也会反过来影响海绵城市体系的规划。因此，我们需要从城市景观与海绵城市的关联性入手，探讨海绵城市构建的规划途径，构建系统性的研究框架，从跨学科的多层次角度，解决研究中所出现的问题。

2）从研究成果应用角度分析，目前国外的雨洪管理技术已经从分散管理的模式逐步发展为着眼于整个流域的综合管理方式，形成了较为成熟的雨洪管理技术体系。国内在研究和实践过程中，发现国外雨洪管理的方法在我国城市应用有一定的局限性。主要表现在以下两方面：一是欧美国家大多是低密度社区，低影响开发和源头控制相对容易。而我国城市，尤其是高密度的大城市，无法完全效仿国外雨洪管理体系，依赖大范围的海绵技术设施建设，将径流峰值和年径流总量控制在城市开发前的标准。二是随着源头控制模式的推进，微观尺度的“雨源”进一步增加，如果规划设计时在非产流区布置海绵技术设施，这些区域反而会转化为暴雨水的产流区。这样，不仅没有起到减少暴雨水流量的作用，还会增大雨洪风险。由此可见，基于微观场地的设施布局研究虽然在局部起到缓解作用，却不可能从根本上解决城市尺度的内涝问题。因此，探索系统性、多尺度的技术体系指导设施的选型与布局是寒地海绵城市建设中急需扩展的重要内容。

3）从研究内容角度分析，对城市内涝风险或危险性评估的研究较为丰富，研究方法也较为成熟，但其研究多集中于地理、水文等学科领域，在城市规划、景观生态等领域涉及研究较少，尤其是对于内涝风险等级区划的结果与城市用地布局结构、空间配置之间的衔接关系研究较少。生态安全格局的研究者多来自规划、生态等应用领域，对于海绵城市构建与生态安全格局的耦合关系，只有少数学者进行探索，相对来说缺少学科间的交叉融合。同时，对于不同地区城市发展过程中生态安全格局最佳布局的模式和方法的探索仍然重视不够，因此，对其构建方法的研究也是一个具有探索性的问题，关于如何通过定量分析来设定约束条件，确定能够体现城市水生态安全的空间结构，以指导寒地海绵城市规划是我们研究的重点。

4）从研究对象角度分析，对于海绵城市的实践案例研究多集中于南方城市，而东北寒地城市相对于南方城市较少，对东北寒地海绵城市的关注度也较为欠缺。虽然东北寒地城市气候条件寒冷干燥，相较于湿润多雨的南方城市降雨径流总量较少，但短时暴雨较多，雨强较大，加之城镇化进程对其影响严重，不透水地面急剧增加，导致城市内涝频发；寒地城市降水分为降雨和降雪两种形态，冬季以冰雪为主，春季又出现冻融问题，水的形态由固态转化为液态，普遍性的海绵技术设施应对低温变化较为困难；降水时空分布严重不均匀，夏季降水量大易形成城市内涝，冬季降雪量较少，加之生态问题，又易出现水资源短缺，形成旱涝两种灾害并存现象；冬季降雪涉及融雪剂的使用，过多地使用融雪剂易造成水质污染等一系列水生态与水安全问题。由此可见寒地海绵城市建设的必要性与重要性，目前针对寒地海绵城市研究的理论与实践较为欠缺，如何因地制宜地进行寒地海绵城市构建是我们亟需解决的问题。

第2章

寒地城市水生态与水安全关联耦合的理论与方法

本章对寒地城市地域特征与现状问题进行梳理，并以此为基础提出水生态与水安全关联耦合相关理论与研究方法。因在前文中对寒地城市概念已界定为我国东北地区城市，因此本章对地域特征与现状问题梳理，均是针对我国东北地区进行研究。

2.1 寒地城市地域特征

2.1.1 寒地流域自然地理特征

（1）地形地貌特征

流域具有动态性，它是由水、土地、大气等自然要素构成。水作为受体，它的流动过程与周边自然环境互为影响。本书中寒地流域是指我国东北地区的松花江流域与辽河流域，该流域西、北、东三面环山，南部濒临渤海和黄海，中、南部形成宽阔的辽河平原、松嫩平原，东北部为三江平原，都是典型的冲积平原，由大小兴安岭山脉与长白山脉、燕山北部山脉之间的江河、湖泊、湿地、草原、丘陵、海岸线、深入黄海和渤海的部分岛屿以及内蒙古高原，构成东西宽约1400km、南北长达1600km复杂而又辽阔的东北地貌，占地面积为126万km^2[166]。

其中，辽河流域是我国重要的七大流域之一，南濒黄海、渤海，北邻松花江流域，整个流域总体呈现东西宽、南北窄形势，主要包含东西辽河、浑河与太子河两大水系，河流中下游经过东北平原，自北向南流经内蒙古、吉林、辽宁等省后注入渤海。而东北平原是我国最大的平原，占地35万km^2，海拔较低，高度一般为50～250m，是由冲积而成的辽河平原、松嫩平原与三江平原组成，贯穿黑龙江、吉林和辽宁三省份，被长白山、大小兴安岭及辽东湾山水环抱，水系沼泽众多、地势低洼、排水不畅，夏季降雨期，易造成江河泛滥，城市洪涝灾害严重。

（2）气候降水特征

我国寒地东北地区大部分为温带大陆性季风气候，四季分明，寒地城市水系在降水、水量、水温季节性变化上表现出明显的寒地季节性特征。大气降雨和降雪是我国寒地城市水资源补给的重要来源。寒地城市年降水量为350～1000mm，主要集中在每年的6～9月，占全年降水量的70%左右，河流有明显的丰枯交替变化，且与南方连绵细雨不同，具有鲜明的暴雨特征，降雨历时短、强度大，分布不均匀，洪涝灾害频发。其中，东北平原夏季温热多雨，年降水量在350～700mm，年降雨量由西北向东南递增，且大多数降雨集中于5～10月，7～9月达到雨量的高峰期，且年降水变量较小，但因地势较为低洼，夏秋季节河道沿岸与低洼区域易出现洪涝灾害。

寒地河道水系的蒸发量，最多出现在5、6月，占年蒸发量的35%；最少蒸发量出现在11月至翌年2月，约占全年的7%。寒地城市径流量随着时间与季节的不同而有所变化，一般来说年径流量分配与降水相对应。河流水量丰值出现在6～9月，其中7、8月径流量占全年径流量的一半左右，冬季径流量极少，约占全年径流量的0.2%～4.0%，如遇湿地，则受其调节会增大冬季的径流量。河道水体温度也会随季节性的变化而出现差异性，夏季为畅流期，水温可在0～28℃，冬季为封冻期，水温常在0℃以下，可常达2～6个月。

而辽河流域的气候降雨特征尤为显著，春季干燥多风沙，夏季高温多雨，秋季历时短，冬季寒冷干燥。年平均气温4～9℃，年平均降水量时空分布不均匀，降水时间多集中在7～8月，空间分布上整体呈现由东部向西部递减趋势，东部为800～950mm，西部仅为300～500mm。2000年以后，降水量减少愈加显著，平均年降水量约为364mm，年均蒸发量为1100～2500mm，并由东向西逐渐增加，地域气候特征决定了辽河流域水资源补给相对较少，且流域东西分布不均衡。流域年平均径流量为$1.26 \times 10^{10}m^3$，主要分布在浑河、太子河流域，且由东南向西北递减，区域空间分布趋势十分不均匀[167]。

（3）流域水文特征

寒地东北地区拥有我国多条重要河流，东北平原为典型的河流冲积型平原，河流水系较为发达。东北平原是由黑龙江、松花江、辽河等江河冲积而成，地势低洼，河湖、湿地等水系众多。其中，黑龙江作为东北平原第一大河，全长约为4440km，我国境内流域面积约$89.1km^2$，流经漠河、黑河等数十县市，流域水量丰富，主要依靠夏秋季降雨补给，冬季进入枯水期，径流量年际变化较大，4月积雪融化补给河流可形成春汛，5～10月则进入夏季洪涝期。东北平原第二大河流松花江，是黑龙江在我国的最大支流，全长约1900km，流域面积约$54.56km^2$，年径流总量约759亿m^3，其干流自南向北流经吉林、黑龙江两省，流经哈尔滨、佳木斯等多个重要城市，流域水量较为丰富，主要依靠大气降水及融雪补给，因年径流特征与流域年降雨时间及地区分布基本一致，具有明显的季节变化特征。同时，夏季7～9月由于暴雨集中，有可能引发松花江流域洪水灾害。辽河是东北平原第三大河，也是东北地区南部最大河流，全长约1345km，流域面积约21.9km^2，年均径流量约126亿m^3，主要分布在浑河、太子河流域，由东南向西北递减，降雨量及径流分布极为不均，特别是中下游地区水资源严重短缺，且污染最为严重，曾与淮河、海河共同被列入中国污染最重的三条河流，到2013年通过国家考核，率先退出“三河三湖”重度污染名单，实现历史性突破，河流水质和生态环境明显改善，生物多样性有所恢复，但水体水质一直处于改善、恶化的反复状态。同时受气候影响，夏季雨量充沛，暴雨集中，平均7～8年发生一次较大洪水，2～3年发生一次一般洪水，夏季洪涝灾害频繁。浑河曾是辽河流域最大的支流，现在为辽宁省主要河流之一，也是辽宁省水资源最丰富的内河，流域面积为2.5万km^2，年径流量为50亿～70亿m^3，总长度为415km，流经抚顺、沈阳、鞍山等城市，最后汇入大辽河，其代表辽河流域在水资源、水生态、水安全综合管理方面面临严峻的挑战。

综上所述，我国寒地东北地区地形地貌复杂多样，分布于松花江流域与辽河流域，其中东北平原地区因地势低洼，水系众多，极易形成洪涝灾害，同时有别于南方地区的连绵细雨，东北地区多为大暴雨，历时短、强度大，时空分布不均匀，多集中于夏季，冬季降雪且水量较少，因此河道具有明显的丰水期与枯水期，冬季河道存在较长时间的封冻期。其中浑河作为辽河流域曾经最大的支流极具地域特征，且在水生态与水安全方面问题显著。

2.1.2 寒地城市水系空间特征

快速城镇化导致地表覆盖从自然景观到不透水表面的巨大转变，这个过程伴随着一系列生态安全问题，其中之一就是近年来频发的城市洪涝灾害。目前，土地利用方式与城市水文循环的关系被广泛关注，大量的研究表明，城市建设与城市水系有着相互影响、相互制约的关系。因此，中观层面的海绵城市规划较为关注水系空间与沿线城市用地布局的整合。由于寒地城市地势较为平缓，冬季低温时间较长，导致植物生长期短、风景单一，水系沿线往往成为集中体现城市特性和风格面貌的中心区域。因此，规划区范围内的城市水系沿线土地利用方式往往是寒地城市重要的功能分区，同时起到协调城市防洪排涝空间结构、提升城市景观生态功能等作用，是促进城市地区发展的重要因素之一。

（1）寒地城市水系空间形态特征

城市水系空间形态是水与城市在用地结构形态上的关系，客观地反映城市各功能之间的联系。把握城市水系空间结构与形态关系，引导合理的城市空间形态发展，达到自然环境与城市人工的协调。寒地城市河流水系空间形态大致分为内穿型、外沿型两种。内穿型河流城市空间分布（图2-1a），一般先在河流的一侧发展，由于寒地城市用地规模的扩大和用地条件的相对短缺，城市跨越河流发展，中心区一般会靠近河流，各功能区沿河流串联布置，形成一中心多组团或多中心多组团的布局，其发展规模需根据用地条件加以合理控制，如哈尔滨、长春、沈阳等城市跨河而建，沿河两岸发展；外沿型河流城市空间分布（图2-1b），只在河流一侧发展，河流形成城市重要的边界，由于自然客观因素阻隔，城市内聚性强，一般只有一个城市中心，河流在城市边缘，对城市的景观渗透力不如内穿型强，形成滨河的景观轴线只能位于城市边缘，对城市内部的景观影响较小，如丹东沿鸭绿江一侧发展；在寒地城市中还有极少数临海型的沿海城市（图2-1c），是以沿海方向作为发展轴，呈组团式发展模式，城市景观一般以海湾、河道、城市通道为基本构架，以重点区域为节点，以自然环境和历史人文资源为背景，形成符合自然特征与个性的城市空间，如大连、营口属于寒地城市少数沿海地区。

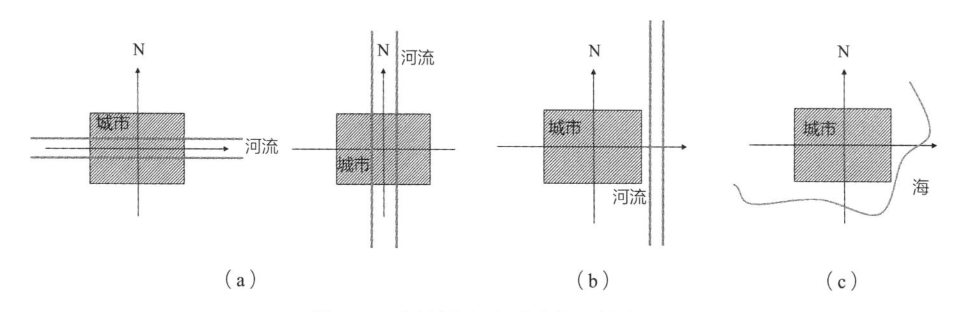

图2-1　寒地城市水系空间形态关系

（a）内穿型；（b）外沿型；（c）沿海型

（2）水系功能与城市用地功能布局特征

水系具有生态服务功能，功能的作用大小与类型组合对城市用地功能布局具有重要影响。结合城市用地分类，水系功能可分为：防洪排涝、饮用水源、生态环境、景观功能、航道运输等。寒地城市因地域气候影响，河流有丰水期和枯水期，属于季节性河流，冬季有较长时间封冻期，自然景观匮乏，因此与南方城市水系可用于航道运输与农田灌溉不同，寒地城市水系侧重于生态环境与景观功能属性，可调节寒地城市区域气候，又可作为城市主要景观轴，以水平或垂直廊道形式与其他次景观轴，将道路、广场、绿地等空间连接起来，形成城市空间网络体系。城市规划区域水系沿线地区通常会作为寒地城市的核心功能区、景观生态空间的始发地，其土地使用方式至关重要。景观功能区划可通过决定城市中相关功能建设用地的规模与布局来影响城市用地功能布局。

在城市雨洪管理视角下，土地利用规划不再是传统的分区管制，而是一种可持续发展理念的规划，其中“水”更是作为研究关注的核心。合理地调整寒地城市水系周边地区的土地利用，是城市建设、发展和有效控制城市洪涝灾害的关键所在。而水系的防洪排涝功能，主要决定着城市用地布局的地理区位、分布格局、建设规模与功能关系。

综上所述，寒地城市水系与城市空间形态存在不同类型的空间关系，由于低温造成景观单一，所以寒地城市建设多集中于水系沿线，大多数寒地城市是以内穿型为主，城市跨河流发展；同时由于受气候影响较大，河流季节性明显，寒地城市侧重于景观生态功能，调节区域气候，作为城市主景观轴，水系沿线地区通常会作为寒地城市的核心功能区，寒地海绵建设与水系周边土地使用方式紧密相关；合理地调整寒地城市水系周边地区的土地利用，是寒地海绵城市建设、发展的关键所在。

2.1.3 寒地城市河岸带功能特征

河岸带划分为永久淹没区域的河床、近水区域的滨水带、陆域水域过渡区域的护岸带以及陆域缓冲区域的缓冲带四个部分（图2-2）。其中，河道水体及河床构成河岸带的主体，即主河槽，决定着河岸空间的基本属性，河床是由沙子、黏土和

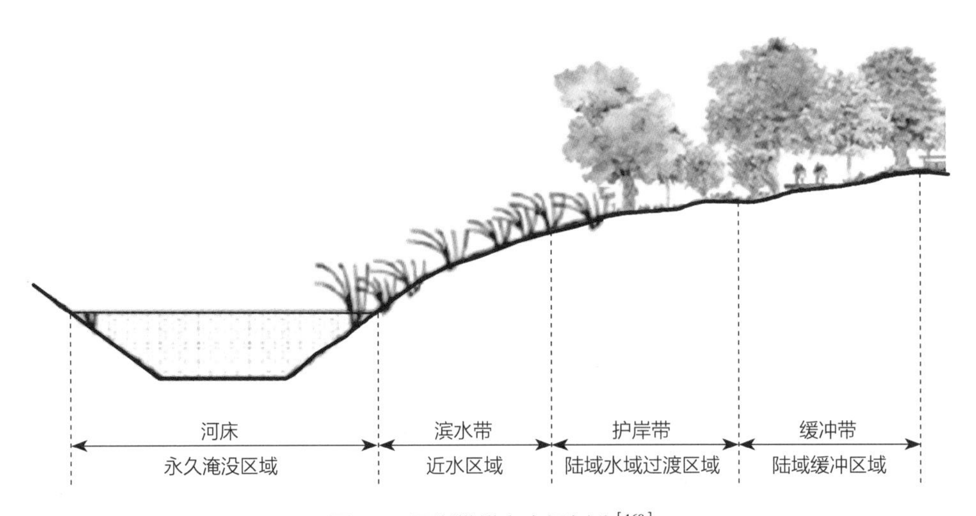

图2-2 河岸带横向空间划分[168]

基岩组成，对水流具有制约的作用，同时水流对河床具有侵蚀的作用，而主河槽的形态影响着河岸带的稳定性；滨水带及护岸带是河岸带较为敏感的区域，水域生态特征明显，滨水带和护岸带无明显的划分界限，作为河流滨岸内与水体最为临近的空间，应控制开发强度，维护生物多样性生存空间，保护河岸带的生态价值；缓冲带是河流滨岸与城市连接最重要紧密的区域，也是人类从河流生态系统功能中获取利益的最直接有效的空间，该区域内应重点建设水生态基础设施，过滤由城市活动带来的水环境污染，保护水质，调整水量。

河岸带断面形式对河流生态的影响主要体现在是否渠化以及驳岸类型。河道断面形式一方面改变河流原有自然风貌，另一方面阻碍了水生态系统与陆域生态系统的联系，并促进了水体流动速度，对生物多样性保持与防洪安全产生负面影响，从而影响河岸带整体生态安全功能。

（1）寒地城市河岸带水文特征

由于寒地城市空间发展到一定程度会侵占河流水系空间，因而河流的天然发育过程会受到制约，水系结构也呈现出简单化、单一化的衰退趋势。寒地城市河岸带水文特征包括：长期受到雨雪水径流污染、城市管网排水、生活垃圾和工业废水的侵蚀，大量有机污染物进入河道，污染力远超过河道的自洁能力，使得河水长期缺氧，导致水生生物及微生物菌群消失，河流生态系统遭到严重破坏；河流整治项目引起流量过程及输送泥沙的变化，导致许多生物生息地环境改变甚至消失；水利工程的兴建使自然河流渠道化以及河流枯水期影响，河道束窄加深，且不再连续；受寒地气候影响，存在较长时间封冻期，生物活性受限，滨水区景观利用率较低，生态功能降低，对雨雪水径流的滞蓄能力减弱。

（2）寒地城市河岸带生态服务功能特征

寒地城市水系为人类提供水生态服务的主要空间场所为河岸带，其功能特征及提供的生态服务功能主要体现在以下几个方面：

对地表和地下水径流的保护功能：河道水体及河床构成的廊道生境具有传输、过滤和阻抑等作用；滨水带及护岸带主要通过植被覆盖、生物多样性来改变水分蒸发条件，进而影响河岸水分的运移和洪水的产生；缓冲带则通过建设寒地适应性水生态基础设施滞留、过滤、渗透等方式减缓雨雪水径流污染、保护地表径流和地下水资源。

对河流和陆地的生物生境提供廊道保护功能：河岸带能为物种迁徙、物质流、能量流传递提供空间廊道，同时也能隔离两岸陆域生物的互通性，起到天然屏障或过滤的作用，以保护生物多样性及繁衍发展的过程。

提供多用途的娱乐场所和舒适的景观生态环境：以保护河岸生态环境为前提，适度开发休闲游憩等功能，针对冬夏不同季节特征，选取寒地植物进行优化配置，创造季节性寒地景观。

综上所述，寒地城市河岸带由于受雨雪水径流污染与工业、生活废水排放导致水质污染严重、水生态系统受损；人工渠道化和枯水期长导致河流连通性较差；冬季封冻期长导致植物活性差，生态功能降低，对雨水滞蓄能力降低。在雨雪水径流过程中，寒地河岸带的主要功能为雨雪水污染物净化和径流滞蓄。

2.2 多尺度寒地城市水生态与水安全问题识别

不同气候地区的降雨、地表覆盖、自然地貌特征是不同的，使其汇水过程、地表径流量、植被活性状态随之不同，因此，虽然寒地城市的水生态与水安全现状问题与其他地区有所类似，但其产生的原因各不相同，导致寒地海绵城市建设具有一定的独特性。

2.2.1 流域尺度现状问题

（1）流域水资源短缺，旱涝两灾并存

我国寒地东北地区流域水资源储量较为充足，但分布不均，导致部分地区人均占有量极低，如沈阳地区水资源人均占有量仅为341m^3，不足全国人均占有量的1/6，无法满足人们生活及生产的需水量，属于水资源严重短缺地区。寒地城市流域的地表水开发利用程度与水平较低，而地下水资源的开采率相对较高，甚至部分城市严重超标，使得地下水位下降，地面出现沉降现象。

大气降水（雨雪水）是我国东北地区流域水资源补给的重要来源，水汽主要来自夏秋东南季风所带来的暖温空气。由于寒地城市降水时空分布严重不均，降水主要集中在6～9月，占全年降水量的70%左右，而冬季降雪且水量少，平均降雪量占年降水总量的7%～25%，导致河流有明显的丰水期与枯水期交替变化的特点，多年最大、最小年降水量比值在1.7～3.7之间[163]。近五十年，东北地区逐年降雨量有减少趋势，年降雨日数大幅减少，而年降雨强度逐渐增强（图2-3）。因此，寒

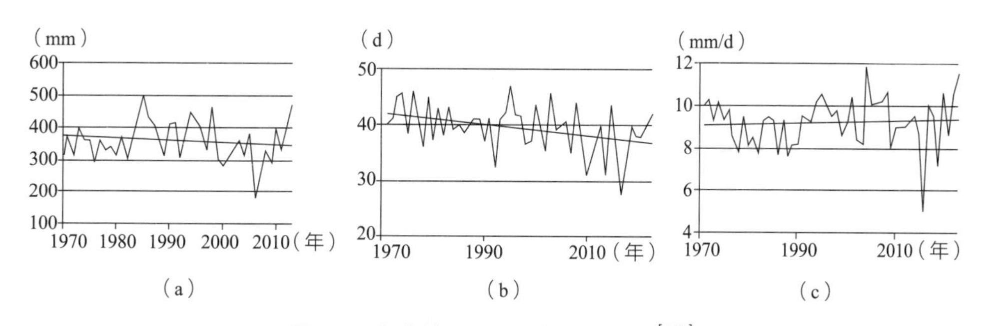

图2-3 东北地区近五十年降水变化[169]

(a)近五十年平均降水量变化;(b)近五十年平均降水日数变化;(c)近五十年年平均降水强度

地城市夏季暴雨多、雨强大，导致城市内涝灾害严重，而冬季降雪水量少对地下水补充较为薄弱，而且低温造成植物活性差对降水滞蓄能力有较大影响，导致夏季雨水无法留住，冬季雪水利用较低，水资源严重短缺，易形成旱涝两灾并存的问题。

同时，寒地城市对雨雪水的无效利用造成水资源浪费，又盲目地追求南方地区水体环境的营造，加剧河流水系水量不足、脱水等问题。如浑河属于严寒地区季节性河流，水资源严重短缺地区，且受地域、季节影响分布严重不均，沈抚段区域多年平均降水量不足680mm，最低仅为430mm，存在河流污染加剧、河流水系生态需水量难以保证等问题，造成河流两岸生态功能不断退化。因此，宏观层面的流域规划应重视雨雪水源涵养与水土流失问题，将雨雪水资源合理利用，恢复流域水生态系统的自我调节功能。

(2)冬季枯水期导致流域水系廊道不完整

流域内的水系是构成流域生态廊道的主要要素，由于寒地城市流域内的水资源利用方式较为粗放，常被进行坑塘改道、截弯取直甚至填埋，加之冬季低温与枯水期时间较长，部分流域河流会出现干涸现象。河流水系廊道自身具有提供水源、调节区域气候、维持生物多样性、净化环境等生态服务功能。因此，河流通道断裂与不完整会导致水生态系统破碎，生态调节、水土保持、生境维护等生态服务功能降低。

(3)寒地城市发展需求导致流域景观破碎化严重

寒地东北地区经济与产业发展相对落后，城市发展需求较大，建设模式较为粗放，大面积的不透水地面代替流域内原有的植被与水系，城市中的自然绿地和水体不断减少，下垫面自然结构受损严重，自然景观逐步衰退，流域景观破碎化等问题严重，具有调蓄功能的河流水系斑块逐渐减少，阻断城市自然水文循环过程，降低城市水生态系统的自我调节能力，造成流域水面率降低、调蓄洪水能力下降，水生态系统受损、水景观质量下降，以及区域气候变化、城市热岛效应增强。与此同时，景观生态廊道断裂、景观异质性减弱、生物多样性受损，并直接导致国土景观质量整体水平下降，严重影响我国国土生态健康及流域人居环境。

2.2.2 城市尺度现状问题

（1）寒地城市水系沿线用地功能混乱

寒地城市规划区域内水系沿线建设现状关键性问题主要体现在形式和功能两个方面：从形式角度看，寒地城市多依水而建，建设用地的无序扩张大量占据了水系沿线的生态用地，导致水系沿线用地的性质被割裂，用地斑块形式破碎化，且沿线空间形态相对封闭、缺乏融合；硬质斑块的不断增多，不但增加雨雪水径流量，并且阻碍生态斑块之间的物流、能量的传递。从功能角度看，水系沿线用地的开发建设并未体现出寒地特色，一些相邻土地利用性质不相容。如在快速城镇化进程中的新建城市区域，其城镇用地全部由耕地转化而来，土地利用类型急剧变化，挤占河流两岸自然生境与农业生态空间，造成河流生态功能严重退化。

（2）寒地城市城镇化水文效应

由于寒地城市快速城镇化发展需求，规划区内大量的自然生态基质被城市基质所取代。从而引发的相应城镇化水文效应包括：地表不透水面积增加、地表植被改变，以及城市排水管网系统取代原有自然排水方式等。地表水入渗量减少，改变了原有流域的自然水文循环，导致地表径流量增加、流速增快、汇入河湖流水系时间缩短。寒地城市夏季暴雨多、雨强大，极易造成城市洪涝灾害。同时，寒地城市冬季使用融雪剂清雪，会腐蚀水生态基础设施，降低植物活性、污染水体，破坏土壤结构，形成恶性循环。寒地城市冬季以冰雪为主，春季又出现冻融问题，水的形态由固态转化为液态，低温与冻融问题给普遍性的海绵技术设施的实施带来一定难度，如绿色屋顶、普通透水铺装等，需注意低温与冻融问题影响。

（3）寒地城市产流速度与径流量大、内涝区域多

寒地城市夏季暴雨多、雨强大，短时雨量大，加之城市不透水地表面积增大，引起径流量变大，洪峰出现提前，透水硬质地面的粗糙率比较小，致使地面汇流时间缩短，而不断完善的雨水管网系统更能加速雨水向城市河流水系的汇集，促使短

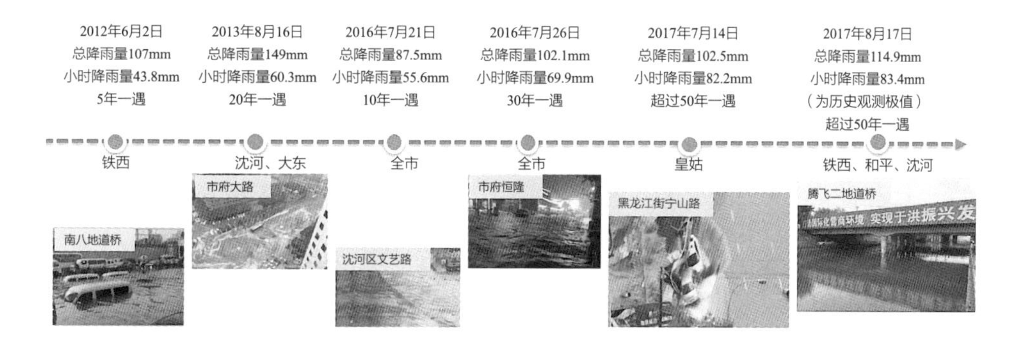

图2-4　沈阳市近年暴雨时段统计图

时间内形成雨水高峰流量。而且不透水表面入渗几乎为零，洼地蓄水大量减少，造成产流速度和径流量都大大增加。而低温反复冻融也会对城市道路、排水系统等造成损坏，寒地城市遇到特大暴雨时，城区排水系统设施不能满足现代城市建设标准的发展需求，如沈阳市在近年来不断出现暴雨侵袭（图2-4），城区内地势平坦，汇水面积大，其低洼处则会出现严重积水，造成城市大面积内涝等问题。

2.2.3　河段尺度现状问题

（1）寒地河段水体黑臭、流通性差

随着寒地城市的建设过程中生活污水、工业废水排放，以及雨雪水径流污染，冬季降雪涉及融雪剂的使用，过多的融雪剂易造成水质污染，同时封冻期长使植物活性减弱，进而植被净化能力降低，导致寒地城市河段水环境污染负荷远远超过水环境容量，河段水质恶化严重，如辽河流域干流水质污染严重（图2-5、图2-6）。寒地河段建设多以满足防洪排涝为主要任务，而常忽视了水体的动态性、生态化的需求，导致水体流动性差，局部生态环境失衡而衰弱，引发河段水体黑臭问题。2016年2月，住房城乡建设部办公厅、环境保护部办公厅发布《关于公布全国城市黑臭水体排查情况的通知》（建办城函〔2016〕125号）。全国295座地级及以上城市中，共有216座城市排查出黑臭水体1811个，其中，河流1545条，占85.4%；湖、塘264个，占14.6%。其中，辽宁省地级市建成区的黑臭水体名单，涉及沈阳、大连、鞍山、抚顺、本溪等11个市的61处河段（湖塘），总长度294.01km。

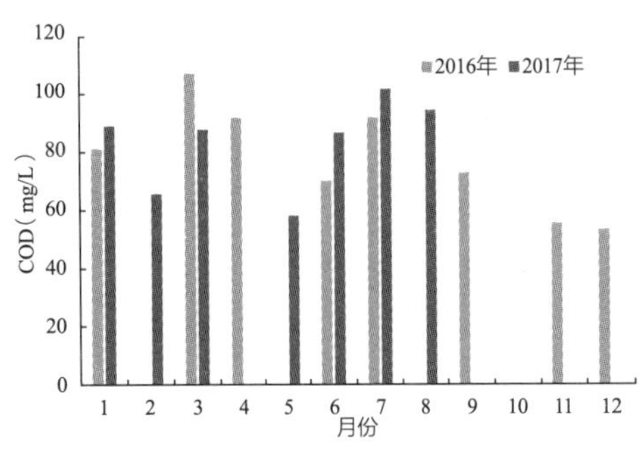

图2-5 辽河支流COD月平均值

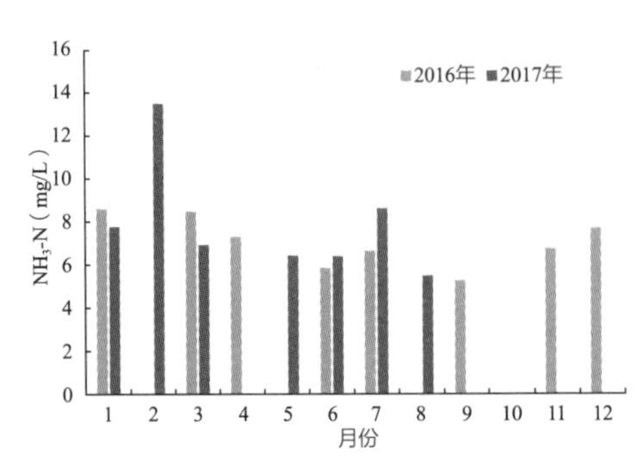

图2-6 辽河支流氨氮月平均值

（2）寒地河段生态建设不足

由于寒地城市低温封冻期长致使植物活性较差、雨雪水径流污染，以及河段黑臭、不合理的河段工程建设等因素，导致寒地城市河流水系的生态功能逐渐弱化，未能发挥河段应有的生态服务功能。河段水系在生态建设与区域城市发展需求之间矛盾突出，大范围的河段水系生态破坏，生态功能不足；城区范围内硬质护岸较生态护岸比例高，缺乏系统的生态建设，河湖水系对区域生态建设的支撑作用较弱。同时，城市用地不断增多，河流水系周边用地建设量加大，以防洪排涝为主要任务的灰色设施被不断完善，使得自然水系岸线的硬质化问题严重，自然岸线几乎破坏殆尽，影响水系自净能力与生态环境，导致水质下降，挤占河段空间，降低排水防涝能力。此外，河岸带还存在空间过窄、岸线自然状态无人维护、污染严重等问题。

（3）绿地排涝效果差、雨水滞蓄效能低

寒地城市低温封冻期长致使植物活性较差，水系周边的绿地系统滞蓄能力薄弱，而低温与反复冻融也致使普遍性的海绵措施无法发挥其作用，排水防涝功能较差。此外，河段周边绿地调蓄设施被建设用地所占据，使得寒地城市自然蓄水能力减弱，增加洪涝风险。规划时对河流采取截弯取直的方式，破坏河网的自然状态，河床经过改造通常呈现梯形断面，导致河流断面均一化，严重影响水体的自净能力、水量调节和防涝能力。因此，在进行河岸带生态建设时，避免硬质护岸的运用，选择应用寒地适宜性的水生态基础设施以及植物优化配置，增强植物活性，提高雨雪水滞蓄效能。

综上所述，寒地城市因降水（雨雪水）时空分布严重不均，夏季暴雨多，降水量大易形成城市内涝，冬季降雪且水量较少，加之水资源自身分布不均，出现流域水资源短缺，且旱涝两种灾害并存现象；冬季低温封冻期与枯水期时间较长，以及粗放型建设模式，导致流域水系廊道不完整，景观破碎化严重；受损的生态网络格局导致水系周边用地功能混乱；寒地城市降水分为降雨和降雪两种形态，冬季以冰雪为主，春季又出现冻融问题，水的形态由固态转化为液态，普遍性的海绵技术设施很难应对低温与反复冻融问题，导致城镇化水文效应加剧；冬季低温致使植物活性降低，绿地系统活力不足，严重影响绿地系统对雨雪水的净化与滞蓄能力，致使河岸带生态建设不足；冬季降雪涉及融雪剂的使用，过多地使用融雪剂易造成水质污染，加之生活生产污水排水导致河流水体黑臭。

2.3　水生态与水安全关联耦合理论研究

通过对寒地城市地域特征与问题表征的梳理发现，寒地海绵建设不单局限于城市系统中，更应从自然生态系统入手，关注水生态、水安全、水环境、水景观，以系统化、整体化、综合化的视角研究寒地海绵城市理论。

2.3.1　理论基础

（1）水生态与水文过程

水生态主要指水环境状况对动植物的影响以及动植物对不同水环境条件的适应性。生物体不断地与环境进行水分交换，环境中的水质与水量是决定生物分布、组成和数量以及生活方式的重要因素。良好的水生态会对水环境产生积极影响，如涵养水源、调节径流、防止水土流失、净化水质等。水生态通常又指水生态系统，是水生物及周边环境（包括江河湖泊、水渠和池塘等）的总和[170]。本书中水生态空间所涉及范围主要包括水文过程提供场所、维持水生态系统健康稳定区域、保障水安全的各类生态空间（如河流湖泊等水域空间）、涵养水源的陆域空间以及蓄滞洪区等区域范围。

水生态问题主要存在于“自然—城市”水文过程中，包括自然水文过程和城市水文过程。自然水文过程中，在太阳辐射和重力作用下，地球上的水通过蒸发、水汽输送、降水、地面径流和地下径流等水文过程紧密联系，相互转化，不断更新，形成一个庞大的动态系统。在这个系统中，海水在太阳辐射下蒸发成水汽升入大气，被气流带至陆地上空，变成雨或雪降落，在地表以下过滤后再经由河流和湖泊

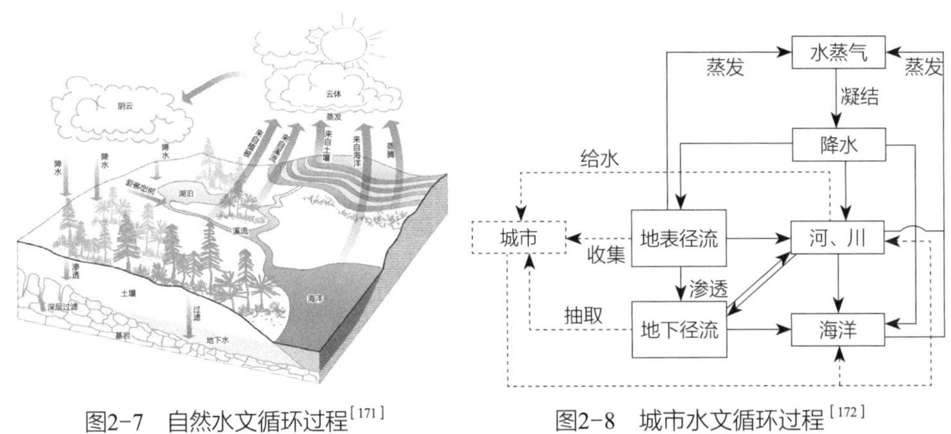

图2-7 自然水文循环过程[171]

图2-8 城市水文循环过程[172]

返回海洋，同时在此过程的每一环节，都会有一部分水变成水蒸气不断地返回到大气并围绕着地球循环，然后化成雨雪后再次降落。这种水的周而复始不断转化、迁移和交替的过程也称为水文循环（图2-7）。

自然水文循环是受自然因子驱动，而城市水文循环则是受人文因子驱动。城市水文循环是自然水文循环的一个子系统，在快速城镇化过程中它受到社会经济系统对水资源的开发利用以及城市人文活动的影响，其存在于城市“源—流—汇”三个环节及其相关水体之间相互转化的过程（图2-8）。城市的大部分水文循环要经过“自然降水—地表汇集—城市排水”三大步骤才能排入河流湖泊或地下水中。

1）城镇化对自然降水的影响

城镇化影响降水的主要机制包括以下四个方面：①由于城市热岛效应，热能促使城市大气层结构变得不稳定，容易形成对流性降水；②城市参差不齐的建筑物对气流有机械阻障、触发湍流和抬升作用，使云滴绝热升降凝结形成降水；③城市下垫面粗糙度较高，减缓降水的移动速度，延长城市区域的降水时间，形成了城市的雨岛效应（图2-9），改变了城市地区强降雨发生的频次和强度；④城市空气污染，凝结核丰富，也有利于降水的形成。在上述影响因子的共同作用下，往往使得城市降水多于郊区，但由于存在地区差异及季节差异，其影响程度也与其他自然因素有关，如城市地形、地理位置、气候类型等。

城镇化对自然降水的影响主要表现为：市区降水量大于郊区降水量，增加幅度与城市下垫面变化及地形等因素密切相关；市区及其下风向一定距离内的降水强度比郊区大，降水时空分布趋势明显，降水以市区为中心向外依次减小；对不同量级的降水发生频率都有影响，但对大雨及暴雨的影响最为显著，且城市暴雨日有明显

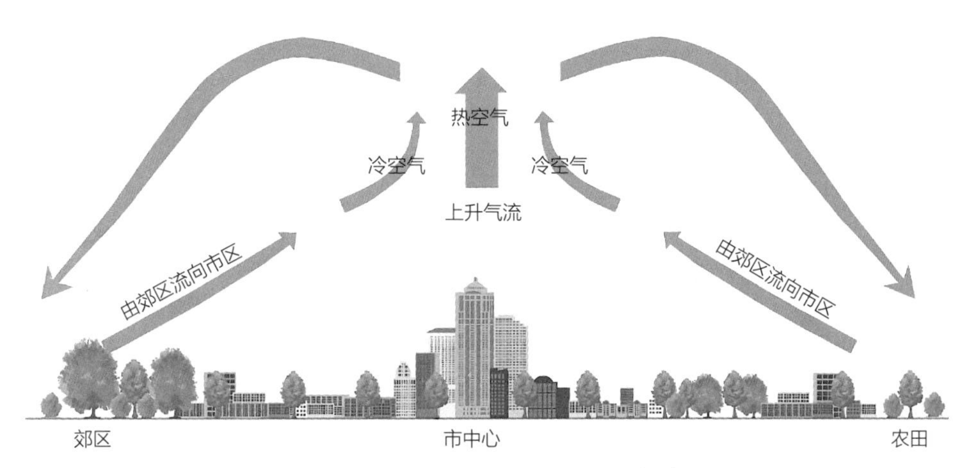

图2-9　城市雨岛效应形成示意图[173]

增多的趋势；对不同季节降水影响也不同，冬季受城镇化降水影响较为显著。

2）城镇化对于地表汇流的影响

在城镇化过程中，雨雪水入渗量的减少和河湖水系调蓄能力的降低减弱了城市的蓄水能力，对于城市内涝起到间接作用。原有的绿地被城市道路、广场、建筑等大面积硬质化地面所代替，使得不透水区域增多，城市的透水区域减少，城市下垫面的不透水比例大幅提高，径流系数加大（图2-10）；同时，建设用地占用了城市的大面积湿地，填埋明沟使得城市水系不断萎缩，自然河道在城市内河改造的过程中被截弯取直，减少了其总长度及河网密度，且许多内河长期没有进行疏浚，以上原因降低了城市河湖水系的雨水调蓄能力。雨雪水既难以入渗，又不能大量排入湿地、河湖等城市的天然水系当中，地表径流自然大量增加。

综上所述，城市不断扩展对城市水生态及水文循环过程产生严重的破坏作用，城市热岛效应剧增，地表径流量增加，城市河流水系逐渐萎缩，内湖富营养化不断加重，水环境质量日益恶化，水生态系统日趋衰退，人居环境明显下降，这些都是城市水生态所存在的一系列问题。

（2）水安全及水安全评价

1）水安全内涵

水安全有着丰富的内涵，可分为广义和狭义两种。从广义上理解，可以把水看作自然环境要素、人类资源要素和社会发展要素，水安全的含义包括：一是把水作为环境因子，水安全促进水系统与相邻生态系统的协调与融合，从而呈现出良好的状态；二是把水作为资源因子，水安全就是将水资源作为实现社会经济发展的一个

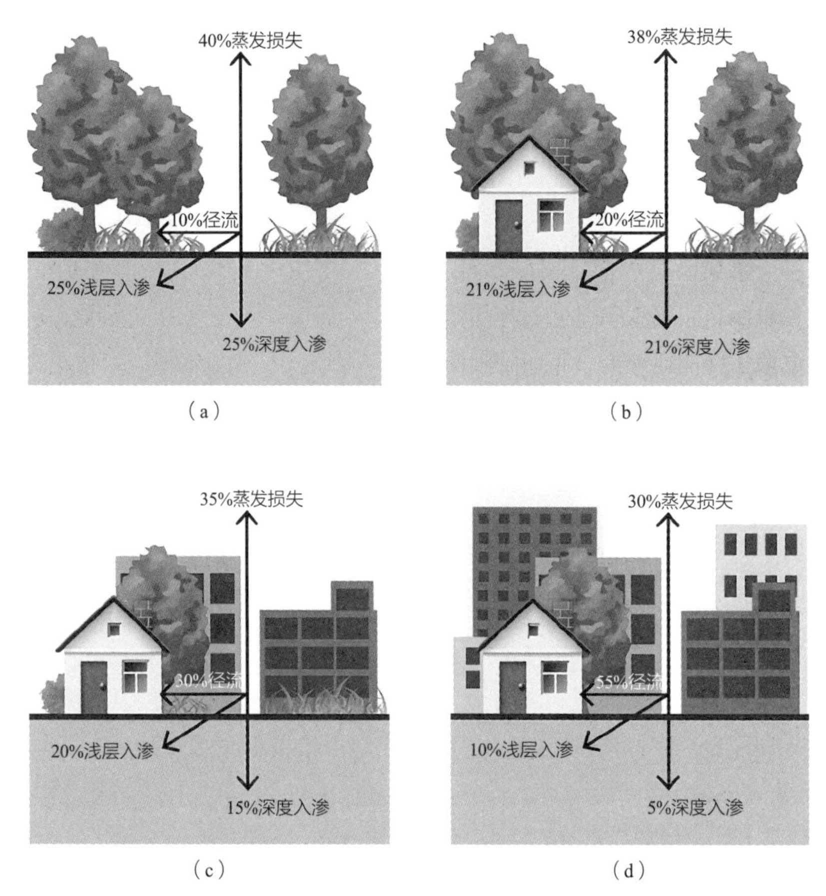

图2-10 地表透水比例与地表径流的关系[174]
(a)自然地表;(b)10%~20%非入渗地表;(c)35%~50%非入渗地表;(d)75%~100%非入渗地表

重要的因素，通过人类恰当的行为确保水资源的质和量，最终实现水资源的永续供给；三是把水作为社会因子，水安全就意味着人人能够平等使用水资源，从而保障政治稳定，这是水安全理解的延伸。这三个方面相辅相成，互相影响。从狭义上理解，水安全则考虑到水的自然循环以及与周围环境的生态平衡，其中包括生态系统中以水为核心的水文过程安全以及水生态系统安全等[175]。水文过程安全是指对自然变化或者人为干扰已经造成以及可预见的水文灾害采取防御措施，在土地格局配置优化的基础上，保障水文过程的安全；水生态系统安全是指水体本身与水生环境的安全，是在维护与改善水体质量的基础上，协调包括人类在内的生物与自然系统之间和谐相处的状态[176]。近年来，众多学者从不同学科领域出发，分别定义了水安全的相关概念，大致包含五类，其概念对比见表2-1。

不同科学视角下的水安全相关概念对比[177]　　表2-1

相关概念	学科依托	关注点	提出背景
水资源安全	资源科学	社会经济水资源平衡	生产、生活可用水资源日益匮乏、水资源供需失衡
水生态与水安全	生态学	生态系统用水需求和供需平衡	由于干旱所引发的生态系统问题
水环境安全	环境科学	水污染和区域水质量	水污染问题严重、水环境质量日渐恶化
水灾害规避安全	灾害学	洪涝灾害相关风险的预测与防范	洪涝灾害频繁、损失严重
综合水安全	多学科综合	水资源、环境、生态安全与灾害风险的综合集成	水安全问题的多面性，需要开发综合集成的途径与方法

综上，目前针对水安全的研究主要包括以下三个方面：水量安全、水质安全与水灾害安全。本书中的水安全视角主要是从雨洪灾害防控角度出发，雨洪灾害是指暴雨所造成的城市洪涝灾害，且对水资源问题也有一定的涉及，是从综合性水安全视角出发。

2）洪涝灾害与成灾机理

由于城市规模迅速扩张所导致的城市热岛效应和暴雨频繁，以及快速城镇化发展所造成的城市大面积地表硬化，使得城市排水管道的排水承受能力不足，城市地表径流增加，在同等暴雨条件下，灾害损失更加严重。从灾害学角度分析，城市洪涝灾害风险是致灾因子危险性、承灾体易损性和孕灾环境敏感性这三个因素相互作用、相互影响而形成的灾害性体系（图2-11），具有复杂性、动态性、高维性等特点。

其中，致灾因子引发灾害的主要因素，通常包括降雨强度、径流量和入渗率。暴雨是产生城市内涝的主要原因，当城市径流过慢导致内涝出现，同时水体入渗过少造成城市积水。降雨强度过大属于自然因素，而地表径流和入渗则为人为因素。①降雨强度在气象学角度通常是按照12h或24h降水量来区分的，分为小雨、中雨、大雨、暴雨、大暴雨、特大暴雨；②径流主要分为地表径流和地下径流，径流量是指在一段时间内通过河流某断面的水量；③入渗率是指单位时间内单位面积渗透到土壤中的水量。孕灾环境的改变一定程度上制约着致灾因子，在快速城镇化过程

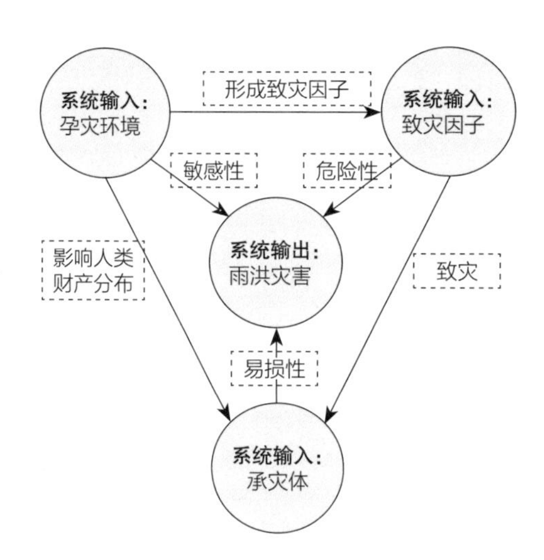

图2-11　洪涝灾害系统及其要素结构

中，原有的生态系统遭到破坏，土地利用格局的变化，有着滞蓄雨水功能的绿地系统遭到严重侵占，城市自然水域面积骤减，集水速度加快，影响了城市的水文循环系统。孕灾环境包括地形地貌、下垫面、水系环境、集水面积、径流环境、水域面积等。在减缓灾害和承载灾害带来影响的过程中，灾害危害程度、人口数量和社会的条件制约着城市承灾能力，需要通过分析承灾体受到致灾因子的破坏的可能性，即结构在灾害不同等级下的失效概率，从而确定易损情况来提高承灾体的承灾能力。承灾体一般会从环境、设施、社会和土地使用等几个方面的易损性来分析雨洪灾害的承载能力。

3）水安全评价

水安全和水安全评价两者之间有着密切的联系。水安全评价是对水安全状况的反映，要科学地评价研究区域的水安全状况，首先要根据研究区域的实际情况，选用一些可测量的定量指标或可量化的定性指标对现存问题进行分析，在此基础上选取指标并建立评价指标体系进而对水安全进行评价[178]。水安全评价的核心是建立科学的指标体系与评价标准，科学合理的指标体系很大程度上决定了评价结果的可靠性。水安全评价指标是指为衡量水生态系统完整性和健康的整体水平，预期达到的指数、规格、标准，是一种衡量目标的方法，一般用具体数据表示。由于水生态系统的复杂性，水安全与许多因素有关，所以需要用一系列指标来衡量水安全状况。水安全评价主要内容包括相关因素分析、定性定量综合评价、安全评估结论和安全优化策略。

水安全评价方法是一种系统的评估方法，根据评价后得出的结果进行量化程度的分类，一般可分为定量与定性两种[179]。定性评价法主要是依靠评估人的主观分析能力和相关经验，对研究对象依照相关标准做出定性判断；定量评价法是采用客观的数学方法建立模型，依据统计数据、试验分析结果，对研究对象进行定量计算，得到客观的指标。定量分析比定性分析更具有科学依据，且客观准确性更高。随着研究不断深入创新，定性定量相结合的安全评价方法应用更为广泛，两者结合形成互补。

水安全评价指标体系是较为复杂的系统，评价侧重于水灾害条件下的内在价值和生命价值在可接受范围内，在选取评价指标时，以城市综合减灾能力当中的综合函数为依据。如果在城市单灾害风险的安全评价中，从减灾防灾角度出发，合理运用数学分析方法和统计评估模型，全面系统地选择评估指标，有利于评估城市的雨洪灾害安全性，以此提出因地制宜的安全优化策略。这有利于实现可量化标准和高效的城市生态规划建设，从根本上为建设水安全型城市提供了条件。

（3）水生态安全格局

生态安全格局被定义为维护生态过程安全的关键格局，强调生态过程的景观安全格局。景观安全格局是判别和建立生态基础设施的一种途径，以景观生态学理论为基础，对景观过程进行分析与模拟，进而对相应的安全过程与完整且具有关键意义的影响因子、所处位置及空间联系进行分析与辨别[180]。生态安全格局构建的目的是构建景观结构，以达到在一定的土地面积上，运用最高效的格局优化方式来保护与恢复土地的生态过程。

随着生态安全格局研究的开展与深入，其与生物多样性、水土保持和地质灾害等多种安全格局共同构成区域综合性安全格局。基于生态安全格局的研究视角和构建思路，水生态安全格局构建实质是水生态安全研究由定量评价向空间管控和格局保障研究的转型。水生态安全格局是以解决区域水资源、水环境与水灾害等多种耦合交错的重点水问题为导向，从区域格局优化与调控、土地资源优化配置等途径入手，保障区域水生态与水安全为目标的空间规划方法。它是针对关键性水生态系统服务功能所存在的问题进行分析，以ArcGIS空间分析模块为技术支撑，运用生态安全格局相关理论，对具有关键作用的各种水文过程格局进行辨别与维护，并加以构建整合。其实质是基于现状基底分析的土地利用格局优化，建立面向区域可持续发展的生态空间管制机制，与生态基础设施及相关理念密切相连。水安全格局的构建可通过对汇水节点、河道、湿地和潜在洪水淹没范围等要素的空间规划与优化配置，构建不同层次等级的生态节点、廊道和网络，从而实现水景观的连通与格局优化，发挥城市防涝与水源保护等生态服务功能，提升区域水生态系统健康与安全水平。水生态安全格局是保障城市和区域水生态系统安全的生态基础设施，保障水体基本的生态系统服务功能，并对解决水文过程问题以及指导生态基础设施的构建具有积极作用。

（4）水生态与水安全关联耦合的理论内涵

本书中水生态强调城市水生态系统的稳定性；水安全则主要涉及城市生态系统内的水灾害防控与综合管理问题的研究。两者都存在于城市生态系统当中，良好的水生态环境有利于城市水文循环，进而有利于调节雨水径流、区域小气候等方面，而对雨洪灾害的综合防控管理也有利于维护生态系统稳定性与生物多样性，可见水生态与水安全之间存在必然的关联性。而城市生态系统本身存在着整体性、复杂性、多维性，且系统内部存在差异性，只有明确差异性才能实现系统内部优化，达到稳定有效的运行状态。耦合理论是指系统中有两种及两种以上差异性部分共同作用，则在它们之间必会发生一种或多种反馈调节，包括物质能量间的交换、流动和传递，而系统稳态性正是因其相互反馈机制作用产生的结果。因此，本书中水生态与水安全的关联耦合可以看作一个以多维度综合性视角，研究两者相互依存、相互促进的模式，在不同空间尺度探寻功能性质相近的不同物质耦合叠加或互补共生，形成全新的结构体系，在其研究过程中，不仅追求水生态系统的稳定性和可持续性，同时提高水生态系统以及其他系统交互发展过程中的稳定性与风险可控性。它包含三部分内容：水生态系统健康、水生态系统服务功能和水生态系统管控（图2-12）。水生态系统健康是指水生态系统所具有的稳定性和可持续性，即是否在时间上具有维持其组织结构、自我调节和恢复能力；水生态系统服务功能是指水生态系统与水文循环过程所形成及所维持的人类赖以生存的自然环境条件与效用的程度；水生态系统管控指提高水生态系统以及其他系统交互发展过程中的稳定性与

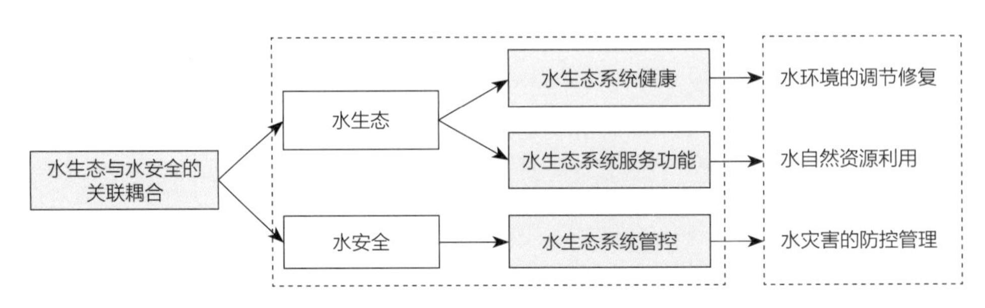

图2-12　水生态与水安全关联耦合包含内容

风险可控性，即对城市暴雨内涝灾害的防控与有效管理能力。

2.3.2　理论框架

（1）水生态与水安全关联耦合视角下的海绵城市理论内容

根据大量相关文献及《水生态文明城市建设评价导则》，水生态方面的具体内容主要包括推进水土保持、保护及修复生态保护区和河湖湿地、建设生态河道、保护地下水；水安全方面的具体内容包括连通河湖水系、建设洪水和水量调配工程，完善供水设施和水源地安全保障设施，强化洪涝灾害防治和供水水量水质安全保障能力（图2-13）。可以看出，两者研究对象基本一致，但实施方法不同：水生态是通过生态途径，对水生态系统结构和功能进行调整，维持保护水生态系统健康；而水安全则注重措施应用，将自然途径与人工措施相结合，最大程度降低洪涝风险，控制水灾害程度。

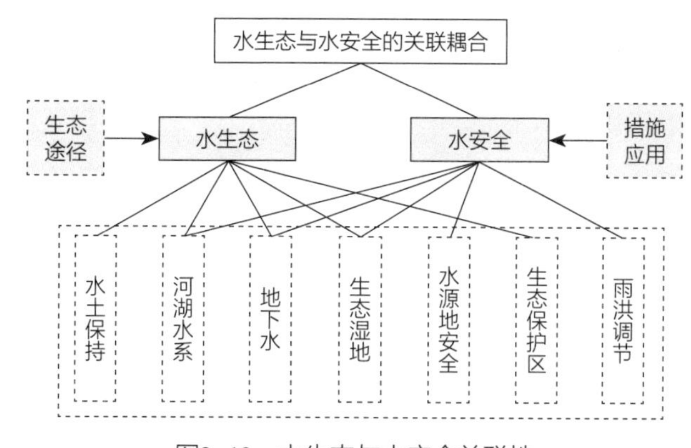

图2-13　水生态与水安全关联性

海绵城市的理论内涵一般可以理解为遵循自然保护和生态优先等原则，将自然途径与人工措施相结合，在确保城市排水防涝安全的前提下，最大限度地实现雨水在城区的渗透、积存、净化和利用，使城市在适应环境变化和应对自然灾害等方面具有良好“弹性”[181]。海绵城市与水生态的关系主要在于减少城市人工系统对自然水生态系统的干扰，尽可能顺应自然水文循环，它能够涵养水源，恢复城市生态环境及生物多样性，防治水资源污染和水量补给，改变城市土地利用与开发强度，顺应城市自然环境的发展，修复城市水生态系统。而海绵城市对于水安全来说，关键在于减少城市暴雨洪涝灾害，通过有效措施和技术手段，实现雨水径流量控制、雨雪水储存和利用与城市环境改善等多方面效益的综合。从建设内容方面，水生态视角下，海绵城市建设首先是保护城市原有生态系统，维持城市生态空间，控制不透水面积比例，包括对城市山水林田湖自然空间格局和水生态敏感单元的保护以及对城市建设用地范围内公共水体、绿地等开放空间的维护，还包括修复传统城市建设模式下受损的水体和其他自然生态要素；水安全视角下，其核心是统筹城市河湖、雨水管道、城市绿地等规划建设，构建城市综合排水防涝系统，实现从单一性管道排水模式向渗、滞、蓄、净、用、排六位一体的全过程模式转变，具体措施包括拓浚城市河湖水系，强化雨洪行泄通道，完善雨水管道及其配套设施，建设雨洪调蓄设施和透水铺装、雨水花园、下沉式绿地等生态基础措施（图2-14）。

从水生态与水安全视角下的海绵城市建设内容，可以看出海绵城市与水生态系统密切相关。海绵城市就是解决城市水问题，而水问题的产生本质是水生态系统整体功能的失调，因此，解决水问题的出路不仅仅在于河道与水体本身，还在于水体之外的环境。解决城市水问题，必须把研究对象从水体本身扩展到水生态系统中，通过生态途径，对水生态系统结构和功能进行调理，增强水生态系统的整体服务功能。对于关键性水生态过程而言，必然存在着相应的空间结构与格局，两者之间相互影响、相互制约，而通过土地利用和城市规划设计，将空间格局落实成为水生态基础设施，并结合多类具体技术，提供给人类最基本的水生态系统服务，也是海绵城市发展的刚性骨架。而水生态与水安全都存在于水生态系统当中，水生态系统是在水文过程中形成的，水文过程在时间和空间上的积累会形成相应的水生态格局，水生态格局的变化又会导致水文过程改变，进而影响水生态系统中的水生态与水安全，它们之间相互影响、相互作用，所以，本书基于景观生态学中的“格局—过

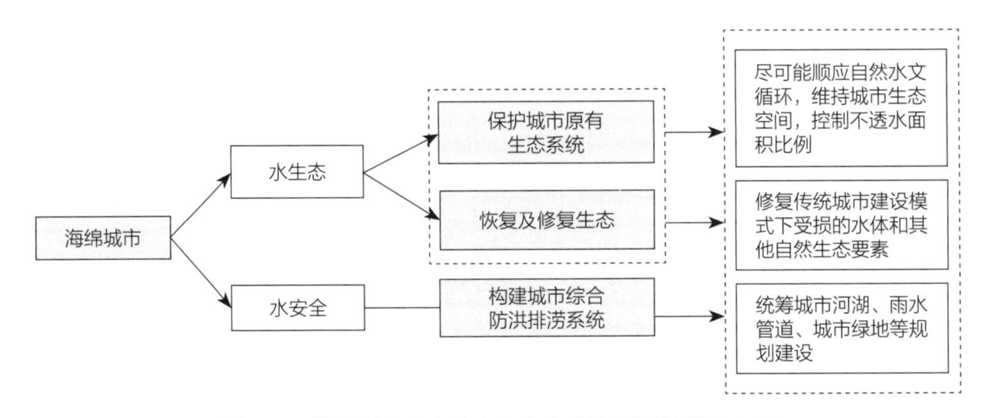

图2-14 海绵城市在水生态与水安全视角下的建设内容

程一尺度”理论，将水生态与水安全看作是过程与格局的关联耦合，通过海绵城市的建设内容，构建多尺度系统，不同层面其规划侧重点不同（图2-15）：宏观层面应维持自然水文循环与城市生态空间，关注于流域水生态安全空间耦合；中观层面应建立城市综合防洪排涝系统，关注于城市海绵系统耦合；微观层面关注受损水体与其他自然生态要素，侧重于河段海绵功能耦合。

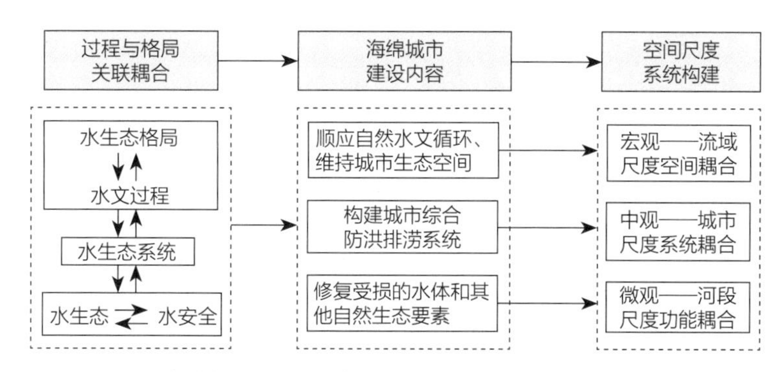

图2-15　海绵城市构建与“格局—过程—尺度”理论的逻辑关联

（2）水生态与水安全关联耦合视角下的海绵城市理论框架

寒地海绵能够有效改善城市生态环境，将雨雪水径流就地收集、净化、利用或回补地下水，减轻城市排水系统的压力，防止城市洪涝灾害的发生，提高水资源的利用率，保持城市水生态系统健康；同时，雨水径流量的控制、雨雪水的资源化利用、暴雨内涝的防控对于维护城市生态系统的稳定性、生物多样性、水土保持及水源涵养等方面也有着重要的作用。本书以水生态与水安全的关联耦合为视角，两者相互关联共同作用，相互协调促进，使与之相关的城市生态因子有效组织，形成一个全新的耦合体系，从而促进寒地海绵城市的可持续发展。建立这个全新的耦合体系，首先需要注重生态系统连通性，将水生态与水安全中涉及的各个要素，通过不同的廊道连接形成网络格局，实现各个要素之间的连通；其次关注水生态基础设施布局，提高寒地海绵城市的生态化水平，城市绿地系统可作为网络单元组分，城市水系、城市道路、排水管网可视为廊道，结合适宜的技术方法构建寒地海绵城市系统，并对雨雪水进行资源化利用；再次重视水生态基础措施的具体应用对雨雪水进行分散管理，结合水系生态修复与植物配置，提高海绵城市生态功能化建设。因此，从城乡规划学中的宏观、中观、微观规划视角出发，宏观层面的空间耦合是从流域空间格局入手，确定与雨洪安全、水源涵养、水土保持、生物多样性等相关的多种因子，将其空间格局进行耦合叠加，建立流域水生态安全格局，从根本上对水生态系统进行保护与修复，侧重于宏观区位关系和流域网络化的空间格局分析；中观层面系统耦合，利用城市绿地与水系构建生态系统网络，提升城市道路与排水管网防洪排涝能力，收集、利用区域内的雨雪水径流，形成高效的自然城市排水系统，加之具体措施应用，系统之间共同作用，更侧重于城市海绵系统耦合优化；微观层面利用河段与周围环境的空间关系，整体管控河岸带功能要素，一方面进行水生态修复，另一方面进行具有寒地适宜性的水生态基础设施建设，将水生态与水安全功能完全融合到河段海绵设计中，在空间结构布局基础上侧重于河段海绵功能要素的耦合关系。综上所述，水生态与水安全关联耦合视角下寒地海绵城市理论框架如下（图2-16）。

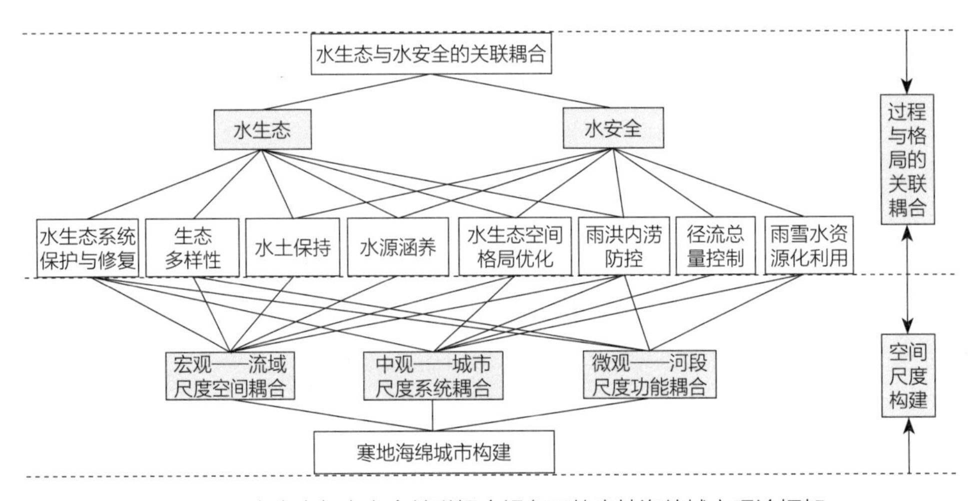

图2-16　水生态与水安全关联耦合视角下的寒地海绵城市理论框架

从理论框架中，可见宏观层面、中观层面和微观层面的耦合角度不同，但都是在涵盖水生态与水安全方面研究内容的基础上进行研究，从而解决对应多尺度的寒地城市问题（图2-17）。宏观层面空间耦合在水安全方面侧重于雨洪安全研究，水生态方面侧重于水生态系统整体性保护，解决流域生态系统中水资源短缺、水系廊道不完整、景观破碎化严重等一系列水生态问题；中观层面系统耦合在水安全方面侧重于城市暴雨径流总量控制，在水生态方面侧重于水生态结构布局，从而达到合理布局水系周边土地利用类型，改善城镇化水文效应以及城市内涝问题；微观层面功能耦合在水安全方面侧重于海绵措施具体实施，在水生态方面侧重于河岸带的水生态修复建设，以期可以改善河段水体黑臭，提高绿地排涝效能以及水生态建设水平。

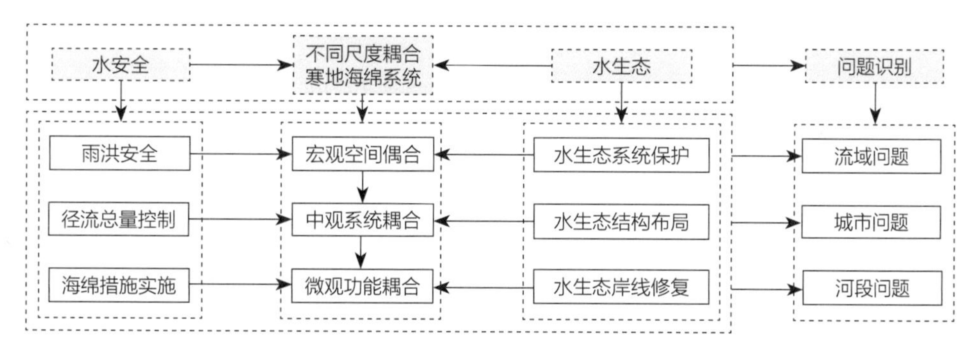

图2-17　寒地海绵城市理论与问题识别的内在关联

2.3.3　技术路线

根据我国寒地城市地域特征及问题识别，在水生态与水安全关联耦合视角下，提出寒地海绵城市在不同规划层面上的技术路线（图2-18）：宏观层面基于空间耦合，在流域尺度城市规划区范围内以水生态系统保护修复、雨洪安全、水源涵养等多重发展目标，在城市生态系统中选取与之相关的多个生态因子要素，并将其耦合叠加，最终构建水生态安全格局；中观层面基于系统耦合，在城市尺度城市规划区核心区域范围内以雨水径流总量控制、雨雪水资源化利用、暴雨内涝防控等多重发展目标，将城市不同层级的排水系统与措施系统优化整合，形成寒地海绵系统优化模式；微观层面基于功能耦合，在河段尺度城市主河流河岸带范围内以河岸带合理布局、寒地生态岸线修复及海绵措施实施为发展目标，结合河岸带结构布局方案设计进行寒地适宜性水生态修复以及低影响开发措施的具体实施，实现寒地海绵功能

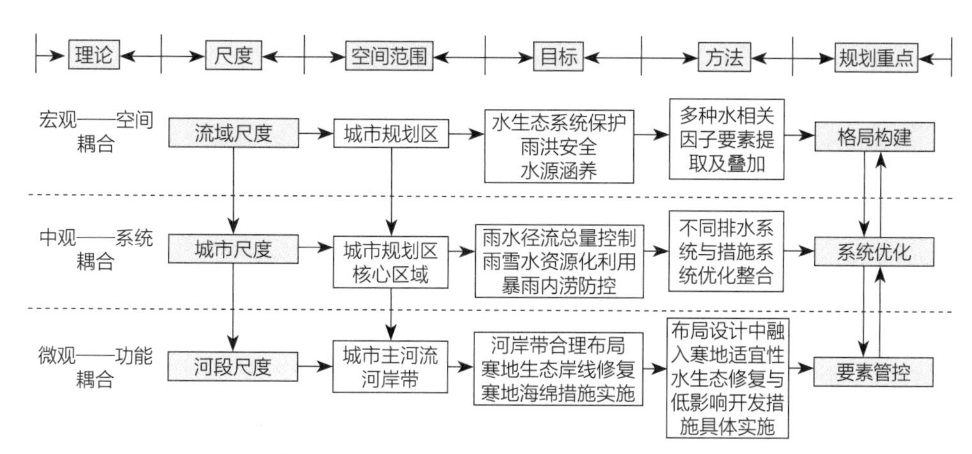

图2-18　水生态与水安全关联耦合视角下的寒地海绵城市理论技术路线

要素的管控。

在寒地海绵城市理论技术路线中，虽然不同尺度研究内容对应不同的技术路线，但其体系内部也存在着相应的纵向联系。宏观层面研究构建流域尺度的水生态安全格局，并结合研究区地势从而得到流域水系空间规划；中观层面研究城市尺度海绵系统优化，将城市海绵生态系统、排水管网系统与 LID 系统进行整合，基于流域空间格局得到城市水生态系统结构布局，进而得到 LID 系统空间布局，与城市排水管网系统三者共同引导土地利用类型调整方案，其中在城市水生态系统结构布局基础上，结合流域尺度水系空间规划，还可以得到城市尺度的水系空间规划；微观层面研究河段尺度海绵功能要素管控，基于城市尺度水生态系统结构布局、LID 系统分布以及土地利用调整，可得到河岸带空间结构布局，并以此为基础，结合城市尺度 LID 系统分布与水系空间规划，得到河段尺度 LID 措施的具体实施方案。不同尺度的空间结构布局对其水文过程影响不同，各尺度水文过程层层嵌套，互相影响、互相作用，高尺度引导低尺度，低尺度影响高尺度（图2-19）。

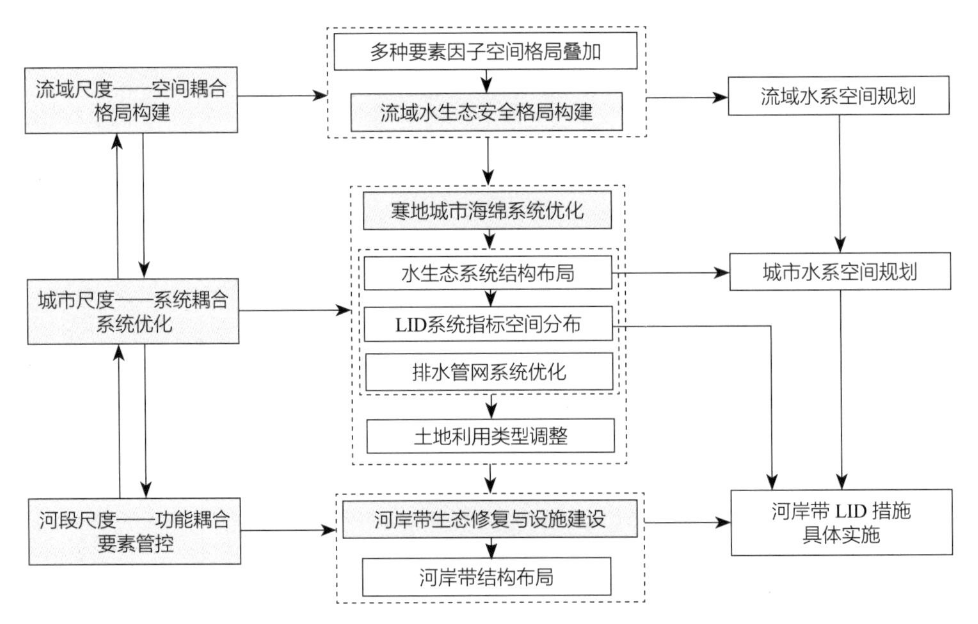

图2-19　寒地海绵城市理论纵向关联性

2.4 耦合水生态与水安全的寒地海绵管控理论与方法

2.4.1 格局对水生态与水安全的作用机制

（1）格局对水生态过程的影响机制

在水生态与水安全的关联耦合视角下，海绵城市理论具有跨尺度、跨地域的系统性与内在关联综合性。水问题产生的本质是生态系统整体功能的失调，因此解决水问题的方法不仅仅限于河流水体本身，还包括与水体密切相关的生态环境，需要把研究对象从水体本身扩展到水生态系统，通过生态途径，对水生态系统结构和功能进行调理，增强整个系统的生态服务功能。因此，从生态系统服务功能出发，结合多类具体技术构建多尺度水生态基础设施，是海绵城市构建的核心。而“海绵”就是以生态系统为载体的水生态基础设施。对于关键性水文过程，存在着相应的空间结构与格局，通过土地利用和城市规划设计，最终落实成为水生态基础设施。宏观层面的水生态格局提供最基本的水生态系统服务，是建设海绵城市的刚性骨架。从以水为核心的空间格局到水生态基础设施，它们不仅可以维护城市雨洪、水源涵养、雨污净化、生态修复、水土保持等重要的水生态过程，而且可以被科学识别并落实在空间上。由此可见，海绵城市不是一个虚的概念，它对应着的是真实存在的空间结构与格局，构建系统化的海绵城市就是在多尺度下建立相应的水生态基础设施。

城市水生态基础设施作为城市生态系统的重要组成要素，承担着自然状态下大部分的物质和能量的流动运转过程。城市水生态基础设施具有“中心节点—线性连接—网络结构”的特性，是城市生态系统中物质能量循环的基础，研究海绵城市就必须对城市水生态基础设施的网络结构进行识别和量化分析。根据景观生态学中“格局”理论进行“斑块—廊道—基质”要素识别，结合海绵城市理论，可以把农田、河流湖泊和城市绿地看作斑块和廊道，而城市中的不透水地面看作是基质，同时利用技术方法最终形成网络格局。而格局对应着水生态过程中的“源—汇”理论，即在水生态过程中，对该过程发展有促进作用的景观类型为“源”景观，而起阻止或延缓作用的景观类型则为“汇”景观[182]。一般认为城镇建设用地、耕地等景观类型为“源”景观，而林地、草地、园地和绿地等透水性好的自然植被或人工植被斑块为“汇”景观。在城市非点源污染过程中，城镇建设用地是最主要的“源”景观，其类型包括居住用地、交通用地、工业用地等，是生活生产污染较为严重的斑块类型，对水污染过程有促进作用。城市建筑屋顶产生的腐蚀剥落物经由屋面径流汇入地表径流；交通尾气和工业排放气体中所含的大量不完全燃烧产物，悬浮于大气中或沉降于城市道路表面，雨水冲刷后成为地表径流污染物的主要来源；耕地在城市景观格局中所占面积比例不大，但耕地中大量应用化肥、农药，产生的有机物污染经雨水冲刷和灌溉淋溶之后，通过地表径流和地下水进入城市水体，造成水体富营养化。而林地、草地的覆盖度和透水性好，可以减少降水对土壤的侵蚀冲刷作用，且对地表径流有一定的截流作用，减少城市径流污染物迁移过程，或通过植物、土壤和微生物等中介在一定程度上吸收地表径流污染物，是“汇”景观。“汇”景观类型的斑块面积、数量和聚集度等格局特征与城市水体质量呈现正相关关系，“源”景观则相反。

另外，城市土地利用强度、城市景观类型及其空间格局、不透水地面比例等都与城市水生态系统密切相关。城市景观格局演变通常存在地表硬化趋势，通过改变地表覆被的蒸散发与入渗等水文过程，间接影响城市水文循环，减少大气降水和地下水对城市水体的补给，进一步缩减城市水环境容量，导致水体环境容量减小促使城市水体自净能力下降，进而恶化水生物栖息环境。

综上所述，本书中水生态与水安全关联耦合视角下的海绵城市构建运用到景观生态学中的“格局—过程—尺度”理论，通过生态系统中“格局”与水生态“过程”的对应关系，确定海绵城市水生态基础设施构建，在不同空间“尺度”设定中，其构建内容不同：流域尺度水生态安全格局、城市尺度海绵生态系统结构布局、河段尺度海绵设施系统结构布局，为寒地海绵城市规划理论研究提出理论依据（图2-20）。

（2）格局对城市内涝的影响机制

城市内涝是一种复杂的自然社会现象，是暴雨灾害与人为作用双重影响的结果（表2-2）。在人为规划的城市空间格局中，自然景观斑块逐渐被人工景观斑块取代，各类建设用地斑块形状相对规则，城市道路直线化、网格化，城市表面硬化降低了地表入渗率，自然植被的破碎化、天然水体的面积缩减对城市自有的保水蓄水

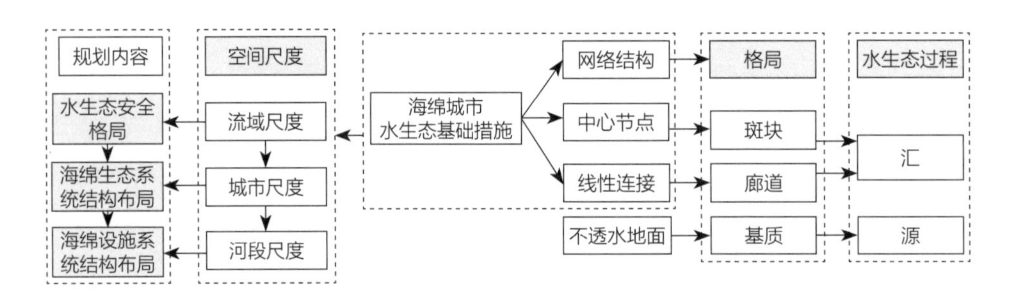

图2-20 “格局—过程”理论与多尺度寒地海绵城市构建的内在理论关联

功能的削弱，这些因素共同改变了城市地表水文过程，为地表径流的流速加快、汇水量增大、汇水时间缩短和瞬时峰值上升提供条件，地表冲刷量加大，进而造成城市水体水质下降和城市内涝等问题。为增加城市建设用地面积和满足城市规划景观需求，城市水体的面积和形状常被人为改变，如河流被截弯取直、湖泊湿地被填埋造地等，直接降低了城市水环境容量。城市排水管网为城市中常见的人工廊道，其布局常根据居住用地、工业用地等产污排废较多的城市用地斑块和城市道路格局而设置。在城市暴雨中，地表径流量短时间内大量增大，城市水环境容量有限，而城市原有的排水管网蓄雨能力有限、排水能力不足时，极易产生城市内涝现象。

从自然因素角度看，城市内涝主要受气候条件与地形地势因素的影响。在全球气候变暖的背景下，极端暴雨事件频发，并且强度有所增加。从社会因素角度看，排水设施和土地利用对城市内涝的影响较为显著。排水设施因素受到的关注较多，研究指出：中国城市的雨水管网普遍存在设计标准偏低、建设不合理、管护力度不够等问题，在面对极端降水事件时已无法发挥很好的效用，甚至成为积水内涝的重要诱因之一。土地利用方面，大量研究表明：城市大面积的不透水面会阻隔地表水入渗，切断地表水与地下水之间的水文联系，导致水文循环过程中雨水蒸散发、入渗以及地表径流的比例失调，提高城市内涝灾害的发生频次和强度；而耕地、林地、草地等绿地在截留降雨、消减径流和延缓汇流等方面效果显著，能有效降低城市内涝发生风险。

城市内涝灾害影响因素　　表2-2

<table>
<tr><th colspan="2">城市水循环</th><th>城市内涝形成原因</th><th>与城镇化的关系</th><th>城市内涝影响因素</th></tr>
<tr><td colspan="2">自然降水过程</td><td>短时强降雨增多</td><td>城市热岛效应
城市雨岛效应</td><td>城市降雨</td></tr>
<tr><td rowspan="5">地表汇集过程</td><td rowspan="2">雨水入渗与直排</td><td>地表径流入渗量减少</td><td>硬质地表大量增加
城市透水区域减少</td><td>城市绿地</td></tr>
<tr><td>河湖水系调蓄能力降低</td><td>占用湿地
填埋明沟水系
自然河道的截弯取直</td><td>城市水系</td></tr>
<tr><td rowspan="3">地表径流的汇集</td><td>汇水面积增大</td><td>城市扩张导致汇水面积增加</td><td rowspan="2">土地利用类型</td></tr>
<tr><td>汇集时间缩短</td><td>人工下垫面粗糙度变小
城市地形地貌改变</td></tr>
<tr><td>汇集区域集中</td><td>建设初期选择低洼地区
建设后形成低洼地区</td><td>城市地区地势</td></tr>
</table>

续表

城市水循环	城市内涝形成原因	与城镇化的关系	城市内涝影响因素
城市排水过程	排水速度降低	雨污合流 管网维护不力 管网建设标准低 雨水设施不健全 管网设计与施工不合理	城市排水设施

在城市内涝的一系列成因当中，绿地、水系和土地利用类型等大部分影响因素都与城市生态系统紧密相关，生态结构的不合理是导致城市内涝的关键因素。景观生态格局是指构成景观的生态系统空间结构、土地利用覆被类型的形状、比例和空间配置。城市内涝是城市景观格局影响下产生的一种负水文效应，景观格局通过改变暴雨径流的产汇流过程来影响城市内涝的发生和强度，两者之间是典型和复杂的格局—过程关系。城镇化从各个层面上直接或间接地影响了城市内涝灾害的形成，而这些影响因素或单独作用，或共同作用，使得城市内涝灾害日益严重，要应对城市内涝，首先要从景观生态学角度出发，解决景观结构的不合理性，以生态安全格局作为基础，从根本上避免城市内涝灾害的发生。

2.4.2 耦合水生态与水安全的寒地海绵管控内容

（1）流域水生态安全空间格局管控

水生态安全格局的管控是预先对研究区域水生态与水安全现状特征问题进行诊断与分析[183]，结合相关研究筛选出对水生态与水安全有重要影响的生态基底要素，包括河湖水系、地形地貌、土壤、植被覆盖等，运用相应的构建方法，综合考虑所选要素，形成不同要素安全格局，如雨洪安全格局、水土保持安全格局、水源涵养安全格局（图2-21），再通过耦合叠加，得到流域尺度的水生态安全格局；最后，将其分为不同程度水平等级：低安全水平格局、中安全水平格局、高安全水平格局。

1）雨洪安全格局管控

雨洪安全格局的管控目的主要是减少城镇化带来的内涝洪水风险，依托计算机模拟技术与水文模型，结合地形数据、水文气象数据，模拟在极端降雨事件下的雨洪淹没区。雨洪安全格局的构建与洪水风险图的绘制有相同的思路。在20世纪90年代，我国为减少洪水灾害带来的危害与损失，在城市发展规划中明确将洪水风险图

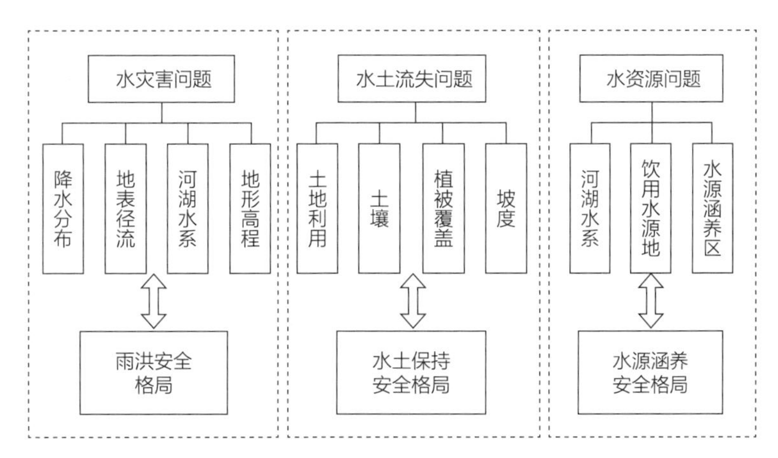

图2-21　流域水生态安全格局管控组分

作为指导策略。洪水风险图能够对不同防洪标准洪水进行路线预测、淹没深度与淹没范围及流速的模拟，从而指导防洪设施的建设及应急预案的制定。依照洪水风险图的绘制思路，雨洪安全格局的构建则是根据不同重现期下的降雨事件的淹没范围或洪水淹没范围，划分不同标准的安全格局，表示雨洪风险的空间分布特征，从而对不同安全水平的区域采取不同的管控手段与规划方法。因此，雨洪安全格局管控主要选取降水分布、地表径流、河湖水系分布及地形高程四种因素作为管控因子。

2）水土保持安全格局管控

水土流失是当前我国面临的重大生态环境问题之一。水土流失是指在自然或人为因素的影响下，大量降水不能被土地入渗消纳，进而产生径流冲刷土壤，破坏土壤，使土壤中水分蒸发。其主要影响因素有地面坡度、土地利用方式、地面植被覆盖情况、土质松散、耕作方式等。考虑到水土流失的诱因是区域地表遭到破坏，地面因降水形成地表径流或风力而对土壤产生侵蚀。所以，水土保持安全格局管控选取土地利用情况、土壤类型、植被覆盖度以及坡度作为管控因子。

3）水源涵养安全格局管控

水资源是维持区域可持续发展的根本条件与人类生存的首要条件。随着现代化城市发展进程的加快，维持城市健康发展的水源地面临被破坏、污染的危险，城市水资源枯竭、地下水污染等情况近年来愈加严重。水源涵养安全格局管控是为保障区域人类社会在城市发展扩张中，能够维持区域水源不被破坏、污染的空间管控要素。水源涵养安全格局管控选取河湖水系、湿地分布和饮用水源区等管控因子。水源涵养功能是改善水文状况，调节水文循环，提升区域内雨洪拦蓄、水源储蓄能力以及调节地表径流的综合能力。水源涵养能力的下降会导致城市供水不足，流域水资源逐渐枯竭。水源涵养敏感区是城市生产、生活清洁用水的主要来源，也是雨雪水资源循环再利用的集中区域。构建水源涵养安全格局的关键是识别区域水源涵养能力，对不同区域水源涵养能力进行量化分析，水源涵养能力越重要，水源涵养的安全等级越高，反之亦然。

（2）寒地城市海绵系统管控

1）寒地海绵生态系统管控

寒地海绵生态系统管控组分为生态斑块和生态廊道。针对城市海绵系统格局的管控，应注重对原有自然生态的保护，明确设计区域的海绵生态斑块，如绿地与水体。绿地包括研究区域内具有雨水渗透、集蓄功能的绿地形式。绿地在雨洪管理过程中，面对洪涝灾害有较好的适应和恢复能力，充分积蓄雨水，促进雨水的入渗，有效减少地面径流，有效控制雨水径流，降低洪水的流速。水体是指与城市洪涝关系密切的河流、湖泊等水体，包含河流、湖泊、滩地及湿地等。天然河流湖泊具有大面积的水域空间和多样化的生态群落，可以容纳大量的雨水资源，并对其进行调蓄和净化。滩地和湿地则作为陆地和水系的过渡空间，对雨水冲击也具有较好的适应和抗干扰能力。其次，湿地系统分为生态湿地和人工湿地。生态湿地由水空间、水物种、陆空间和陆物种共同组成，具有较好的生态多样性，也对雨水具有较好的抵御和适应能力。

生态廊道具有生态功能和防洪排涝功能，可提供生物停留的栖息地、雨水缓冲区、雨水隔离与人类活动区域等。因为植被能够为生物提供生存空间、吸纳雨水，水系可以为城市洪涝留出充足的空间分散雨水，减小洪峰，因此将廊道要素分为绿地廊道与水系廊道。绿地廊道是指研究区域的植被绿化带、滨水绿化带等，其在雨洪过程中有利于雨水的入渗和流通；水系廊道多指河流、水渠等城市水系单元，特别是河流滨水区为城市雨洪多发地，易形成内涝区，河流多为线状廊道。线性的绿地廊道与水系廊道将斑块节点连接起来，共同组成连续的生态网络。

2）寒地城市生态排水网络系统管控

生态排水网络是对城市道路进行海绵化处理，其管控组分主要是道路中央分隔带和两侧道路绿化带，通过透水铺装等设施有效组织城市道路的径流雨水进行传输，再经过截污等预处理手段后引入道路周边的绿地中，利用设置在绿地内的海绵设施进行处理，削减道路区域的雨水径流。一般采用下沉式绿地形式，使透水铺装的雨水汇流进入绿地中，在绿地中形成稳定生态系统的绿地岛屿，再结合生物滞留设施、生态树池等措施，收集雨水，加强净化能力。生态排水设施与城市管网系统有效连结，保障处理自身范围及周边区域的雨水径流，缓解区域内的城市内涝问题。

同时，寒地城市水量有特别明显的丰水期与枯水期之分，在丰水期城市水体水量较为充沛，而枯水期的水量则较之匮乏，同时雨季洪峰流量较大。水量是保障城市水体形态与水体质量的首要条件。在丰水期时城市水体能够保证连续水面和亲水性景观节点，而枯水期水体可能出现水量不足而引起水体连通性差、水体廊道受损等一系列问题，因此需要保证最小生态需水量。寒地城市水量的保证主要是由降雨和降雪来供给。雨水利用可以通过海绵城市中的集蓄、渗透等具体措施来解决。而降雪是寒地城市特有的水资源，降雪资源中28%的积雪不能被利用，需直接清除掉，而水域和绿地积雪占降雪量的18%，基本可以全部作为融雪水入渗和涵养水源。因此，可通过城市道路堆雪空间设计将积雪就地利用作为城市水量的补充水源。

3）寒地低影响开发系统管控

根据功能构成，低影响开发系统管控组分包括源头接收系统、中途传输系统和终端调蓄系统，是水文过程的基本组成，涵盖雨水的产生、传输到汇聚全过程。源头接收系统管控是在雨水汇聚成为径流之前进行截留、吸收的各项措施，通过绿色屋顶、下沉式绿地、雨水花园等设施在雨水源头上进行截留，避免形成径流大量外排，减少雨水管网的输送压力。中途传输系统管控是接收处理源头系统中的超标雨水，并将其运送至终端调蓄系统，当暴雨时，雨水设施的应对能力不足，通畅的传输系统才能避免雨水大面积滞留，如植草沟、过滤带等。终端调蓄系统管控是将形成洪峰的暴雨径流通过容量较大的水体蓄存起来，以实现削减洪峰的目的，利用人工湿地、洼地、自然水体等设施接收调蓄，减少外排流量，洪峰过后再根据系统容量，将雨水延缓排放，一般为容量较大的河湖湿地等自然水体构成。而针对寒地城市地域特征，在低影响开发系统中的措施可进行局部改进调整，增强其对雪水融化后的合理利用，缓解寒地城市冬季缺水情况。

（3）寒地河段生态修复与措施建设要素管控

城市水系河岸带在水生态方面的主要功能包括有效过滤污染物、生物多样性、对汇入河流水系的雨水进行净化，水安全方面的主要功能是对雨水进行滞蓄、减速，减少地表径流，防止城市内涝。对城市水系整体结构布局和具体方案设计时，融入寒地适宜性水生态修复与海绵措施应用，有助于河岸带水生态与水安全功能耦合，其管控要素是河岸带水生态基础设施中的水生态修复与低影响开发措施。

城市水系河岸带规划设计应结合研究区条件，根据河流水系的汇水范围，同步优化，调整城市水系周边的绿地系统空间布局与规模，并与城市控规衔接，明确水系及周边地块的海绵城市建设控制指标。生态驳岸修复是将“水—岸”空间重新组织，恢复为城市水系、修复生态河岸，扩大水系廊道的横截面面积，应对强降雨时期雨水流通量，削减进入水体的城市面源污染，针对寒地河道温差较大，关注河道微生物群落，消除底泥黑臭物质。针对具有硬化措施的河岸带，选用具有寒地适应性的低影响开发措施进行具体应用，使河岸带形成具有海绵功能的生态斑块与廊道，其作为洪峰雨水的缓冲空间，对汇入河道的雨水径流具有滞留、减速和净化作用；而在不降雨时，又可作为城市景观，所储蓄的雨雪水资源还可进行再利用。

2.4.3　耦合水生态与水安全管控的关键技术方法

（1）景观生态学模型与分析方法

景观生态学研究的突出特点是强调空间异质性、生态学过程与尺度效应间的关系。在水生态安全格局的构建中，研究区的不同土地覆被情况决定了地表水文过程的不同，针对不同尺度与不同土地覆被条件应用的分析方法主要有空间量化分析、关键区域识别分析与多目标评价方法等。

1）空间量化分析法

空间量化分析法是指用来研究景观结构组成和空间配置关系的分析方法，主要包括格局指数方法和空间统计学方法，前者主要用于空间上非联系的数据，而后者用于空间上的连续数值测算。景观格局指数是通过高度抽象化的景观格局信息，反映景观空间的组成与结构特征。在水生态安全格局的研究中，利用景观格局指数来表征流域的景观格局特征，从而进一步分析景观格局对于城市内涝、水土流失、水污染等问题的影响。

景观空间格局分析与模拟的软件较多，其中以FGAGSTATS应用最为广泛，它从三个空间尺度上来计算一系列景观空间格局指数，即斑块水平、斑块类型水平、景观水平。斑块指数是指描述某单个斑块的景观指数，如斑块的面积、周长、形状指数，或廊道的长度、曲度等；斑块类型指数是指描述同一类型斑块土地利用类型的景观指标，如景观类型面积、斑块数、斑块密度、斑块面积变异系数、最大斑块指数等；景观指数是指描述不同景观要素组成的区域景观镶嵌体的空间结构指数，如Shannon多样性指数、Shannon均匀度指数、蔓延度指数、优势度指数等。

虽然景观格局指数数目繁多，但受软件设计单位机构性质、指数间的关联性较高以及景观指数的生态意义不明确等因素的影响，景观格局分析研究常用指数包括景观面积、斑块数、斑块密度、边界密度等（表2-3）。

常用景观格局指数及含义[184]　　表2-3

序号	景观指数	缩写	生态学含义	计算公式
1	景观面积	*CA*	区域所有斑块或同一类型斑块面积之和	$CA = A, TA = A$
2	斑块数	*NP*	区域所有斑块或同一类型斑块的数量	$NP = N$
3	斑块密度	*PD*	反映景观的破碎化程度和景观空间异质性程度	$PD = NP/CA$
4	边界密度	*ED*	单位面积的斑块边界长度与斑块形状有关	$ED = TE/CA \times 10^6$
5	景观比例	*PLAND*	某一类型斑块面积与区域景观总面积的比例	$PLAND = \frac{\sum_{j=1}^{n} a_{ij}}{CA} \times 100$
6	最大斑块指数	*LPI*	同一类型斑块中面积最大斑块与该类型斑块总面积的比例	$LPI = \max_{j=1}^{n}(a_{ij})/CA \times 100$
7	破碎度指数	*H*	单位面积上的斑块数目，反映景观空间结构的复杂性	$H = -\sum_{k=1}^{m} n_k/TA$
8	Shannon多样性指数	*SHDI*	反映景观要素的多少及各景观要素所占比例的变化，景观由单一要素组成时，其值为0	$SHDI = -\sum_{i=1}^{m}[P_i \ln(P_i)]$
9	Shannon均匀度指数	*SHEI*	描述区域景观中不同类型斑块的分配均匀程度	$SHEI = \frac{SHDI}{\ln m}$
10	景观形状指数	*LSI*	当斑块形状不规则或偏离正方形时，其值增大	$LSI = \frac{0.25TE}{\sqrt{CA}}$
11	蔓延度/聚集度指数	*CONTAG*	描述景观中不同类型斑块的团聚程度，其值越大表明景观由少数团聚的大斑块组成，越小表明景观由少数团聚的小斑块组成	$CONTAG = 1 - \frac{-\sum_{i=1}^{m}\sum_{j=1}^{m} P_{(i,j)} \ln P_{(i,j)}}{\ln m}$

2）关键区域识别分析法

斑块—廊道—基质模型是景观生态学中用于描述景观结构的基本模型。识别关键景观斑块与廊道是水生态安全格局构建中的重要工作，不同斑块类型与分布方式都与不同生态过程存在相互影响的关系。最小累积阻力模型（Minimum Cumulative Resistance，MCR）主要用来分析土地覆被对生态过程的阻滞作用，它最早是由 Knaapen 等提出，主要考虑源、费用距离、景观界面特征三方面因素，俞孔坚等人在景观生态安全格局的研究中将最小累积阻力模型引入国内[185]。该模型中包括的生态安全格局组分有：源地、缓冲（区）带、廊道、可能扩散途径和战略点。通过这些空间组分识别的途径进行景观生态规划，按源的确定、阻力面的建立及安全格局的判别三个步骤展开。

最小阻力模型的具体公式如下：

$$MCR = \int \min\sum_{i=n}^{i=m}(D_{ij} \times R_i) \quad (2\text{-}1)$$

式中，j代表“源”，i代表景观基面；D_{ij}是景观要素从源出发到区域中另一处在景观的基面所经过的空间距离；R_i是景观基面对这种景观要素运动时产生的阻力；则f是反映这种空间距离与景观基面特征呈正相关关系的未知正函数。

3）多目标评价法

多目标决策问题是由单目标决策问题发展起来的，二者相互联系，在实际应用中往往通过特定条件进行相互转化。生态安全格局的构建过程，其本质也可以视为一个多目标决策问题。众多影响因素在生态安全格局构建中起到的作用大小均需要通过多目标决策的方式进行确定，即确定各生态因子的影响权重。麦克哈格的“千层饼模式”是对评价要素进行综合打分与叠加的分析方法，能够综合考虑各方面相关因素，得出科学有效的评价结果。根据多目标决策方法，对不同研究区域的情况进行分析，有针对性地识别出在生态过程中起到重要作用的生态因子是生态安全格局构建过程中必不可少的步骤。

将众多因子进行叠加时，需要综合权重计算方法（即综合指数法），它是在单一层级得分的基础上，将两两比较得到的权重与得分进行综合计算的方法，它用各项指标在不用层级中的得分与表示重要性的权重进行计算，结果客观准确，计算模型为：

$$G = \sum_{i=1}^{m} q_i \mathrm{G}_{ij} \quad (2\text{-}2)$$

式中，G为每一评价指标的综合指数；q_i为第i个指标的综合权重值；G_{ij}为第j个等级中第i个指标的得分；n为评价指标个数。即将研究区域的评价单元各指标的权重值和等级得分值乘积依次相加，应用ArcGIS技术中的栅格计算器功能，以该计算方法为原理，根据综合指数分级确定不同等级的安全范围。

（2）计算机数值模拟技术

以计算机模拟为基础，通过对研究区数据库的构建，应用地学分析或模型方法的空间分析与可视化方法，目前在水生态与水安全构建中已得到广泛应用。其中主要应用有雨洪过程模拟技术和非点源污染模拟技术等。

1）雨洪过程模拟技术

雨洪过程模拟技术是以降雨过程中的产汇流计算模型为基础，目前国内外的研究主要将雨洪过程模拟分为产流与汇流两个阶段，其中主要包括降雨产流计算、降雨汇流计算以及城市排水管网计算三个方面内容。广泛应用的城市雨洪模型主要有：SWMM模型、MIKE模型、Digital Water模型以及SWC模型等（表2-4），这些模型将地表下垫面定义为不透水地面和透水地面两部分，对于不透水部分的计算方法大部分模型相同，即地表的产流量等于实际降雨量减去在降雨过程中因入渗、截流等因素的损失量；而在透水地面产流计算上则存在多种处理方式。目前国内应用于城市降雨过程模拟研究的产流模型主要是SWMM模型以及SCS水文模型。

城市雨洪过程模拟应用研究对比[186] 表2-4

模型	模型方法	模型条件	降雨径流条件	峰流量削减率（%）	径流量削减率（%）
SWMM	产流:入渗曲线法 汇流:非线性水库法 管网水流:动力波法	研究区域：清华大学校园 研究区域总面积：18.7hm^2 LID措施改造面积：1.525hm^2（8.2%） LID布设方案：透水铺装69%、下凹式绿地25%、雨水花园3%、地下蓄水池3%	采用5年一遇设计暴雨,历时10h17min区域径流达到峰值状态	28.57	24.35
MIKE	产流:入渗曲线法 汇流:等流时线法/ 管网水流:运动波法	研究区域：深圳市光明新区 研究区域总面积：68hm^2 LID措施改造面积：20.1hm^2（29.6%） LID布设方案：多功能景观水体99.5%、复合介质生物滞留减排措施0.5%	设计雨量来自示范区雨量计场次降雨，降雨历时3h	76	65

续表

模型	模型方法	模型条件	降雨径流条件	峰流量削减率（%）	径流量削减率（%）
Digital Water	产流:入渗曲线法 汇流:非线性水库法 管网水流:动力波法	研究区域：第一批海绵城市试点区 研究区域总面积：1.3525hm² LID措施改造面积：0.3127hm²（23.1%） LID布设方案：生态滞留池65.37%、透水铺装34.63%	采用10年一遇设计暴雨，降雨总量78.16mm,平均雨强39.08mm/h,峰值雨强211.36mm/h，降雨历时2h	—	29
Info Works	产流:入渗曲线法 汇流:等流时线法 管网水流:运动波法	研究区域：天津某大学生活区 研究区域总面积：3.32hm² LID措施改造面积：1.46hm²（44%） LID布设方案：绿色屋顶61.6%、下凹式绿地38.4%	采用5年一遇设计暴雨，降雨历时2h，累计降水量为78.7mm	41.1	49.9
SWC	产流:入渗曲线法 汇流:非线性水库法 管网水流:动力波法	研究区域:嘉兴市蒋水港 研究区域总面积:40.5hm² LID措施改造面积:0.1392hm²（3‰） LID布设方案:雨水花园34.5%、植被浅沟34.6%、生物浮岛30.9%	全年平均降雨1135.38mm	21.2	23
SUSTAIN	产流:入渗曲线法 汇流:非线性水库法 管网水流:动力波法	研究区域：嘉兴市晴湾佳苑 研究区域总面积：8.3hm² LID措施改造面积：0.448hm²（5.4%） LID布设方案：雨水花园6.25%、植被浅沟40.18%、透水铺装53.57%	采用2014年全年每日每小时的降雨量为基础降雨数据，总降雨量为1438mm，最大小时降雨量为125.4mm	35.4	40

现阶段，城市雨洪过程模拟技术已形成了较为完善的模型框架，但由于对水文物理过程机理的认识和数据管理能力的不足，模型通常采用相对简单的数学公式来描述复杂的水文过程，这必然导致城市雨洪过程模型的不确定性。解决该问题主要依靠水文学、水动力学理论、计算机技术及测量技术的发展。因此，结合RS、GIS

等空间信息技术、强化城市暴雨洪水监测能力、进行参数敏感性分析，形成快速的运算速度、准确的分析结果和预报预警等功能的城市雨洪过程模型必将成为雨洪过程模拟技术发展的趋势。

2）非点源污染模拟技术

在城市水环境污染问题中，以非点源污染最为突出，对比点源污染，城市非点源污染具有复杂的形成过程，且随机性强、预测难度大。模拟非点源污染的模型也存在多种形式，一般分为经验型模型与物理型模型。经验型模型的建立是通过搜集区域内具有代表性的样点的各类数据进行分析，如水质条件、气象数据，以及地形地貌、植被覆盖度、土壤性质等研究区现状，找到影响因子间的关系，建立经验关系式。物理型模型则比较复杂，通过对污染的扩散的机理进行分析，进行模型构建，其中还包括产流、汇流、污染物转化及水质等多种因子模型用来表达污染扩散不同阶段的模拟。

目前，城市非点源污染模型虽有一定的研究成果，但经验型的多，物理型的少，不能充分模拟污染物的生化反应过程，所以软件在运用LID措施模拟方面存在一定的局限性。以下归纳几种常用模拟软件在LID措施下控制效果应用模拟（表2-5）。同时，随着人们对模型模拟精度要求的提高，对于定量描述污染物迁移转化结果的可靠性引起了很大的争议，自然界本身固有的不确定性、模型不确定性和数据的不确定性都会导致理论值与真实值的差异。敏感性分析是一种动态不确定性分析，是城市非点源污染模型中不确定性分析常用的方法。无论国内或国外环境模型，不确定性分析主要应用于地下水、水文和空气质量模型方面。

非点源污染模拟应用研究对比[187]　　表2-5

模型	模型方法	模拟条件	降雨径流条件	峰值污染物浓度削减率（%）			
				TSS	*COD*	*TN*	*TP*
SWMM	污染物累积和冲刷模型均选用指数模型	研究区域：北京某拟建小区 研究区域总面积：1.3hm^2 LID措施改造面积：0.177hm^2（14%） LID布设方案：植被浅沟18.1%、雨水花园25.9%、渗透铺装56%	采用5年一遇设计暴雨，降雨历时2h，降雨量71mm	73	—	—	—

续表

模型	模型方法	模拟条件	降雨径流条件	峰值污染物浓度削减率（%）			
				TSS	*COD*	*TN*	*TP*
MIKE	污染物累积和冲刷模型均选用指数模型	研究区域：深圳市光明新区 研究区域总面积：68hm^2 LID措施改造面20.1hm^2（29.6%） LID布设方案：多功能景观水体99.5%、复合介质生物滞留减排措施0.5%	采用0.5年一遇设计暴雨，降雨历时1h，降雨总量80.88mm	48	69	45	59
Digital Water	污染物累积：指数函数 污染物冲刷：EMC函数	研究区域：海绵城市试点区 研究区域总面积：1.35hm^2 LID措施改造面积：0.31hm^2（23.1%） LID布设方案：生态滞留池65.37%、透水铺装34.63%	采用10年一遇设计暴雨，降雨历时2h，降雨总量78.16mm，平均雨强39.08mm/h，峰值雨强211.36mm/h	56.5	41.5	49.5	—
SUSTAIN	污染物累积：指数函数 污染物冲刷：事件平均浓度	研究区域：嘉兴市晴湾佳苑 研究区域总面积：8.3hm^2 LID措施改造面积：0.448hm^2（5.4%） LID布设方案：雨水花园6.25%、植被浅沟40.18%、透水铺装53.57%	采用2014年全年每日每小时的降雨量为基础降雨数据，总降雨量为1438mm，最大小时降雨量为 125.4 mm	59	52	52	55

注：*TSS*为总悬浮颗粒物，*COD*为化学需氧量，*TN*为总氮，*TP*为总磷。

（3）空间规划与修复技术

在我国，海绵城市理论是空间规划理论应对城市水生态与水安全问题的核心理论，其中主要包括：区域生态基础设施规划、低影响开发技术以及水生态修复技术。

1）区域生态基础设施规划

区域生态基础设施规划指最大限度地保护具有良好生态效应的生态斑块，包括自然河流水系、坑塘沟渠等地表水面。通过空间管制手段划定生态敏感区，对拥有水源涵养、雨洪调节等重要生态功能的区域进行保护，维持其自然状态，并对水土流失污染严重的水体区域进行保护与修复。

首先，需要保护自然生态基底。①对山体进行保护，避免开挖山体，侵占山林，在用地规划和道路交通组织方面，需充分协调地形现状与竖向设计要求，尽量将山体保护完整。如当山体坡度大于等于30%时，将用地划定为山体保护范围，禁止开发；当山体坡度为20%～30%时，限制山体开发；当山体坡度在20%以下时，可开发但需尽量恢复原有土壤植被吸附雨水能力（表2–6）。同时可运用GIS测出不同坡度的分界线。②遵循自然雨水径流路径。人为改变其路径，易损害径流附近的植被与生物群落，从而破坏水生态。可利用GIS分析研究区地形，确定自然雨水径流路径，规划设计中尽量避开。③明确洪水淹没范围。洪水区域一般是由流域中水的流向决定的，预测洪水水位，划定其淹没范围，设计恰当的防洪标高，可保证城市雨洪安全和水体净化。洪水淹没线可以通过洪峰流量、流速等数据，在地形图上运用水文软件分析得出。④保护林田湿地。林田湿地是生物重要的栖息地，也是自然界中雨水滞留、净化、入渗的重要场所，对削减雨水面源污染、农业污染都具有较好的作用，也是受纳雨水的容器。绿地雨水径流控制率可达到85%以上，保护林田湿地对于水体净化、补充地下水具有积极意义。

城市主要建设用地坡度表　　表2–6

用地名称	最小坡度（%）	最大坡度（%）
工业用地	0.2	15
仓储用地	0.2	15
铁路用地	0	2
港口用地	0.2	5
道路用地	0.2	5
居住用地	0.2	30
公共设施用地	0.2	20
其他	—	—

其次，划定建设范围，在确定生态安全格局保护范围后，将保护范围精确落在规划设计中，划定为永久禁建、限制建设以及可开发建设范围，作为城市雨洪控制与管理的依据。并且，城市根据不同特点采取相应的雨洪管理措施，明确大型绿色

基础设施在生态安全格局图中的位置。

2）低影响开发技术

按照海绵城市的建设理念，低影响开发策略主要是对城市内部的生态用地进行保护，控制城市不透水面积，最大限度地减少对原有水环境的破坏[188]。

低影响开发有别于传统的“管道—水池”的排水方式，更倾向于通过植被以软质工程管理雨水，建立城市生态排水体系，用促渗、土壤滞留、干塘、湿地、地表排水植草沟等技术系统，以及河渠、湖泊、湿地等大区域调节设施，实现城市排水、控污、生态与景观的协调统一，同时有效地减少径流量、延缓洪峰时间，减轻城市对区域环境的压力。按照不同作用可将低影响开发措施分为：滞留渗透措施、传输疏导措施、受纳调蓄措施，每种措施对应着相应的表现方式（表2-7）。

常见低影响开发措施分类[189] 表2-7

低影响开发措施	表现方式
滞留渗透措施	绿色屋顶、透水铺装、雨水花园、生物滞留池、渗透塘等
传输疏导措施	植草沟、旱溪、植被缓冲带、渗沟等
受纳调蓄措施	雨水湿地、雨水调蓄池、湿塘等

另外，从径流系数取值表中可见（表2-8），不同下垫面的雨水径流系数不同，在建设低影响开发措施的过程中，分析适应性，确定设计的可行性，其中需确定径流的来源，分析径流特征和可利用的方式，采用最适合的方法，将对场地的干扰降到最低。

不同下垫面的径流系数 表2-8

下垫面类型	径流系数
屋面、混凝土或沥青路面	0.85～0.95
大块石铺砌路面或沥青表面处理的碎石路面	0.55～0.65
级配碎石路面	0.40～0.50
干砌砖石或碎石路面	0.35～0.40
非铺砌土路面	0.25～0.35
公园或绿地	0.10～0.20

3）水生态修复技术

水生态修复是指运用各类技术手段，对湖泊、江河、湿地等水体水质进行改善，实现水土保持、环境美化等方面的修复治理。它是构建水生态安全格局的重要技术手段，常见的方法有河岸景观修复、生物修复与物理修复。

河岸景观修复是目前最常见的水生态修复技术，强调通过对河岸环境进行处理，避免水土流失、优化环境，维持水生态的多样性，改善区域小循环。如设计生态驳岸和缓坡绿地，增加沿岸滨水绿地面积，并增加下沉式绿地比例，便于降低水流速度，延长水体净化时间和水体入渗补充地下水时间。恢复河道的蜿蜒状态，维持河道内的生态系统。蜿蜒的河道能够减弱洪水对河岸的冲击，拉长河流的流程，扩大河流流量，增加雨水径流的雨径，减缓流水的速度，延缓峰值到达的时间，还能减弱河水对河床的冲击力。尽可能恢复河道的自然蜿蜒状态和曲折度，修复流域两岸的洪泛区，保护内河、小支流等，维持良性的河流状态，在自然的河滩蓄水、滞水，减少对下游的泄洪压力。同时在河道周围种植各类植物，以高大木本植物、草本植物以及低矮灌木形成多元绿化系统，直接提升河道景观感，利用植物的固水、固土能力，维持河道生态环境的稳定。而植物活化了周边土体，使微生物活动更加频繁。树木的落叶以及其他植物均可形成腐殖质，改善土质环境，为水生动物、植物提供更多营养来源，最终借助河岸生态修复实现水生态的综合修复。

生物修复的主要作用是恢复水体生物多样性，使水体周边环境重新恢复自然状态下的活力。常见的生物修复方法如：各类农业活动产生的有机物质会进入河流、湖泊中，导致水体富氧化，水生植物大量生长；为应对该问题，可投入以植物为食的鱼类，尤其是草鱼和鲫鱼等可有效改善水体状态，避免水生植物无限制生长导致的水下氧气不足、动物死亡等问题。生物修复目前已经广泛应用于各地工作中，植物修复和动物修复均得到了重视。

利用物理修复模式进行水生态修复，主要着眼于改善水土环境，其作用相对有限，属于一种辅助性的修复技术，多作为河岸生态修复或生物修复的辅助。如降水集中于夏秋季节，但水体周边环境不理想，泥沙含量大，导致水生生物存活困难，会带来水土流失的问题。在治理活动中，采用河岸生态修复技术可能面临植物短期内成活困难的问题；采取生物修复，则面临区域环境无法快速改善、生物生存环境不佳的问题。可首先对水体周边进行物理修复，加固河岸，避免水流冲击导致泥沙进入河道中，之后进行中下游清淤作业，确保足够的水面率，疏通河道，防止淤塞，最后推行其他修复技术，从而保证河道治理的水生态与水安全。

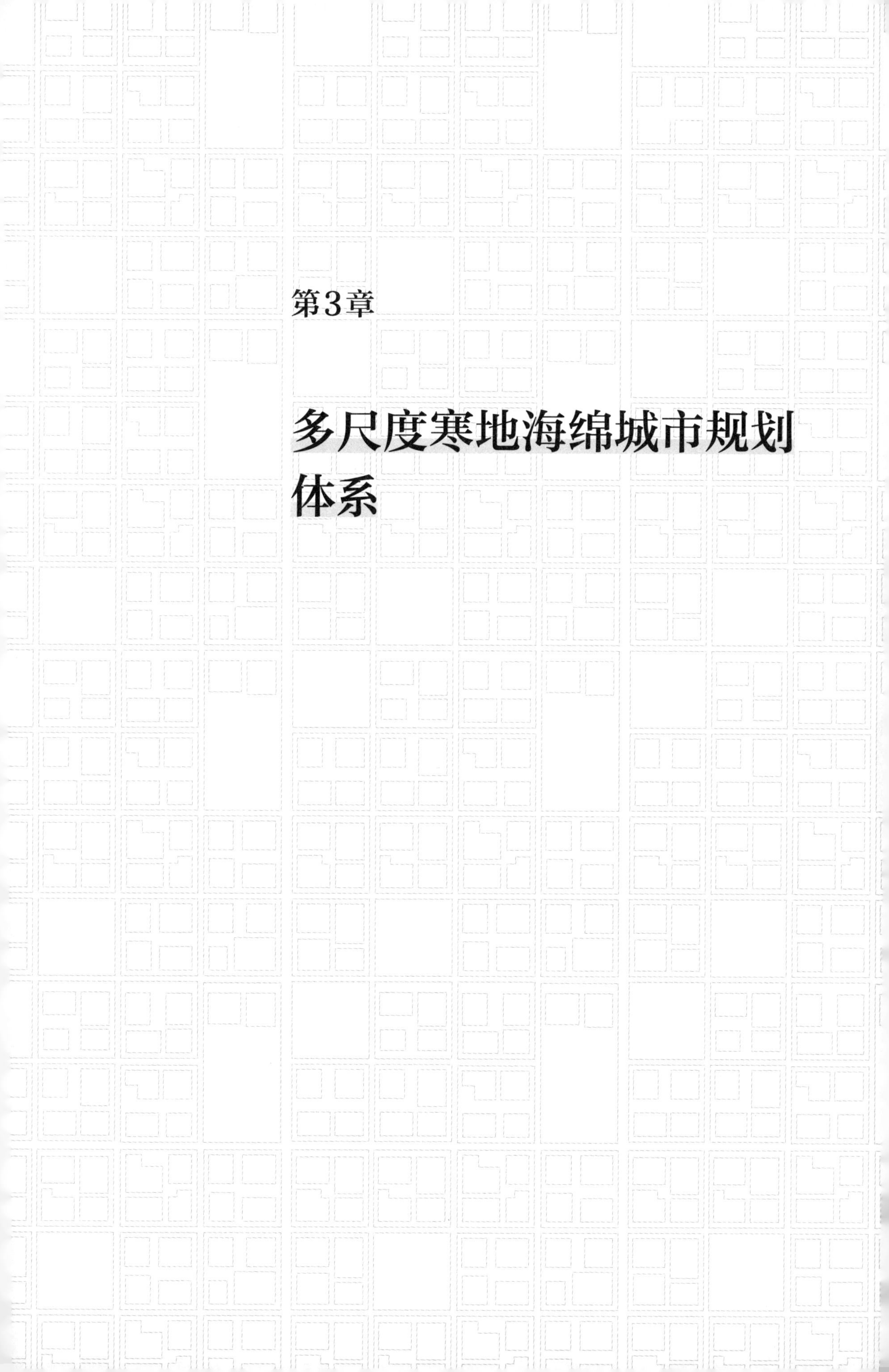

第3章

多尺度寒地海绵城市规划体系

3.1 寒地海绵城市规划目标与原则

3.1.1 寒地海绵城市规划目标

（1）寒地城市年径流总量的控制

由于寒地城市面临城市内涝、径流污染防治、雨雪水资源化利用等多种需求，选取年径流总量作为首要规划控制目标。径流控制总量一般采用年径流总量控制率作为控制目标。寒地年径流总量控制率与设计降雨量为一一对应关系，它所代表的含义为：经多年（大于30年）日降雨统计资料，扣除小于等于2mm的降雨事件的降雨量，将降雨量（日值）按雨量由小到大进行排序，统计小于某一降雨量的降雨总量（小于该降雨量的按真实雨量计算出降雨总量，大于该降雨量的按该降雨量计算出降雨总量，两者累计总和）在总降雨量中的比率，此比率（即年径流总量控制率）对应的降雨量（日值）即为设计降雨量。

根据国务院办公厅《关于推进海绵城市建设的指导意见》的要求：通过海绵城市建设，综合采取“渗、滞、蓄、净、用、排”等措施，将70%的降雨就地消纳和利用，解决城市“大雨必涝、雨后即旱”问题。到2020年，寒地城市建成区20%以上的面积达到目标要求，到2030年，寒地城市建成区80%以上的面积达到目标要求。理想状态下，年径流总量的控制目标应以开发建设后径流排放量接近开发建设前自然地貌时的径流排放量为标准。自然地貌通常按照绿地考虑，一般情况下，绿地的年径流总量外排率为15%～20%，也就是年径流总量控制率最佳为80%～85%。年径流总量的控制途径主要有两个方面，一个是促进雨水的入渗和减排，另一个是促进雨水的集蓄和利用（图3-1）。快速城镇化增加地表径流流量而减少渗透，干扰到水在环境中进行运动的自然循环过程，潜在地增加了寒地城市内涝灾害发生的频率。寒地海绵城市规划要尽量降低雨水径流流量，为雨水在地表进行渗透提供更长的时间，以补偿这一自然循环过程。

我国不同地区的年径流总量控制率是不同的，寒地城市确定年径流总量控制率时，需要综合考虑多方面因素。一方面，开发建设前的径流排放量与寒地城市地表类型、土壤性质、地形地貌、植被覆盖率等因素有关，应通过分析综合确定开发前的径流排放量，并以此确定寒地城市适宜的年径流总量控制率。另一方面，要考虑寒地城市水资源涵养情况、降雨规律、开发强度、低影响开发设施的利用效率以及经济发展水平等因素；具体到寒地城市某个地块或建设项目的开发，要结合寒地城市区域绿地率、土地利用布局等因素。

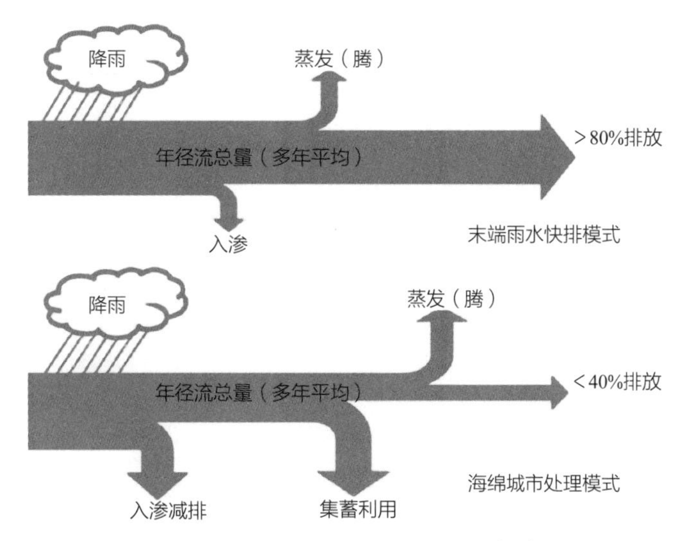

图3-1　年径流总量控制概念示意图[196]

同时，在寒地城市水文循环过程中，雨水一部分被土壤和植被所滞留、吸收并缓慢地入渗到地下作为地下水的补给，一部分通过寒地城市雨水管网将雨水排到了城市外围的水体中，还有一部分水体进入到了河流、湖泊、湿地等城市水系当中。然而，植被吸收渗透以及雨水管网的排放量都有一定的限度，在暴雨发生时往往会超过其承载负荷量，即当暴雨来临时，寒地城市绿地与水系等空间对暴雨的及时收纳量，对寒地城市雨洪安全起着至关重要的作用，寒地海绵城市规划还需要满足不同降雨重现期下的雨水承载量。

（2）寒地城市水生态环境的提升

海绵城市理念对寒地城市生态环境的提升具有促进作用，将城市的绿地、水系等进行合理布局与优化设计，并应用低影响开发技术设施的布置及其系统组合，加强与寒地城市生态景观的融合，充分利用城市河岸带区域，提升整体环境的舒适性和生态性，改善城市居民的生活品质。

寒地海绵建设是多尺度的水生态基础设施建设，在不同尺度中，水生态建设的规划目标侧重点不同。在海绵城市理念下，流域尺度以水生态系统保护为基础目标，完善水生态系统功能，顺应自然水文循环，以解决流域尺度水系廊道的完整性与景观整体性等水生态环境问题；城市尺度以水生态系统结构合理布局为基础目标，梳理城市水系廊道，引导城市水系空间布局，并调整城市用地布局；河段尺度以河岸带生态建设为基础目标，提出城市河岸带的水生态修复措施，解决河段水体黑臭问题，加强河段生态建设，从多尺度技术层面实现寒地海绵城市水生态规划设计目标。

（3）寒地城市水安全功能的提升

建立以调蓄为主要功能的水安全空间系统，削减暴雨对城市的冲击，补充缺水时期的水源，有助于调解城镇化过程所带来的各种水安全问题。当寒地城市的地势较高处，地下水位较低时，地表雨雪水径流可直接入渗并储存在地下，或流入地表水体空间，丰富水景观；当寒地城市的地势较低处，地下水位较高时，雨雪水径流难以入渗，则需要具有调蓄功能的水系、湿地、绿地等水生态基础设施进行储存和调节，以防止城市发生洪涝灾害。规划完整的城市水生态系统，将河流水系、绿地、湿地等储水空间串联成完整的循环系统，当暴雨内涝时，有助于长效地储存过剩水资源，以补充寒地城市枯水季的水源。

寒地城市生态系统具有控制地表径流量、提升雨水调控能力以及雨雪水资源化利用等雨洪管理方面的功能作用，可以用来提升寒地城市水安全功能效益。城市生态系统是由一定质与量的各类绿地和水系相互联系、相互作用而形成的有机整体，即寒地城市中不同类型、性质的绿地和水系共同构建而成的一个稳定持久的城市生态系统。其具有保持水土、涵养水源、维护城市自然水文循环等水生态功能，同时也具有重要的水安全功能。在海绵城市理念下，流域尺度以雨洪安全为基础目标，通过空间结构的合理布局，保障流域范畴防洪体系；城市尺度下以暴雨内涝防控为基础目标，调整城市排水管网与措施系统，控制恰当的措施实施面积比例，减少城市内涝区域；河段尺度下以海绵措施具体实施为目标，对雨水进行收集、滞留、入渗以及初期雨污控制，将部分甚至全部的雨水进行利用，使城市雨洪问题得到消除与控制，提升寒地城市水安全功能。

3.1.2 寒地海绵城市规划原则

（1）生态优先原则

在进行寒地海绵城市规划时，应与规划场地所在区域的生态结构对接，并综合考虑区域生态保护目标与空间格局来进行规划范围内的空间布局。寒地城市系统具有包含生态、经济与社会在内的多种功能，而用于寒地海绵城市规划强调的是其最基本的水生态功能，其他功能都应在以水生态保护为前提的基础上发挥作用。在具体制定寒地海绵城市规划设计的过程中，其面积应通过分析、计算来确定，其空间布局应通过对区域基本的水生态环境分析与评价来确定，并结合生态系统的其他功能因素，平衡社会、经济与环境的综合效益，形成多功能复合、生态优先的城市综合系统。

在流域层面，优先划定研究区域内非建设用地及水生态安全格局，基于水系保护要求，制定生态保护红线，以相关结论指导流域体系规划，作为其土地利用规划的工作基础；在城市层面，关注于水绿系统与城市构成的肌理，协调寒地城市建设与水绿系统的相互关系，调整城市区域格局，以减少城镇化进程对寒地城市雨洪系统的破坏，优先规划水系、绿地等自然生态空间，以相关结论作为寒地城市土地利用、空间形态调整的重要依据；在河道层面，承接寒地城市规划所划定的水生态安全格局、土地利用和空间形态，并将寒地海绵城市的具体技术措施落实到相应地块的城市设计中。

（2）径流控制原则

在寒地海绵城市目标下，城市规划的基础就是丰富城市水系统功能，使其承担城市雨洪管理的任务，为市政排水管网分忧、开发城市新型水资源、减小城市内涝的风险。寒地城市气候复杂，每年的11月至次年的3月为封冻期，城市不存在洪涝问题，但存在一定降雪量，冰雪消融产生冻融问题，7、8月份降雨集中，规划重点在于雨雪水利用与防洪排涝。因此，规划时必须遵循径流控制原则，从源头上管控城市雨水。径流控制不只体现在规划区域水生态系统的布局上，也体现在局部地块的设计上，将各种低影响开发措施与土地利用方式结合，实现LID技术落实到具体城市设计当中。

（3）系统整合原则

在寒地海绵城市目标下的城市规划中，系统整合不单是指传统规划的城市系统与其他系统的关系，更强调城市系统内部各组成部分之间的关系。在城市规划中，将低影响开发措施与城市绿地系统、水系统、城市排水系统等结合，使参与雨水管理的城市各部分系统结合起来成为一个有机整体，分析水量和水体连通性，使雨水能够顺利地通过多种渠道入渗、排放和储存利用，减小暴雨内涝灾害对寒地城市造成的危害。

（4）多级布置，相对分散原则

确定寒地城市用地数量和布局后，要充分考虑城市用地的服务半径以及不同服务半径城市用地的相互组合，重视地块等小尺度区域对城市空间的需求，将研究区分为城市区域、雨洪管理单元、地块等多重级别，分区分批建设，根据自身性质形成多种体量的廊道与节点，以承担不同的社会责任和环境责任，降低建设成本，提高雨洪管理效能。在进行寒地海绵城市规划时，可根据每个雨洪管理单元的具体生态结构、土地利用特性和功能特征制定相应的规划目标、结构布局以及其主要功能，以满足不同时段、不同区域的需求。在具体区域中，为了实现削减雨水径流，减小市政雨水管网的建设费用，规划时尽可能将绿地和水体化整为零布置，从而达到分解雨水径流压力，达到从源头管理雨水的目的。

（5）立体式布局原则

水生态环境的景观化是基于景观生态学视角的整体性考量，城市规划技术方法可作为调整城市空间、整合城市水土资源、分析及表现的媒介工具。基于寒地海绵城市目标的城市规划，应该根据寒地城市水生态安全格局，建设水系廊道、绿地斑块、河道缓冲带等多种形式的海绵系统，在垂直空间尺度上形成立体式布局。规划阶段，不宜对原有场地高程进行大幅度改变，应顺应区域地形地势、水文特征等自然因素，对研究区域水系和绿地空间进行规划布局。在建设中采取高低结合的方式，在不同用地、不同高程上实现雨水的就地管理，减小开发建设成本，提高寒地海绵城市雨洪管理效率。

3.2 寒地海绵城市规划体系构建

3.2.1 研究区域选取与空间尺度划分

（1）研究区域的选取

自十八大以来，我国对城市内涝工作进行了系统的部署，2013年，国务院办公厅颁布《关于做好城市排水防涝设施建设工作的通知》（国办发〔2013〕23号），提出用十年左右时间来完成这项工作。2017年初，住建部和发改委发布《关于做好城市排水防涝补短板建设的通知》（建办城函〔2017〕43号），将辽宁省沈阳市列为全国内涝灾害严重的城市之一，也是寒地东北地区仅有的两座城市之一，并要求立即开展工作。寒地城市具有其独特的地域特征，而快速城镇化引发了一系列严重的水生态与水安全问题。针对前文中的分析，研究选取位于寒地城市地域范畴内，且具有明显寒地水生态与水安全问题表征的典型快速城镇化地区，作为本书的研究区域。而辽宁省沈阳市沈抚新区地处东北平原，整体地势中间较低、南北两侧较高，夏季暴雨集中，极易出现城市内涝与山体雨洪灾害；冬季降雪融化水量无法满足城市补充水源，研究区域内水系较为丰富，有以浑河为主的众多河流，水系存在明显的丰水期与枯水期，并有5个月左右的封冻期；同时，浑河段水系存在水资源短缺、河道污染严重、防洪涝设施薄弱、河湖水系萎缩连通性不足、城市排水设施不足等一系列问题，符合寒地城市典型地域气候特征及问题表征。与此同时，基于中心城市沈阳的区位优势与沈抚同城化建设，2016年，辽宁省委省政府为贯彻落实《中共中央国务院关于全面振兴东北地区等老工业基地的若干意见》（中发〔2016〕7号），在沈抚新城的基础上建设沈抚新区，该区域是沈抚同城化战略的核心地区；其城镇化率预计将从2010年的5%上升到2020年的40%以上，而浑河沈抚段将由自然河流转变为城市内河（即转型河流），说明该区域也是快速城镇化的典型地区。综上，本书选取了沈阳市沈抚新区作为研究区域。

（2）研究范围的空间尺度划分

根据前文中各等级尺度规模及其地理空间尺度的对照关系、研究区域空间尺度划分与面积，确定不同尺度研究范畴。由大到小依次为流域尺度、城市尺度和河段尺度，在不同尺度下选用不同水生态与水安全耦合方法，以此达到“渗、滞、蓄、净、用、排”的雨洪管理效果，使雨雪水径流能够全过程处理，以达到其规划目标。寒地海绵城市构建依托城市生态系统中的多种形式，与此相对应有不同尺度的技术方法。寒地海绵城市规划是多尺度的复合性系统规划，从宏观层面流域尺度的大型河湖湿地水系、植被覆盖、土壤等自然基底要素，到中观层面城市尺度的城市绿地、城市水系、城市排水管网、城市道路等城市基础设施，再到微观层面河段尺度的透水铺装、下沉绿地、储雪站等具体措施，都是寒地海绵城市建设所依托城市系统的有机组成部分。

1）流域尺度：河流在地球表面一定空间和范围内流动，被称为流域。流域是附属于河流系统上一定点的区域，此区域内所有的地面径流均集中在同一定点流出，相邻流域间以分水岭或山脊分开。流域由子流域组成，子流域再划分为更小的流域，最后到集水单元。本书中的流域范畴只是属于大流域中的很小一部分，以城市规划区内的水系为主体，涉及规划区内全部水体所在的流域单元，对于规模应属于支流流域范畴。由于研究的空间范围较大，应对海绵城市建设内容，应从宏观空间进行把控，该尺度寒地海绵注重水生态与水安全的空间耦合。

2）城市尺度：本书的城市尺度是在流域尺度范围内的城市中心规划区，从规模上看对应中小流域范畴，从区位角度出发与城市关联最为紧密。因此，该尺度应从水生态与水安全的城市系统耦合入手，整合优化城市水生态系统、排水管网系统与低影响开发系统，调整土地利用类型，以城市系统耦合的优化模式，削弱快速城镇化带来的水文效应的负面影响，降低城市地表产流速度，减少地表径流，减轻城市内涝压力，此外，寒地城市雪水再利用也不可忽视，尽量就地利用，减少水资源损失。

3）河段尺度：本书中的河段尺度是城市尺度范围内的主要河流段落，也是城市中心规划区河岸带水生态建设与低影响开发设计的实施单元。河岸带是水体与其周围陆地相互作用的区域，从空间角度其范畴包括河道水体本身与滨岸带区域，从时间角度包括河岸带形态变化、生境变化等。因此，河段尺度寒地海绵应从水生态与水安全的功能耦合入手，将水生态修复与低影响开发措施实施融入河岸带的海绵设计中，实现寒地海绵功能要素管控。

3.2.2 寒地海绵城市规划要点

（1）水生态规划要点

寒地海绵城市水生态规划主要针对寒地城市不同尺度的水生态问题，保护水生态系统、顺应自然水文循环、利用雨雪水资源、修复水生态等，在满足寒地城市水生态功能要求的基础上，统筹寒地城市水安全和水景观需求，协调多尺度水体关系，建立水生态和水安全、水景观之间的良好衔接。

1）流域尺度以保护流域水生态系统为首要任务，维护现有生态保护区，关注水土保持与水源涵养，以自然生态基底为基础，保持流域生态网络连通性，完善流域水生态格局。

2）城市尺度以水生态系统结构布局为首要任务，保护和修复自然海绵，并通过完善城市水系、绿地系统构建蓝绿空间，改善雨雪水资源利用，实现自然积存、渗透与净化的城市发展方式。

3）河段尺度以水生态修复为首要任务，保护和修复城市水系，完善水系结构，改善水系微循环，提升水体自净能力，修复因河段建设引起的植被破坏，关注寒地低温所带来的胀冻与冻融问题，加强寒地适应性生态环保材料对寒地河岸带的改造，关注河段内微生物群落，消除底泥黑臭物质，改善水环境质量，解决水体黑臭问题，提升河段水生态建设能力。

（2）水安全规划要点

水安全问题通常包括洪涝灾害、水资源短缺、水质污染等。由于寒地地域气候夏季暴雨多，雨强大，且低温使海绵措施实施难度加大，致使城市内涝区域增加，绿地滞蓄效能降低，同时寒地城市建设中的一系列水利工程与大面积不透水铺装，极大地削弱了城市生态系统，如绿地与水系作为安全缓冲空间的作用。寒地城市水安全问题应从单一的防洪排涝目标转向寒地海绵城市导向下的多重目标，综合考虑寒地地域气候影响，结合多尺度寒地城市现状问题，进行寒地海绵规划。

1）流域尺度以城市雨洪安全为首要任务，确保河流水系的连通性，恢复水生态系统原本的自然能力，充分发挥防洪排涝的作用，蓄滞雨水、补充水系资源，完善流域雨洪安全格局。

2）城市尺度以径流总量控制为首要任务，调整城市排水管网系统，满足不同重现期下的排水需求，并结合低影响开发系统，针对寒地气候特征对具体措施进行调整改进，收集和存储雨雪水径流，通过地下排水及调蓄设施的共同作用，提升雨水处理能力，缓解城市内涝压力。

3）河段尺度以海绵措施实施为首要任务，结合寒地适应性措施，如植草沟、植物过滤带、雨水花园等进行改进，进行寒地植物优化配置，提升河岸带绿地排涝能力，增强其雨水滞蓄效能。

（3）水景观规划要点

基于海绵城市理论，城市水景观规划更为关注恢复城市水系的自然属性，从景观生态角度融合各专业，打破水利工程与水环境保护的固有矛盾，在水安全与水生态规划的指导下，从流域空间、城市系统、河岸带功能等方面进行开发利用，设计出具有寒地地域特色并适应其气候的寒地城市水景观。

1）通过流域规划整合水土资源，恢复流域水土景观结构，构建流域水生态基础设施。

2）寒地城市水景观规划包括景观功能定位、景观结构和功能布局、河道形态、滨水绿道、道路断面以及防洪排涝条件下水系空间与周边景观功能的衔接等，关注寒地气候对景观的影响，如低影响开发措施在城市景观系统中的布局等。

3）选用具有寒地适宜性的水生态修复与低影响开发措施对河岸带进行景观化处理，融合城市灰绿空间，采取自然过程与工程设施相结合的手法，通过生态修复与LID建设方式塑造河岸带滨河空间，并针对寒地气候进行植物优化配置，保证景观季节观赏性，设计出包含海绵功能的景观型基础设施。

3.2.3 多尺度寒地海绵城市规划体系构建

在寒地海绵城市规划体系框架中，水生态安全格局是核心基础，对于后续的城市海绵系统规划与河岸带水生态建设都起着至关重要的支撑和保障作用。本书在水生态与水安全关联耦合的视角下，以宏观层面空间耦合、中观层面系统耦合、微观层面功能耦合为理论框架，从流域尺度水生态安全格局构建、城市尺度寒地海绵系统优化、河段尺度寒地海绵功能要素管控三个层面分别提出不同的规划内容与方法，以实现寒地城市整体水生态与水安全的效益最大化，建立寒地海绵城市规划体系框架（图3-2）。

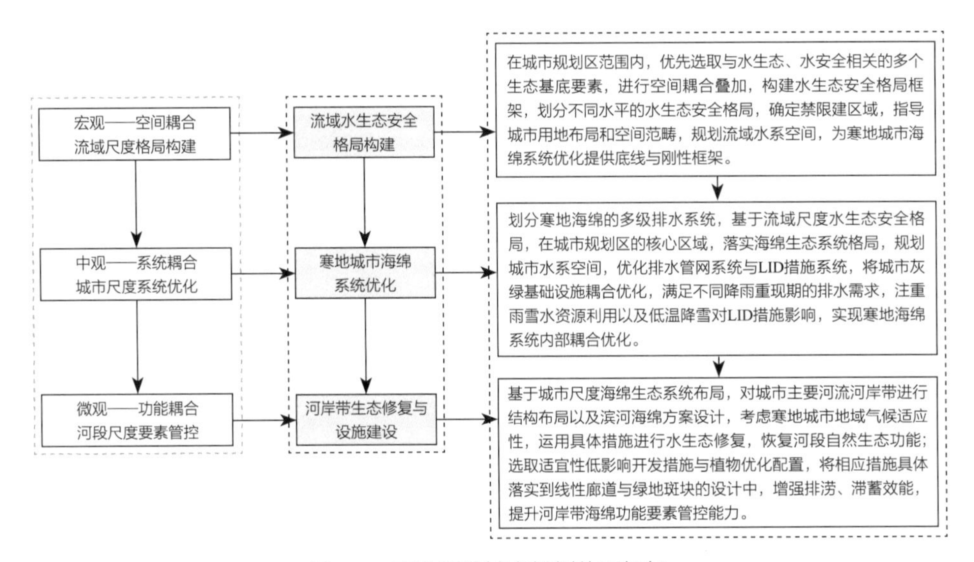

图3-2 寒地海绵城市规划体系框架

寒地海绵城市规划体系与城市规划体系相对应（图3-3），在城市规划体系中根据不同地域空间进行规划，其中包括城市总体规划（各专项规划）、控制性详细规划、修建性详细规划，城市规划体系中的各尺度空间都会涉及相应的寒地海绵城市规划体系内容。城市总体规划对应流域尺度水生态安全格局构建，确定生态安全基底要素，构建空间格局框架，优化划定禁限建区域，以指导专项规划与详细规划；城市尺度寒地海绵规划对应城市总体规划中的专项规划，优先规划非建设用地与其中海绵生态空间布局，综合规划城市绿地、水系、排水防涝系统与道路系统，并指导及落实城市土地利用规划与控制性详细规划；河段尺度的河岸带规划设计是对寒地海绵城市控制性详规中控制功能要素的具体落实，指导具有寒地适应性的水

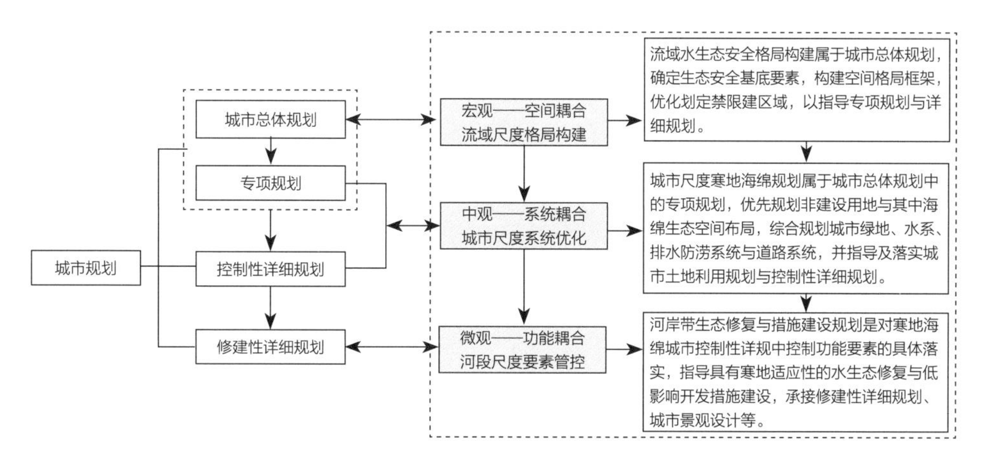

图3-3　寒地海绵城市规划体系与城市规划体系的衔接

生态修复与低影响开发措施建设，对应修建性详细规划、城市景观规划设计。在城市规划体系上建立寒地海绵城市规划体系，两体系间相互引导、相互作用，是体系框架构建的有力保障，有利于实现寒地城市水生态与水安全效能的最优化。

寒地海绵城市规划体系框架具体内容包括：流域尺度的格局构建，识别提取多个与水生态、水安全相关的生态基底要素，耦合叠加构建水生态安全格局，落实流域内的水生态基础设施；城市尺度的系统优化，基于流域水生态安全格局，整合优化寒地城市海绵系统，将多级排水系统进行综合优化，耦合灰绿基础设施系统，满足不同降雨重现期的排水需求；河段尺度的要素管控，基于寒地城市海绵系统优化，在河岸带结构布局设计中结合水生态修复与低影响开发措施的具体实施，将水生态与水安全功能进行耦合，落实河岸带海绵功能要素实施。

（1）流域尺度空间耦合——水生态安全格局构建

从流域尺度看，城市可以划分为多个汇水区单元，各汇水区单元之间由绿地与水系廊道连接，其廊道、节点等位置，是设置渗、滞、蓄、净、用、排的关键点。因此，从宏观层面出发，以水生态系统保护、雨洪安全与水源涵养为基础目标，在城市规划区范围内选取与水生态系统紧密相关的生态基底要素进行空间耦合，识别区域内关键性的位置及其空间关系，保护流域生态环境，恢复水生态系统原本的自然能力，充分发挥防洪排涝的作用，保护好现有自然保护区，优化城市空间布局结构，完善城市水生态安全格局，为应对寒地海绵城市构建提供刚性支撑。

由于水是流体，具有循环性，与生态要素紧密联系，因此寒地海绵城市水生态安全格局的影响因素不仅存在于水体本身，更存在于整个生态系统当中。与水生态、水安全相关的生态基底要素包括自然要素（地貌要素、水体要素等）与生物要素（动植物要素）。流域尺度水生态安全格局构建的目的是将自然要素与生物要素串联形成网络，具体内容包括：地形地貌、土壤侵蚀、水源涵养、雨洪安全、植物覆盖和生物丰度，并通过这六种与水生态、水安全密切相关的生态敏感性因子的空间耦合叠加，确定寒地海绵城市的水生态安全格局。

水生态安全格局即海绵城市构建的基础框架，通过应用ArcGIS对DEM数据进行水文分析，来识别单一水生态敏感因子的分布，再利用ArcGIS的分析功能进行叠加分析，对综合敏感因子进行分析，最终确定研究区域的水生态安全格局。根据底线（低）、一般（中）、满意（高）三级安全格局划分禁限建区域，明确避免建设、控制建设和引导建设的用地布局和空间范畴，有效构建城市防洪体系、保护和修复生物多样性，同时对城市雨洪管理、水系廊道连通与水资源问题等起到良好的作用。

（2）城市尺度系统耦合——寒地城市海绵系统优化

城市尺度寒地海绵系统耦合规划，以海绵生态系统合理布局、控制地表径流、雨雪水资源化利用为基础目标，强调优先利用绿色基础设施，并注重与传统刚性工程设施进行有效衔接。在城市尺度的多级排水系统优化中，主要遵循“小雨留得住、中雨不积水、大雨不内涝”的原则，具体将其划分为三级系统（图3-4）：①对于较小重现期的降雨，构建寒地低影响开发系统，利用源头消减—中途传输—末端调蓄措施，其主要特点是多级分布、相对分散、可实施性强，地表径流控制率需要达到国家规定标准，同时考虑寒地气候适宜性对不同措施的影响，对其进行设置；②针对中等程度重现期降雨，构建小排水系统，通过对城市灰色基础设施即传统城市雨水管网的优化，使其发挥最优的传输及短暂存储的作用，使地表径流得以调控、利用和排出，满足城市防洪减灾的需求，对雨雪水资源利用有一定的改善；

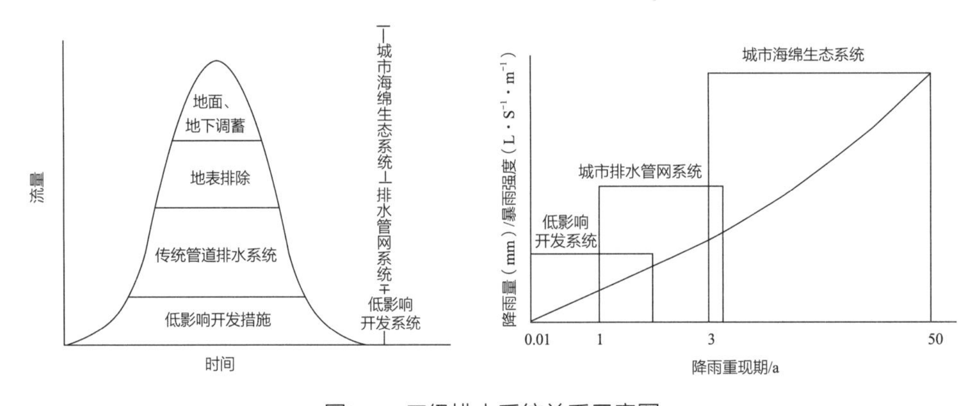

图3-4 三级排水系统关系示意图

③针对重大重现期的降雨，构建大排水系统，以城市绿地与水系作为网络化骨干，应对超过雨水管网设计排水标准的较大地表径流，完善海绵生态系统格局，满足城市防洪排涝需求，同时兼顾城市生态系统保护以及雨雪水资源的利用。三个系统并不是孤立的，也没有严格的界限，三者相互影响、相互依存，是寒地海绵城市系统耦合规划中的重要组成要素。

在城市海绵生态系统中，水系作为城市的命脉，主要包括河流、湖泊、水库、沟渠、湿地等形式，水系与绿地系统相结合，构成城市蓝绿防护网络，共同承担防洪排涝、水体净化、休闲游憩、改善城市生态环境及提高生物多样性等功能（图3-5）。因此，城市水系空间与绿地系统结合，可以改善城市原有的水生态基础设施，有利于寒地海绵城市系统建设，城市生态系统空间格局的合理构建，将提高城市防洪排涝能力。

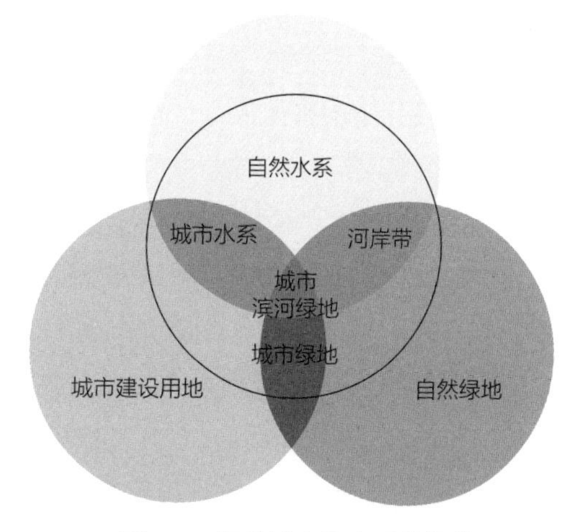

图3-5　海绵城市生态系统组分

基于流域尺度水生态安全格局，进行城市尺度寒地海绵系统优化，除了在生态系统空间布局方面进行研究，还需要结合城市排水系统、低影响开发系统等基础设施，提升雨水自然入渗能力，控制雨水径流总量，增强面对城市内涝的应对能力，使雨洪管理摆脱工程措施的单一视角，从城市尺度系统耦合解决水生态与水安全问题（图3-6）。

承接流域尺度空间耦合，城市尺度系统耦合是在城市核心区范围，首先，对研究区域现状问题进行分析，确定生态斑块与水系廊道，优化寒地城市海绵生态系统空间格局，以最为适宜的空间结构达到水生态与水安全规划目标；其次，城市排水管网是城市的重要排水通道，城市中心区已建成排水管网，在重现期降雨量超过雨

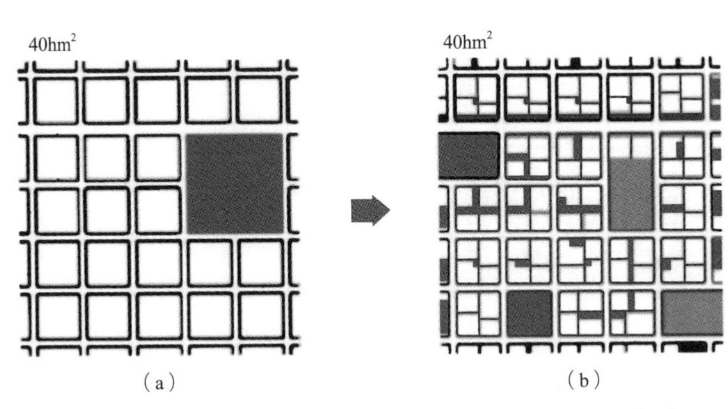

图3-6 传统绿色系统与海绵城市绿色系统建设模式对比[145]
（a）传统方式；（b）推荐方式

水管网设计标准的情况下，雨水管网系统会出现超载甚至洪流现象，导致上游检查井积水，出现溢流情况，形成城市内涝，因此需要对城市传统排水管网系统进行改进，结合生态化措施，进一步加强城市排水管网的排水能力，同时关注雨雪水资源化利用，通过寒地适宜性措施设计增加其入渗量；再次，低影响开发措施系统优化，使其在实施过程中能够更好地落实并发挥效果，通过模型模拟得到中心城区的积水状况，依据积水现状对不同土地利用类型设定积水控制目标，并关注雪水存储与低温冻融问题对措施的影响；最后，通过寒地海绵系统整合优化调整规划区原有土地利用类型，划分城市分区雨洪管控单元，增加雨洪滞留场地，通过模型模拟与定量化设计，达到控制雨水径流总量目标，避免城市内涝灾害的发生。

（3）河段尺度功能耦合——河岸带生态修复与设施建设

河段尺度功能耦合是在城市核心区主要河流河岸带范围内，基于城市尺度海绵生态系统布局，结合研究区域现状条件与生态问题，调整城市水系与周边的绿地系统空间结构布局，并与城市尺度水系布局与低影响开发系统衔接，明确水系及周边地块的海绵城市建设具体方案；关注寒地城市地域气候特征，冬季封冻期与春季冻融问题，选择寒地适宜性措施对河道进行水生态修复，并从线性廊道与绿地斑块入手，进行低影响开发措施设计，同时针对寒地植物生长特征选择适宜植物种类进行优化配置。

首先，对河岸带进行整体结构布局与海绵景观设计。根据城市尺度海绵生态系统布局以及水系空间分布，对河岸带进行空间结构布局与功能划分，结合研究区地形地势与城市尺度低影响开发措施选取，确定滨河海绵措施规划；根据城市尺度海绵系统优化方案对土地利用类型的调整策略，对滨河区域重点节点进行海绵设计，确定景观格局的概念性规划方案。

其次，进行河岸带水生态修复与具体措施应用。针对寒地河段存在的生态问题，选取寒地适应性水生态修复措施与材料，通过增强河道自动力、改造河床、修复河道形态等方式来恢复河道水体的生态功能，以自我修复的方式，净化水质、改善水文条件并提供稳定洁净的水源，针对寒地河道温差较大，关注河道微生物群落，消除底泥黑臭物质，实现河道底泥原位稳定化、无害化，以改善水体黑臭问题。河岸带过度人工化会造成河流滨岸带生境条件变差，从而引起生物多样性的降低，影响水体的自净能力。从河道线型设计、驳岸断面形式与生态护岸来进行水生态修复，恢复河岸带的生态健康属性。而低影响开发措施在河岸带生态空间的应用，根据寒地城市气候特征，选择寒地适应性的低影响开发措施应用到具有重要生态功能的河道与绿地斑块，使河岸带区域开发后的水文过程尽可能接近开发前的水文过程，调节和控制雨水径流、降低污染，提升河岸带排涝与雨水滞蓄效能，同时选取寒地植物种类进行配置，最终达到水生态与水安全功能效益的最大化。

3.3　寒地海绵城市规划技术与方法

3.3.1　ArcGIS在不同尺度中的应用

ArcGIS（Geographic Information System，地理信息系统）具有存储和处理空间数据、制图以及空间关系分析方面的功能，在景观生态学中应用广泛，主要包括：分析景观空间格局及其变化；确定不同环境和生物学特征在空间上的相关性；确定斑块大小、形状、毗邻性和连接度；分析景观中能量、物质和生物流的方向和通量；景观变量的图像输出以及与模拟模型结合在一起的使用。在整体研究中，ArcGIS提供了空间资料操作与空间分析功能，在水文方面的应用包括：数值高程模拟（DEM）模块，即用向量或网格形式的资料，以数值方式储存为3D空间的文字资料，从而用数学模式对地形进行模拟，为水文过程模拟与流域参数获取提供了地形资料；空间分析模块中的叠加分析（Overlay）、缓冲分析（Buffer）、统计分析（Statisties）、邻域分析（Proxinity）等功能可用来实现土地适宜性分析、敏感度分析、生态景观功能区划分等许多较为复杂的空间分析，提高了规划方案的科学定量化水平，减少工作量，提高生态规划管理水平。

流域尺度空间耦合中ArcGIS主要运用的叠加分析（Overlay），是在ArcGIS中提取隐含信息的常用方法之一，在同一空间条件下，对该空间不同层面的数据进行集合运算，从而产生新的数据。叠加分析多用来进行空间叠加，是将两个或两个以上的含有专题信息的图层以相同的空间位置重叠起来，经过图形运算和属性运算，产生新的专题，并与原有专题相对比，得出新的数据信息的过程。本书中选用ArcGIS10.2版本和Landsat 8卫星图，精度为30m × 30m，解析获取的DEM文件和包含区域信息的栅格文件对研究区域的生态环境进行分析，用Space Synta工具中的坡向分析、坡度分析、反距离插值法以及重分类工具对文件进行处理，获取单因子数据，再将多个单因子叠加进行综合分析。

城市尺度系统耦合中ArcGIS中的数据管理与数据库对于雨洪模拟是重要组成部分，能对研究所涉及的DEM数据、气象资料、管线信息等数据做出运算和处理，并且ArcGIS保证了模型运算的准确性，通过空间坐标来识别图元信息与研究区的空间关系，为暴雨雨洪模型软件提供较为完善的数据信息。本书中利用ArcGIS为暴雨雨洪模型提供数据与分析，为模型概化做准备，然后对研究区的DEM数据做坡度分析，结合选取的坡度情况，计算出每个汇水区的地面坡度，同时需要控制合理的坡向坡率，以及管线概化时按照ArcGIS对管线现状设置准确的对接节点。

3.3.2 流域尺度格局构建与分析方法

流域尺度空间耦合是对研究区水生态安全格局的构建。水生态过程总是存在着与之相对应的水生态安全格局，而格局通过城市规划设计，最终落实成为以水域、绿地、湿地等组成的水生态基础设施，即海绵系统。海绵城市的构建即相应的水生态基础设施构建，因此水生态安全格局就像海绵城市的基础骨架，支撑着它的构建与发展。海绵城市构建的核心就是在规划层面上识别区域内关键性的局部、位置及其空间关系，以此建立水生态安全格局，以实现流域尺度的空间耦合。

其构建方法分为过程分析与水生态安全格局建立两大阶段，其中，过程分析是通过ArcGIS将水生态的自然过程、生物过程加以系统分析并模拟，从而确立水生态安全格局的基底要素，再通过适宜性分析、最小耗费距离和表面分析等模型来识别单一基底要素的格局。格局可以划分为不同安全水平，用来定义格局对其维护的水生态过程重要性，并直接对水生态过程和水生态功能产生影响，要保障基本水生态系统服务，就要识别对维护这些关键水生态过程具有重要意义的安全格局。其次，通过ArcGIS叠加技术将单一过程的安全格局进行叠加，得到综合要素安全格局，并将其划分为低、中、高三种不同安全水平。其中，低水平安全格局是提供最基本水生态系统服务的关键性格局，它在区域水生态系统中处于核心地位，必须予以严格保护，也就是城市空间布局的生态安全底线。在具体实施过程中，可通过禁限建区的划定等规划手段来确保水生态基础设施的实现。最后，基于不同安全水平的水生态基础设施，构建城市空间布局预景，并基于研究所要达到的水生态与水安全综合效益，最终确定格局优化方案的实施。

（1）格局评价体系构建方法

1）评价模型

流域尺度的生态 DPSIR（Drivingforces-Pressure，State，Impact-Response）评价模型（图3-7），主要包括驱动力、压力、状态、影响和响应这五类因子："驱动力—压力"因子是对生态系统可能造成消极或积极影响的生态压力，如经济政策措施、部门政策、人类干扰、环境压力等；"状态"因子指物理状态、化学状态、生物状态以及流域生态系统等；"影响"因子包括环境破坏、资源损失、经济受损等；"响应"过程是人类采取制定积极政策等方式以促进可持续发展，如减少污染、增加投资等措施[190]。

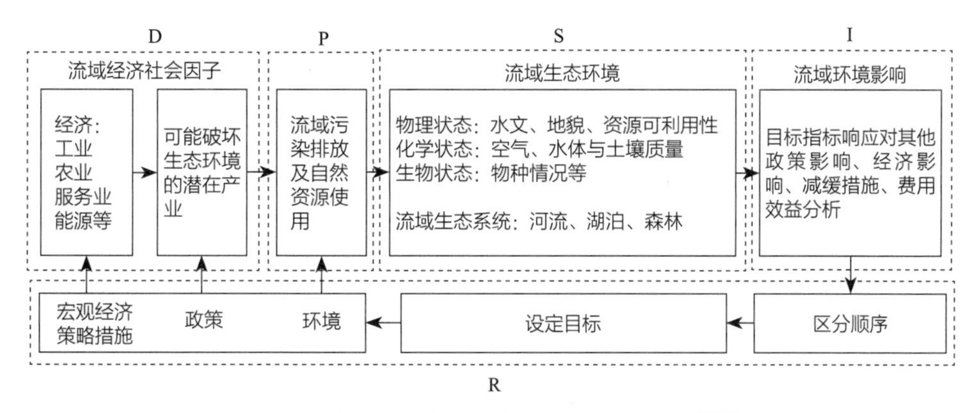

图3-7　流域尺度生态安全评价的DPSIR模型[190]

水生态与水安全的影响因素是多方面、多层次、动态的，同时，水生态安全格局是以恢复天然水文过程为目标分析对水文过程产生影响的因子构建的，在评价模型构建中，本书"状态"层选取表征流域水生态环境的指标，"驱动力—压力"层选取对流域水生态环境产生积极或消极作用的指标。

2）评价指标分析方法

本书对评价指标分析方法主要使用因子叠加分析法，此方法是由麦克哈格

“千层饼”理论基础上发展而来，通过地图叠加将土壤、植被、水文、地形等单因子进行叠加评价，通过对ArcGIS的应用由因子权重叠加计算表现出来。因子叠加分析法包括主观与客观多种分析方法，本书选用德尔菲法与层次分析法，首先提取与水生态系统相关的多个基底要素，包括区域内的地形、水文、土壤、植被等单因子影响要素；其次运用德尔菲法进行单因子影响要素的分析和综合，利用ArcGIS对空间数据的处理，运用一种颜色的深浅差异，分别在相同比例的图纸上绘制地形、水文、土壤、植被等单因子影响要素分析图，然后运用德尔菲法进行非等权综合叠加，在单因子的综合叠加图中，识别不同地块的生态安全性差异，并且在土地适应性评价中利用层次分析法确定各影响因子的权重。

A. 德尔菲法

德尔菲法即专家打分法，主要依靠选定专家的知识经验进行权重确定。本书选择城乡规划学专家2名、灾害学专家1名、水利专家1名、景观生态学专家1名，其都具有丰富的专业知识和工作经验，有一定的权威性、代表性，发放问卷，并回收进行归纳和总结，通过与专家的多次交流，最后形成一致的意见。

B. 层次分析法

层次分析法的特点是基于对评价目标影响因子的分析，逐级选取评价指标，采用定性与定量相结合的方式，适用于解决多目标的复杂问题。主要步骤包括：建立层次分析结构、构造判断矩阵、计算层次单排序权重、计算层次总排序权重，同时可运用计算软件辅助计算。

3）综合指数法

流域尺度下水生态与水安全评价体系是以流域内多种水生态自然要素作为影响指标，综合性、科学性地考虑指标选取，从而保证流域水生态与水安全评价的完整性。综合指数法是在单一层级得分的基础上，将两两比较得到的权重与得分进行综合计算的方法，它用各项指标在不同层级中的得分与表示重要性的权重进行计算，结果客观准确。水生态与水安全评价综合指数计算模型为：

$$WES=\sum_{i=1}^{n}E_iW_i \tag{3-1}$$

式中，WES为水生态与水安全评价综合指数；E_i为第i个系统安全度的标准化值；W_i为第i个系统安全度的权重；n为子系统的数量。

（2）适宜性评价法

适应性评价法是对研究区相关因子的敏感性评价，应明确区域可能发生的主要生态环境问题类型与可能性大小。敏感性评价应根据主要生态环境问题的形成机制，分析生态环境敏感性的区域分异规律，明确特定生态环境问题可能发生的地区范围与可能程度。首先针对特定生态环境问题进行评价，然后对多种生态环境问题的敏感性进行综合分析，明确区域生态环境敏感性的分布特征。

敏感性一般分为5级，为极敏感、高度敏感、中度敏感、轻度敏感、不敏感。如有必要，可适当增加敏感性级数，应运用地理信息系统技术绘制区域生态环境敏感性空间分布图。制图中，应对所评价的生态环境问题划分出不同级别的敏感区，并在各种生态环境问题敏感性分布的基础上，进行区域生态环境敏感性综合分区。

流域尺度下土地适宜性评价是以水生态与水安全作为核心来建立模型的框架的，并且将评价指标按1分制来进行核算，运用层次分析法将水生态综合安全状况按权重划分，以此来核算流域尺度下各单元的水生态与水安全综合指标。但目前国内并没有一个明确权威的评价标准，所以本书是在对一定的相关文献进行研究后，掌握了相关方面的一定量理论和研究深度，在分析流域尺度下水生态与水安全的现状，综合研究后建立水生态与水安全分级标准，将综合指数值转化为同等数值，以此更加直观形象地反映出流域尺度水生态与水安全状况。

根据安全等级划分结果（表3-1），流域水生态与水安全综合指数越高，水生态与水安全状况就会越安全，反之亦然。

流域水生态与水安全等级划分标准　　表3-1

水生态与水安全综合指数值	安全等级	安全状态	流域水生态与水安全系统表征
0～0.20	Ⅴ	极不安全	流域水生态服务功能几近崩溃。流域生态环境破坏程度较高，水生态修复过程很难进行，生态系统结构残缺不全，功能丧失，生态环境问题严重，水灾害发生较为频繁
0.21～0.40	Ⅳ	不安全	流域水生态服务功能严重退化。水生态环境和生态系统结构破坏较为严重，不能维持正常生态功能，生态环境被干扰后恢复困难，生态问题较大，水灾害较多
0.41～0.60	Ⅲ	基本安全	流域水生态服务功能稍有退化。水生态环境受到一定程度的破坏，事后生态系统结构发生变化，维持基本生态功能，受干扰后易恶化，水灾害时有发生

续表

水生态与水安全综合指数值	安全等级	安全状态	流域水生态与水安全系统表征
0.61～0.80	Ⅱ	较安全	流域水生态服务功能基本完整。水生态环境较少受到破坏，生态系统结构尚完整，一般干扰可恢复，水灾害不大
≥0.81	Ⅰ	非常安全	流域水生态服务功能较为完善。水生态环境基本未受到破坏，生态系统结构完整，水生态系统恢复再生能力强，水灾害少

（3）最小累积阻力模型构建方法

最小累积阻力（MCR）模型是基于ArcGIS空间分析模块建立的，最早用于分析景观斑块的分离程度并作为景观格局优化的依据，本书中用来构建源地、生态廊道和生态节点等生态组分来加强生态网络的空间联系，最后对研究区域的海绵格局提出优化建议。而累积耗费距离理论最早被应用于研究物种的扩散过程，后来则被广泛应用于格局分析等生态领域。从景观生态学理论的角度来看，累积耗费距离的理论意义就在于对生态安全格局的各组分进行判别，利用对生态流的空间运行分析方法，探讨维持和促进生态过程的有效途径，从而保证整体生态系统的安全。

最小累积阻力模型的本质实际是累积耗费距离理论的一种表达。累积耗费距离指的是源地景观单元与目的景观单元间某一路径上所有景观单元耗费距离的综合，但由于这一路径并非唯一，存在阻力累积值最小的路径，即为最小累积耗费距离路径，路径上的所有阻力值总和称作最小累积耗费距离[196]。构建最小累积阻力模型的步骤如下：

1）源的确定

依据现有的水生态资源，在研究区现状基础上确定不同类型安全格局中的保护“对象”——“源”。如雨洪安全区、水源涵养区、水土流失区等。

2）阻力面的建立

阻力面是用反映水生态要素的空间运动趋势的等阻力线表示的，以矢量图的方式表现出来。植被、土壤等对于空间的利用被看作是一种竞争的过程，需要克服人类活动的干扰和破坏等阻力来实现。可借助ArcGIS，选择用最小累积阻力模型来分析生态安全格局。

最小累积阻力模型实质是耗费距离的综合表达。耗费距离不是空间两个景观单元之间的实际距离，而是强调景观阻力在一定空间距离上的累积效应。耗费距离分析包括源和一个阻力面，其目的是为每一个基本像元计算其通过一个阻力面到最近源的最低累积耗费距离。本书中利用ArcGIS10.2空间分析模块确定最小耗费距离的运动方向和路径。

3.3.3　SWMM在城市尺度中的应用

SWMM（Storm Water Management Model，暴雨雨洪管理模型）是美国环境保护署（Environmental Protection Agency，EPA）于20世纪70年代初设计研发的第一款模拟动态降雨—径流过程的模型，主要应用于城市雨水管网设计、雨水污染物迁移活动、城市雨水径流、降雪的积累融化、低影响开发措施运行效果的单一事件或者长期累积过程事件的水量和水质模拟，模拟结果可以通过多种形式浏览，可分为水文模型、水力模型和水质模型三类[191]。SWMM的结构图如图3-8所示。

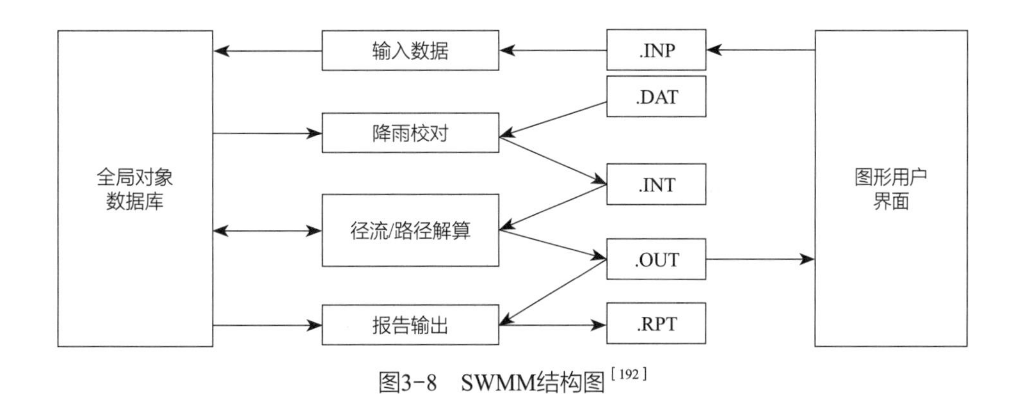

图3-8　SWMM结构图[192]

（1）模型功能

1）水文模型

SWMM模拟各类水文模型过程主要包含：时间变化过程中降水的变化；非线性水库法计算坡面汇流量；地表水蒸发量的变化；在降雪事件中，雪的积累和融化成径流的过程；土壤处于非饱和状态下对降水的入渗过程；地下水和排水管网系统互换水量的过程；地表上洼地对雨水径流的截留；降雨过程中雨水对场地地下水的渗入补给；各个形式减缓减少降雨事件中雨水径流的各种微观层面低影响（LID）过程等十余种过程。

2）水力模型

SWMM模拟水力模型过程主要功能包括：处理无限制大小的排水管网；模拟

天然江河的流动情况和不同类型闭合性管渠等水流运动情况；模拟蓄水、水泵、分流阀等特殊设施的运作过程；雨水地表径流、下垫面中水流量交换、晴天排污入流、降水过程中决定的渗透和入渗以及用户自定义的入流等方面的水流和水质数据输入和接收；选取动力波或完整动力波方程计算场地中雨水汇集的流量；模拟如逆流、地面积水、回水和溢流等多种类型的水流状况等。

3）水质模型

SWMM水质模型能够量化处理径流产流和汇流过程中产生的水污染负荷。模拟处理的水质项目包括：晴朗天气下，污染物质在种类存在差异的土地利用区域上积攒的流程；特别指定的土地利用污染物质被降水冲刷的过程；污染物质累积于降水沉淀物质中；晴天时污染物质因为清理街道而减少的量；冲刷负荷因为最佳管理措施而减少的量；计算排雨水管渠水质中的污染物质；自定义的外部流入任意一个或多个排水管网节点；在管网、渠和蓄水设施中，雨水水质污染物质负荷由于自然净化而减少的过程等。

（2）模型应用

本书主要应用水文模型，其过程是在汇水分区上进行，在模拟场地范围中将地块中具有相似汇水性质的场地整合为一块子汇水面，是模型中最小的水文单元。每个子汇水面中包括透水面和不透水面两种类型。雨水径流在经过透水性较好的地表时会有一些入渗，而在不透水地表上无法实现渗透过程。透水面和不透水面上也可以分成洼地蓄水区域和非蓄水区域。雨水地表径流在透水面和不透水面之间相互流动，最终都会汇集到排水管网系统入水口处。在本书中应用如下。

1）子汇水分区概化

SWMM将对一个大型流域或者区域根据整个流域的地形地势特点及排水系统划分成若干个子汇水区域。每个子汇水区域都由透水面积、有洼蓄不透水面积和无洼蓄不透水面积三部分组成（图3-9）。

2）地表产流模拟

当降雨强度大于土壤入渗率时，子汇水区域的不透水地表在完成填洼后会产生地表径流，流向透水地表，而透水地表在计算入渗和填洼情况后，将两部分地表径流相加，即得到整个子汇水区的地表径流。当降雨强度较小时，雨水完全入渗，无产流，因此，入渗率是影响子汇水面地表径流形成的重要因素之一。

3）排水流量模拟

SWMM利用节点和连接管道将雨水井和雨水管网等排水系统进行对应的简化，

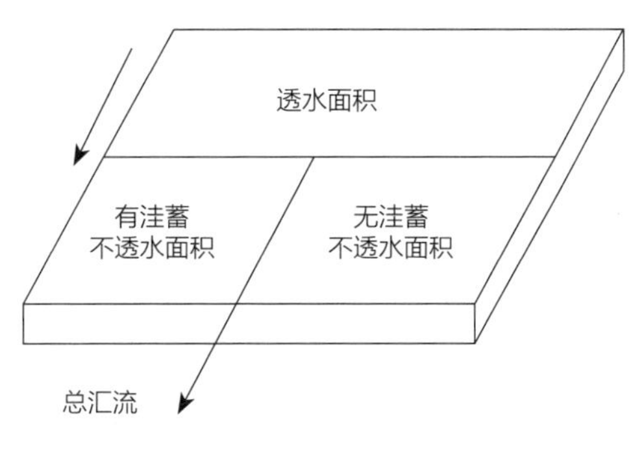

图3-9　子汇水区域概化图

将其进行描绘后对节点和连接管道特征进行赋值，最后在模型中建立完整的雨水排水管网系统并进行模拟。即子汇水区产生径流、进入输送模块，最后至排放模块。

（3）模型模拟参数设置

本书使用SWMM模型构建城市雨洪管理模型中，在经过子汇水区划分后，需对降雨参数、水文特性参数（即子汇水区参数）、水力特性参数（即铰点和管段参数）进行参数设置，最后构建完整的SWMM模型。

1）降雨参数是SWMM模拟过程中最基本的参数。由于芝加哥雨型相比于其他雨型具有洪峰流量与径流值稳定的特点，且可根据特定重现期的降雨强度和降雨历时条件进行确定，计算简单，本书的降水参数采用芝加哥雨型生成器模型计算得出。

2）水文特性参数即子汇水区参数，选用Horton模型为渗入模型，需要输入Horton渗入曲线的最大速率、最小速率及衰减常数。子汇水区则需要确定子汇水区面积、特征宽度、平均坡度、不透水面积率等。其中，子汇水区域面积可通过CAD模型软件测算分析得出；平均坡度由基地自身建设决定；不透水面积率由实际区域地表覆盖分析获得。

由于特征宽度无法进行实际测量，因此需要根据规划资料对各自汇水分区特征宽度进行计算，本书根据模型手册推荐选用公式进行汇水区域的特征宽度估测。

3）水力特性参数中的铰点参数包括内底标高和最大深度。内底标高设置根据雨水管网重力排水的特点，由高到低地排落，即落出点需低于落入点；最大深度则与总体规划中的雨水管径相关。而管段参数包括进水节点、出水节点、管道形状、管段长度等。其中进水节点、出水节点按照从高向低排水的原则设置；管道形状为圆形；管段长度则是根据总体规划中对应的主要雨水管网长度设置。

以上模型参数的取值主要是根据SWMM用户手册、相关参考文献、已有总体规划图、CAD软件测量分析以及实际量算等方法来获取（表3-2）。

子汇水区域的SWMM模型模拟参数设置　　表3-2

参数名称		取值范围或初始值	获取方法
子汇水区域面积		2.17～867.85hm^2	实际测算
特征宽度		—	地表区域面积/地表漫流长度
平均坡度		—	参考周围道路坡度
不透水面积率		10%～90%	实际区域地表覆盖分析
粗糙系数	不透水区	0.020～0.030	模型手册
	透水区	0.012～0.015	模型手册
	管道	0.013～0.015	模型手册
洼蓄量	不透水区	2～5mm	文献资料
	透水区	3～10mm	文献资料
霍顿公式	最大入渗率	72.4～78.1mm/hr	模型手册及文献资料
	稳定入渗率	3.18～3.82mm/hr	模型手册及文献资料
	衰减系数	2～4h^{-1}	文献资料

3.3.4 低影响开发技术的寒地适宜性应用

与传统直接排放的雨水管理方式不同，海绵城市低影响开发措施针对雨水的渗透、储存、调节、转输、净化各个阶段分别进行控制利用，形成一种生态化、可持续、循环利用的雨水管理方式（图3-10）。

与之相配合的，海绵城市中的大部分工程设施，如雨水花园、下沉式绿地、植草沟、雨水塘和雨水湿地、嵌草砖、渗滤树池等，都依托城市景观进行建设，不仅具有雨水渗透、储存、净化等功能，还具有景观美化、生态教育等功能。《海绵城市建设技术指南——低影响开发雨水系统构建（试行）》提供了透水铺装、绿色屋顶、下沉式绿地、雨水花园（生物滞留设施）等17类低影响开发设施，美国《城市地区低影响开发（LID）设计手册》提供了从一般性工程设施到生态的景观雨水设施等21种设施。

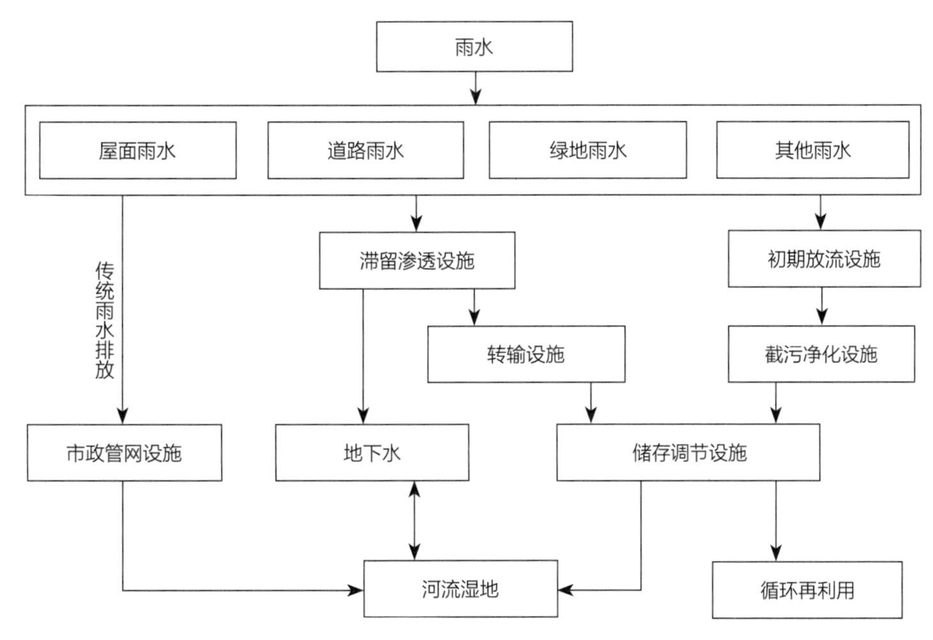

图3-10　海绵城市低影响开发雨水系统典型流程[196]

根据雨水的流动序列，可以分为源头控制、中途转输、末端调蓄三个阶段，每个阶段根据不同类型用地的功能、用地构成、土地利用布局和水文地质等特点，可以选用不同的低影响开发措施（表3-3）。

各阶段的雨水控制及LID景观措施　　表3-3

阶段	特点	工程设施	主要功能	适用范围
源头	多点收集，分散布置	透水性地面铺装	渗透雨水	广场、停车场、人行道以及车流量和荷载较小的道路
		绿色屋顶	滞留、净化雨水，节能减排	符合屋顶荷载、防水等条件的建筑
		雨水花园	渗透、净化雨水，消减峰值流量	各种绿地和广场
		下沉式绿地	渗透、调节、净化雨水	各种绿地和广场
		渗透塘	滞留、入渗、净化雨水	汇水面积较大且具有一定空间条件的区域
		渗井	滞留、入渗雨水	各种绿地

续表

阶段	特点	工程设施	主要功能	适用范围
源头	多点收集，分散布置	植物缓冲带	滞留、入渗、净化雨水	道路周边
		雨水桶	收集建筑屋面雨水	适用于单体建筑、接雨水管，设置于建筑外墙边
中端	缓释慢排	植草沟	收集、输送和排放径流雨水，有一定的雨水净化功能	沿道路线性设计
		渗透沟/渠	渗透雨水	建筑与小区及公共绿地内转输流量较小的区域
末端	雨水汇集、调节、储蓄	调节塘/池	消减峰值流量	建筑与小区及城市绿地等具有一定空间条件的区域
		湿塘	调节和净化雨水，补充水源	各种场地，有一定空间条件要求
		雨水湿地	有效消减污染物，控制径流总量和峰值流量	各种场地，有一定空间条件要求
		景观水体	调节、储蓄雨水	公园、居住区等开放空间
		河流及滨河绿地	控制洪峰，净化水体	城市水系滨水区
		自然洪泛区	集中调节雨水径流和控制洪涝	洪泛区、滨水区、城市洼地

在海绵城市规划的中微观尺度下，为提升其海绵效应结合具体的低影响开发措施。由于单一的处理设施不太可能满足实际需求，而由处于不同水平的处理设施组成的网络却能提供更高水平的处理，最大限度地减少径流量，因此需要从低影响开发的常见措施及其在海绵系统中的布局应用出发进行研究。

落实微观尺度的低影响开发措施，通常规模最小，但其有效性最高，可以通过与景观设计结合进行优化。因为海绵城市建设的主要原理是尽可能地从源头解决，同时因为场地微观尺度雨水消纳所涉及的因素相对单一，所以对景观设计进行雨洪管理优化的可行性较高。场地级别的雨洪管理措施在微观尺度上改变了雨水径流汇集的路径和雨水进入雨水管网的途径。雨水径流从原来的经由各个汇流区再通过雨水收集口最终直接进入雨水管网的方式，变成了从屋顶、道路等不透水汇水区域汇流入绿地与水系中，通过依托于绿地和水系的各种可持续雨洪管理措施进行调蓄滞纳，最后多余的雨水径流再通过溢流的方式进入管网排出。

本书中低影响开发技术在城市尺度与河段尺度规划设计中都有运用，在城市尺度中进行低影响开发系统优化，提倡因地制宜，针对寒地城市，冬季积雪融化后也是丰富的水资源，收集的雪水融化后可利用其缓解部分冬季城市干旱，将系统划分为“源头削减—中途传输—末端调蓄”对雨雪水进行全程有效管理。源头削减系统主要是对雨雪水径流量的控制及对水源污染物的降低；中途传输主要作为积雪消纳区，使雪融水流向雨雪水利用设施处理或渗入地下涵养水源；末端调蓄可设置储雪站等设施，储存雪水处理后再利用。在河段尺度中，主要是寒地适应性海绵措施的具体应用，针对寒地河段年际温差较大的问题，关注河段微生物群落，消除底泥黑臭物质，实现河道底泥原位稳定化、无害化，提高水生态修复效果，同时选择适宜寒地城市的河段护岸材料，其应具有柔性结构、整体性好、多孔隙、透水、环保、抗冻融破坏能力强等特点。寒地城市不适宜设置绿色屋顶，因其冬季积雪荷载较大、维护效能差；设置透水铺装需要解决冬季透水性、承载力和抗冻性之间的关系；还应注意寒地城市降雨时空分布存在不确定性。河岸带周边区域可布置下凹式绿地或雨水花园，汇集周围道路、屋面等降雨径流，起到“缓排”“削峰”等作用。在排水系统末端，入河流水系前端布置雨雪水滞留池，通过植物的阻挡及土壤的生物代谢过程和物理化学作用，使水中各种有机的和无机的溶解物和悬浮物被截留去除，兼具良好的景观功能。此外，还要根据不同的设计目的，考虑成本效益以及结合最优技术选择来具体实施（表3-4）。

各种LID技术的生态效益和适用条件　　表3-4

LID技术	功能					控制目标			处置方式		经济性		污染物去除率（%）	景观效果
	集蓄利用雨水	补充地下水	削减峰值流量	净化雨水	转输	径流总量	径流峰值	径流污染	分散	相对集中	建造费用	维护费用		
透水铺装	○	●	◎	◎	○	●	◎	◎	√	—	低	低	80~90	—
绿色屋顶	○	○	◎	◎	○	●	◎	◎	√	—	高	中	70~80	好

续表

LID技术	功能					控制目标			处置方式		经济性		污染物去除率（%）	景观效果
	集蓄利用雨水	补充地下水	削减峰值流量	净化雨水	转输	径流总量	径流峰值	径流污染	分散	相对集中	建造费用	维护费用		
下沉式绿地	○	●	◎	◎	○	●	◎	◎	√	—	低	低	—	一般
生物滞留池	○	●	◎	●	○	●	◎	●	√	—	中	低	70～95	好
湿塘	●	○	●	◎	○	●	●	◎	—	√	高	中	50～80	好
雨水花园	●	○	●	●	○	●	●	●	√	√	高	中	50～80	好
蓄水池	●	○	◎	◎	○	●	◎	◎	—	√	高	中	80～90	—
植草沟	○	●	○	◎	●	●	○	◎	√	—	低	低	35～90	好

注：●表示强（Strong）；◎表示较强（Middle）；○表示弱或很小（Weak or little）；√表示选择项；—表示不选项。

污染物去除率数据来自美国流域保护中心的研究数据。

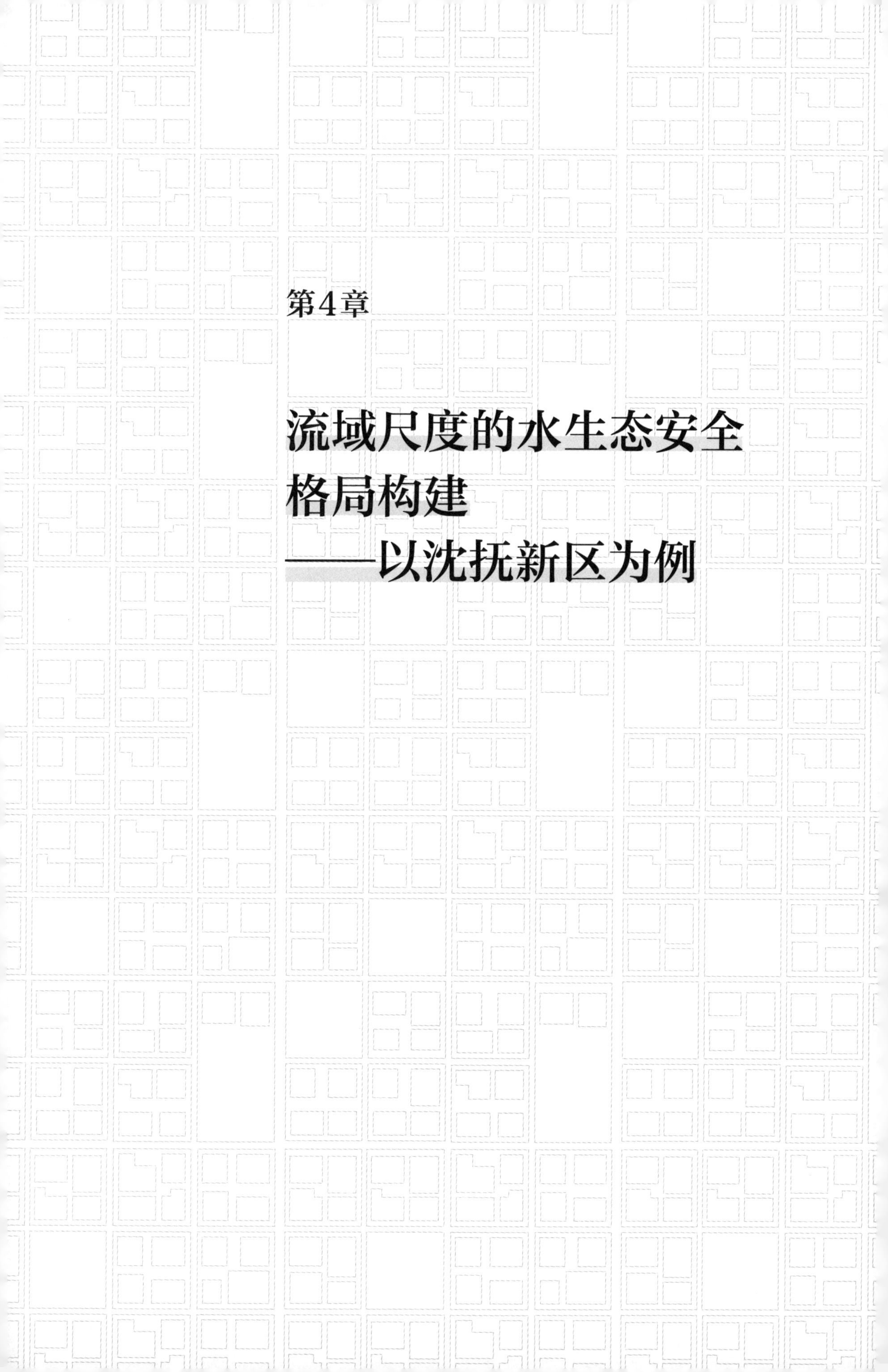

第4章

流域尺度的水生态安全格局构建——以沈抚新区为例

本章从流域尺度入手，以沈抚新区整体区域作为研究范围。关键性水文过程都对应着其相应的生态安全格局，寒地海绵城市在流域尺度下的空间耦合，即构建研究区的水生态安全格局，通过空间上的辨识与实施，将海绵城市构建落实到具体的空间规划中，是城市发展的刚性骨架。

4.1 沈抚新区现状分析与评价

沈抚新区位于辽宁省沈阳市东部、抚顺市西部的沈抚连接地带，沈抚新区总规划面积605.34km²（图4-1）。沈抚新区内水系较为丰富，拥有浑河、沙河和沈抚灌渠等众多河流，流经沈抚新区的浑河水域11km²。现状林地种类丰富，属于暖温带落叶阔叶林地带，但过度发展导致破坏较为严重，南北两侧被中心城区建设用地分割严重，连通较差。中部浑河流域地势平坦，有充足的浑河水资源与丰富的地下水资源。

4.1.1 自然条件现状

（1）地质地貌

沈抚新区地处中朝准地台的北部边缘，位于下辽河裂谷的北部。区域上出露地

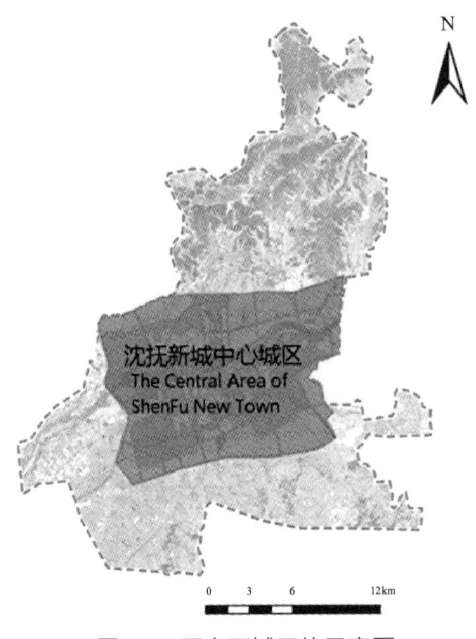

图4-1　研究区域区位示意图

层具有典型地台型二元结构特征，结晶基底为太古界混合岩化花岗片麻岩、混合岩类等，顶部为沉积盖层，基岩埋藏较深，其上覆盖较厚第四系堆积物，其成因以坡洪积和冲洪积为主，地层自上而下分布为黏土、砂、砾、卵石及花岗片麻岩。沈抚新区呈现南北高、中间低的地貌特征，地貌形态十分丰富：高山、低谷、丘陵、漫岗、奇石、古洞、河流、泉水、森林、草地应有尽有。

（2）水文条件

浑河是辽河的主要支流，发源于清源县境内的长白山支脉滚马岭，贯穿连接带，呈东北—西南走向，支流密布、水网密集。径流量差异大，一般从11月到翌年3月上旬靠地下水补给，冬季4个月（11月~翌年2月）径流量一般占年径流量的10%，一年约有3~4个月结冰期。6~9月份进入汛期，此时径流量占年径流量的70%。主要支系河流包括：满堂河、沙河、蒲河、拉古河、上寺河、满城河、沈抚污水灌渠。规划区内的湖泊水库包括：秀湖、燕鸣湖、上寺水库、刘山水库，其主体功能均为景观与灌溉。

（3）气候条件

研究区属于中温带大陆性季风气候。春温回升快，日照足，风力强盛，相对湿度低，降水变率大，蒸发量大，空气干燥；夏热，多阴雨，空气湿润；秋短，降温快，天高气爽；冬长，寒冷干燥，多晴。常年主导风向为东北偏东风，冬季和春季的主导风为东南偏东风，夏季主导风向为南偏西风，秋季为南偏西和西南偏西风。

区内气候温和，年平均气温7.7℃，最低气温零下35.2℃，最高气温36.9℃。雨量充沛，年降雨量约654～769mm，全年无霜期185天，年土壤结冻期170天，年日照时间2533.6h。

（4）土壤条件

研究区土壤属于淋溶褐色土带。主导成土过程为黏化过程与生草过程，腐殖质层厚度大，含量高。原生地带性土壤偏酸，上体呈棕色，亦称“棕壤”，宜于林木，特别是油松的生长。随着几千年的耕种，性状已大为改观，完全保存原生地带性土壤特性的剖面很少。平原地区成土过程是草甸化过程，主要土壤是草甸土，土壤中盐基积累量较多，土壤呈中性，肥力较高，是种植业生产的主要用地。

（5）植被条件

研究区植被覆盖率高，植被条件良好。该地区森林茂密，绵延数十里，由于数百年来人类从事经济活动和军事活动的破坏，该地区的原始植被已无典型可考。现存植被都是次生群落，从气候、土壤和植物种类分析，属于暖温带落叶阔叶林地带。规划区北部为“珍稀植被保护带”，主要有国家保护植物黄檗、水曲柳、胡桃楸等分布。

4.1.2 水土资源分析

（1）土地资源分析

1）GIS地形分析

高程分析用于了解研究区域的地形地势，为规划方案提供定量分析的基础。沈抚新区具备明显的冲积平原特征，总体地势南北较高，中心城区较低，因此当降雨发生时，南北部的大量雨水径流将汇入中心城区。南北高、中部低；最高处海拔325m，最低处海拔42m；相对高差为283m。高程范围50～150m的地区占据全区的82.84%。

不同的建筑物对地形坡度有不同的要求，而不同的地形坡度可以适应不同的建设活动，从而形成不同的土地利用空间结构。坡度分析能够为土地利用提供坚实的数据依据。沈抚连接带具备明显的冲积平原特征。坡度低于5%的用地面积接近全区的50%，适宜城市开发建设。坡度大于25%的用地面积不到7%；全区地形起伏小、地势缓和，具备良好的城市开发基础。

坡向对于工程建设具有重要的影响。泥沙、岩石、降水都是沿着坡向方向由高向低流动，崩塌、滑坡、泥石流等地质灾害也都是沿坡向方向进行。南向坡向获取太阳能等自然资源能力较好，规划设计也应加以利用。沈抚连接带南、东南、西南向土地面积比重为31.9%，主要分布在浑河北岸，适宜在浑河北岸布置城市居住功能组团（图4-2）。

2）土地利用结构分析

沈抚新区土地总面积605.34km²，其中有绿地面积44.86km²，占城市建设用地的30.7%；水域及其他用地459.22km²。研究区的浑河南岸区域，从以农业为主的区域快速发展为现代化的城市区域。河流两侧的自然生境逐渐消失，代之以部分人工景观化生境，大片农用地成为城镇用地，极大地挤占了生态空间（图4-3）。研究区域中变化较大的是耕地和城镇用地面积，2015年与2000年相比，15年时间减少或增加了约59km²，两者面积的消长大体相当，城镇用地增加52.66%。其中，工业用地、道路用地分别增加了178.72%和79.87%，属于典型的快速城镇化的发展历程。而林地、草地和水系的面积没有较大变化。根据各年度卫星图像的解译，2000—2015年沈抚新区区域用地变化情况如下（表4-1和图4-4）。

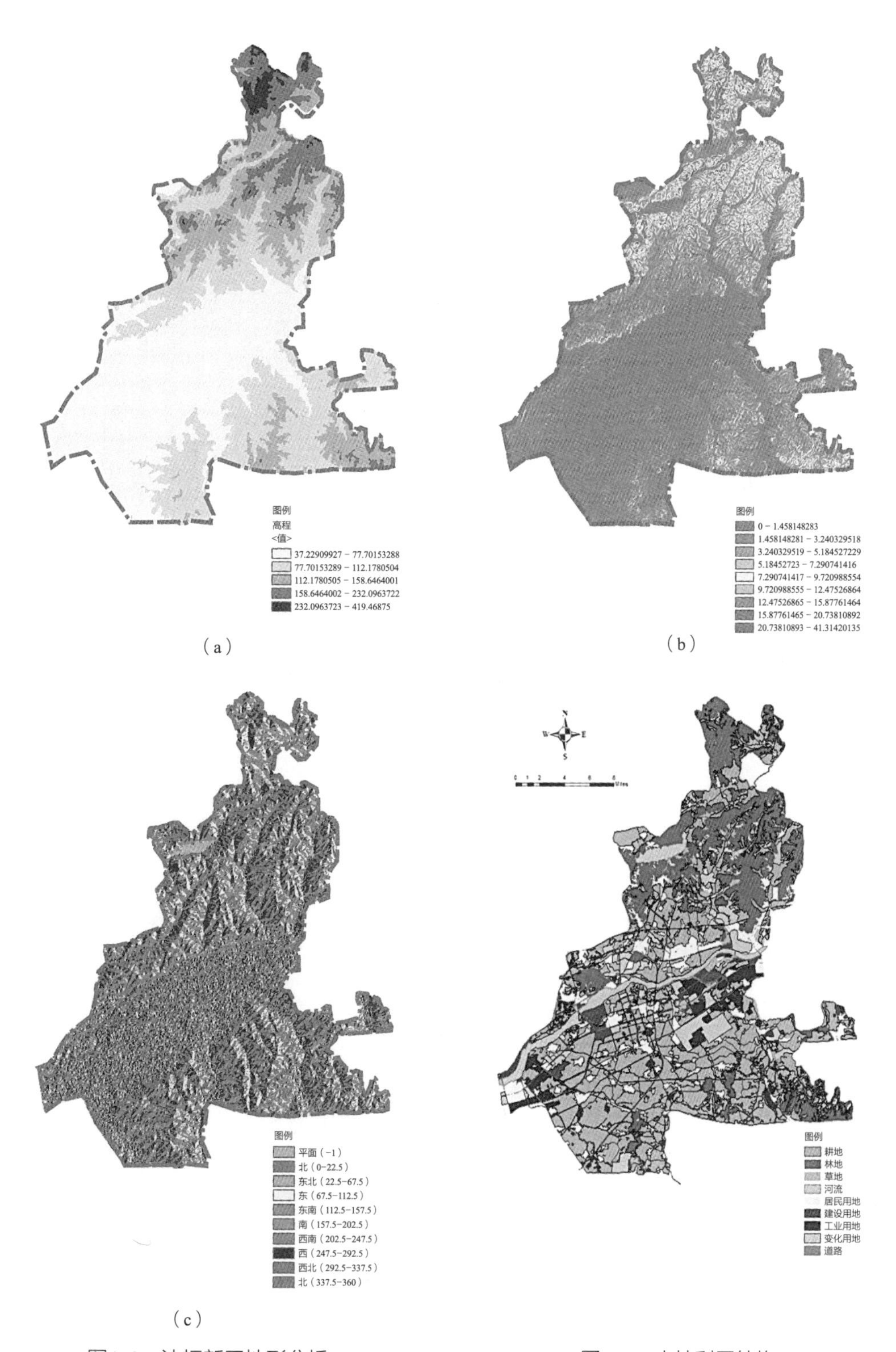

图4-2　沈抚新区地形分析
（a）高程分析；（b）坡度分析；（c）坡向分析

图4-3　土地利用结构

沈抚新区土地利用变化统计分析　　表4-1

序号	土地利用类型	2000年		2007年		2012年		2014年		2015年		变化
		面积（km^2）	比例（%）	面积（km^2）	比例（%）	面积（km^2）	比例（%）	面积（km^2）	比例（%）	面积（km^2）	比例（%）	（%）
1	林地	143.42	21.56	142.80	21.47	142.15	21.37	142.10	21.37	142.10	21.37	−0.92
2	草地	15.98	2.40	15.98	2.40	16.72	2.51	16.89	2.54	16.88	2.54	5.61
3	水系	38.35	5.77	38.41	5.78	38.94	5.85	39.10	5.88	38.71	5.82	0.94
4	耕地	354.54	53.31	319.23	48.00	299.13	44.98	295.86	44.48	295.15	44.38	−16.75
5	居住用地	75.80	11.40	78.25	11.77	80.95	12.17	81.74	12.29	81.81	12.30	7.93
6	工业用地	17.25	2.59	36.38	5.47	45.98	6.91	47.21	7.10	48.08	7.23	178.72
7	道路用地	7.60	1.14	12.96	1.95	13.67	2.06	13.67	2.06	13.67	2.06	79.87
8	建设用地	12.14	1.82	21.06	3.17	27.55	4.14	28.51	4.29	28.67	4.31	136.27
合计		665.09	100	665.09	100	665.09	100	665.09	100	665.09	100	
城镇用地		112.8	17.0	148.7	22.4	168.2	25.3	171.1	25.7	172.2	25.9	52.66

注：1. 建设用地指正在建设中的土地。
2. 城镇用地为5～8项之和，其中包含农村居住用地。
3. 对比基础均是2000年。

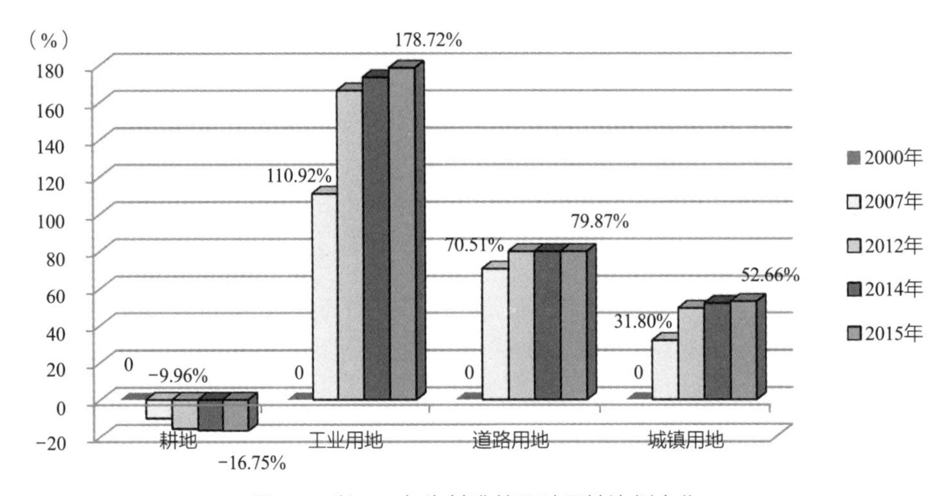

图4-4　以2000年为基准的几种用地比例变化

土地由耕地变为城镇用地，地表渗透能力发生了极大的变化，导致雨水径流量变大，并且多种类型的生产、生活等所产生的污染物种类趋于复杂化，数量也发生了较大变化。混凝土或沥青路面雨水径流系数为0.85～0.95，而绿地只有0.10～0.20。土地由农田转变为城镇用地，地面性质发生了根本性变化，既增大了地表雨水径流量，同时也改变了污染物构成，加大了入河污染负荷。

3）建设用地生态适应性评价

通过遥感影像数据，利用GIS中的分析工具可提取研究区域绿地现状图（图4–5），可知现状林地面积过少，但种类丰富，属于暖温带落叶阔叶林地带，南部林地不足，没有足够的林地来给城市提供氧源，南北两侧被中部建设用地分割严重，没有很好的连通性。

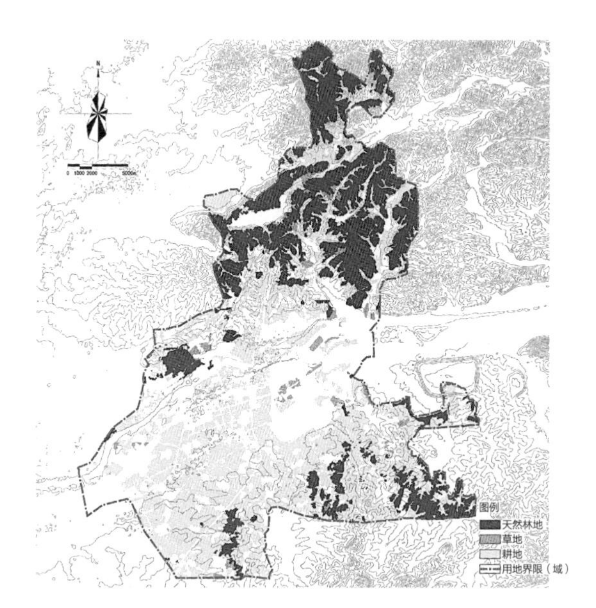

图4–5　沈抚新区绿地现状图

城市中绿地的面积与分布，在很大程度上反映了城市的生态环境质量。所以，绿地面积的比例，可以作为建设用地的生态适宜量的评价标准。即，建设用地的生态适宜量可以表述为：研究区域土地总面积中，去除区域内需要保持的最低限制要求的绿地面积及因自然因素的限制不能进行建设的土地面积后，所剩余的可建设的土地面积量。计算关系如公式所示：

$$A = T - G - U \tag{4-1}$$

式中，A为建设用地的生态适宜量；T为土地总面积；G为必须保证的绿地面积；U为因具有生态风险不能作为建设用地的土地面积。

综合考虑近几年的生态森林城市评价标准，在沈抚新区的生态适宜量研究中，按照森林覆盖率大于40%、每人每天消耗0.8kg氧气，1hm²森林面积每年产生氧气的净含量为12t，大气中60%的氧气含量主要来自生态森林的标准来计算（表4-2）。

各类建设用地面积统计　　表4-2

类别	T（单位面积区域内的土地总面积）	G（单位面积区域内所必须保证的绿地面积）	U（单位面积区域内由于具有生态风险不能作为建设用地的土地面积）	A（单位面积区域内建设用地的生态适宜量）
面积（km²）	605.34	242.14	39.02	324.18

基于以上分析，可以用建设用地现状与生态适宜量的偏移程度，判断现状建设用地的生态适宜度。若建设用地生态适宜量达到现状建设用地面积，证明建设用地量已处于饱和状态。若生态适宜量小于现状建设用地，证明建设量超过了生态适宜度。若生态适宜量大于现状建设用地，证明建设量还有发展的余地。

生态承载能力：得分为2.22（表4-3）。从量上分析，沈抚新区的生态承载能力属中等，建设用地面积还有一定的提升空间。

建设用地适宜量评价结果　　表4-3

指标	实测值	标准值	归一化值
建设用地生态适宜量	146.12	324.18	2.22

注：标准值为城乡建设用地面积。

（2）水生态资源现状

沈阳境内地表水主要由辽河、浑河两大水系构成，地表水补给来源主要为大气降水；抚顺市地表水资源以河川径流为主，受大气降水补给，河流季节性变化大。浑河作为曾经辽河最大的支流，现为独立入海的河流，同时也是辽宁省水资源最丰富的内河。流域范围在辽宁省中东部，源于辽宁省抚顺市清原县滚马岭，流经抚顺、沈阳、鞍山、营口等城市，在海城古城子附近与太子河汇合，称大辽河，向南流至营口市入辽东湾，全长415km。本书中流经研究区域沈抚新区的河流浑河段（图4-6），是浑河一级支流：南岸包括海新河、李石河、沈抚灌渠（自浑河干流流出）、白沙河、杨官河和张官河；北岸包括莲岛河、友爱河、仁境河、旧站河、新开河（自浑河干流流出，后分为沈阳市南北运河）和满堂河。

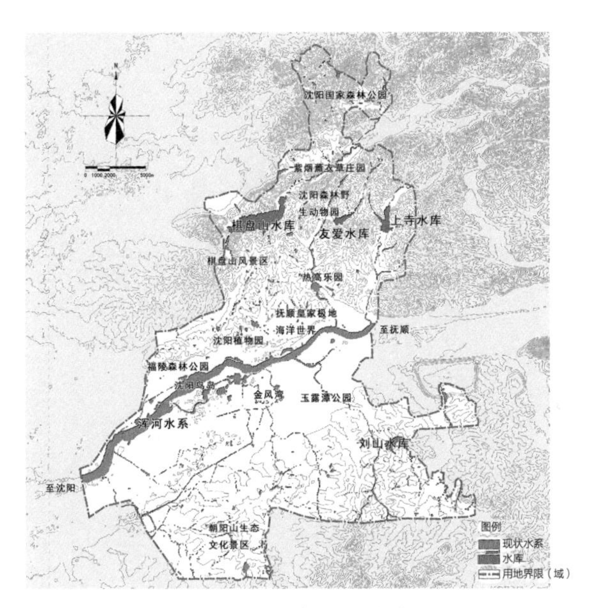

图4-6　沈抚新区河流水系

1）水资源现状

沈阳境内地表水主要由辽河、浑河两大水系构成，地表水补给来源主要为大气降水。全市多年平均降水总量77.17亿m^3，多年平均径流量13亿m^3。沈阳境内水资源总量多年平均33.43亿m^3，其中：地表水多年平均径流量13亿m^3，地下水资源量23.68亿m^3，地表水地下水重复计算量3.25亿m^3。全市水资源多年平均可利用量23.14亿m^3，其中地表水可利用量3.8亿m^3，地下水可开采量19.34亿m^3。

按照不同频率年径流量计算水资源总量分别为：当频率值为50%时，水资源总量为30.99亿m^3；当频率值为75%时，水资源总量为25.80亿m^3；当频率值为95%时，水资源总量为20.65亿m^3。

抚顺市地表水资源主要以河川径流为主，受大气降水补给，多年平均地表水资源量为30.4亿m^3，保证率为50%的年径流量为28.56亿m^3，保证率为75%的年径流量为20.57亿m^3，保证率为95%的年径流量为11.97亿m^3。工业万元产值用水量是46m^3，水田农业灌溉定额800m^3，城市生活人均用水量141L/人，全市水资源总量为30.4亿m^3，全市人均水资源占有量为1337m³。

沈阳市现有水库36座，总库容5.73亿m³，兴利库容1.6亿m³，防洪库容2.82亿m³。抚顺市共有中小型水库124座（大伙房水库为辽宁省直管，未统计在内），总库容3.3亿m³，正常库容2.46亿m³。其中，直接影响片区供水的重要供水工程包括大伙房水库输水工程、石佛寺水库给水工程、关山Ⅰ水库工程和关山Ⅱ水库工程。研究区沈阳段内现状供水能力为1.37万m³/d，集中供水设施主要布置在浑河北岸（图4-7）。

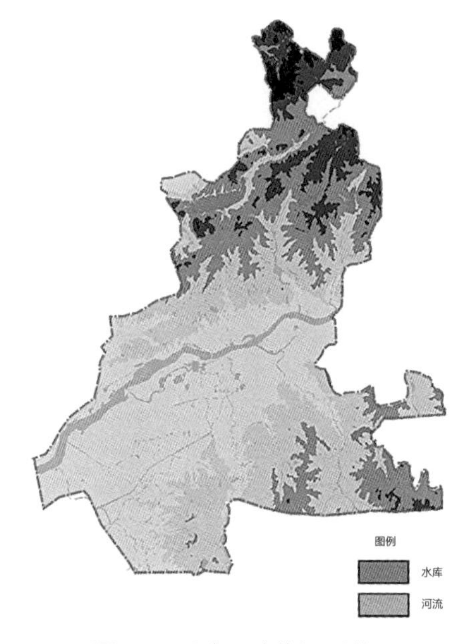

图4-7 研究区水资源现状

2）水污染现状

通过对浑河、秀湖、蒲河、满堂河以及地下水质的检测结果可以看出：总体上，沈抚连接带沈阳地区水环境质量不适于工农业发展。浑河入境水、秀湖、蒲河、满堂河水质为Ⅳ类，饮用水存在风险，不适于工农业发展。秀湖作为重点保护的水体，包括与其相连的蒲河，需要严格控制区内旅游设施的排污，对区内相关三产设施已大部分实施中水回用。满堂河发源于区内，由于季节性河流特点、村庄的排污与雨雪径流造成水体污染。目前，满堂河城区段河槽上开口宽度约10～20m，由于长年缺乏管理维护，存在着水体污染严重、两岸生态环境恶化、泄洪能力不足等一系列问题，严重制约了沈阳东部水系建设和沿岸土地开发（表4-4～表4-6）。

2017年1月15日浑河水质监测结果　　表4-4

氨氮（mg/L）	COD（mg/L）	BOD5（mg/L）	水温（℃）	地表水质标准（GB 3838-2002）
2.18	35.43	2.55		劣Ⅴ
4.49	39.48	3.38		劣Ⅴ
4.73	32.78	2.97		劣Ⅴ
4.87	38.67			劣Ⅴ
4.24	37.42			劣Ⅴ
2.35	25.57			劣Ⅴ
5.82	48.21	3.83		劣Ⅴ
5.92	41.56			劣Ⅴ
4.80	28.3			劣Ⅴ
5.88	49.25	2.94		劣Ⅴ
5.62	36.57			劣Ⅴ
8.69	56.13			劣Ⅴ
3.17	39.54	4.51		劣Ⅴ

2017年6月2日浑河水质监测结果　　表4-5

氨氮（mg/L）	COD（mg/L）	BOD5（mg/L）	水温（℃）	地表水质标准（GB 3838-2002）
0.73	20.22		21	Ⅳ
0.66	20.24		19.8	Ⅳ
0.68	20.24		19.9	Ⅳ
0.86	22.28		20.2	Ⅳ
0.84	25.65		20.3	Ⅳ
0.92	37.14		19.7	Ⅴ
1.58	35.98		19.8	Ⅴ
16.09	54.28		15.9	劣Ⅴ
1.19	30.15		19.3	Ⅳ

续表

氨氮（mg/L）	COD（mg/L）	BOD5（mg/L）	水温（℃）	地表水质标准（GB 3838-2002）
1.15	23.37		20	Ⅳ
1.15	28.54		19.6	Ⅳ
0.49	28.66		15.7	Ⅳ
0.20	17.51		15.3	Ⅲ

2017年7月22日浑河水质监测结果　　表4-6

氨氮（mg/L）	COD（mg/L）	BOD5（mg/L）	水温（℃）	地表水质标准（GB 3838-2002）
0.31	23.91		27.7	Ⅳ
0.62	28.6		27.9	Ⅳ
0.22	24.3		28.2	Ⅳ
0.81	25.5		25.4	Ⅳ
0.68	23.82		28.38	Ⅳ
0.90	31.17		27.2	Ⅴ
0.86	38.08		27.1	Ⅴ
8.10	59.28		26.6	Ⅴ
0.22	24.4		25.2	Ⅳ
0.25	29.83		23.9	Ⅳ
0.83	34.28		24.9	Ⅳ
0.42	25.15		23.3	Ⅳ
0.20	18.1		20.9	Ⅲ

根据沈阳市2017年对浑河水质的监测结果，沈抚新区水质污染严重，主要监测指标（氨氮、COD、BOD5、水温）均不符合《地表水环境质量标准》GB 3838-2002Ⅲ类水质标准，处于劣质级别，集中饮用水水质级别不达标。

（3）水生态过程分析

尊重生态过程进行城市规划是景观生态规划研究的核心。在城市规划中，如何维护城市内部、城市与周边区域之间的生态过程，保障物质流、能量流的连续性，维护现有优势的生态安全格局是生态过程分析的重要意义。

水生态过程分析是指发生在不同的景观单元（土地利用单元）或生态系统之间，包括风、水、土和其他物质的流动与土地利用格局的关系。研究区域主要体现在浑河、秀湖、蒲河、满堂河与其他用地之间的关系分析。水生态过程贯穿了研究区域所有的土地利用类型。

综合分析研究区域的水生态过程（图4-8），我们可以发现，沈抚新区具备完整而有序的水生态过程系统：来自大气的雨、雾，经山地上丛林的截流、涵养，成为终年不断的涓涓细流，最先被引入城镇中，人畜共饮的蓄水池；再流经家家户户门前的洗涤池，汇入村镇边的池塘和水系支流，富含养分的水流，被引入支流下方的农田，灌溉主要农作物，最终汇入浑河，流向沈阳。沈抚新区的水生态过程是长久历史形成的自然能源、物质流的过程，是保障沈抚新区发展的生命流基础，是构建沈抚新区水生态与水安全的重要廊道。因此，在城市发展与建设过程中，应当做到以下两点：首先，如果需要维持健康的水生态过程，则必须保护水生态过程的关键节点和关键路径，这就需要处理好水生态过程与土地利用格局的关系；其次，要维护浑河水系的连续性和完整性，尽量保持其自然状态。

图4-8　水生态过程分析

4.2 水生态安全格局影响因素分析

由于水是流体，具有循环性，与景观要素紧密联系，因此水生态安全格局的影响因素不仅存在于水体本身，更存在于整个生态系统当中。从生态安全格局理论出发，根据研究区域实际现状与相关研究成果，选择地形地貌、土壤侵蚀、地表水源、雨洪安全、植被覆盖、生物丰度这六个以水为核心的生态基底要素，制作六个要素的空间分布图，按照其重要程度赋予不同权重值，利用GIS的空间运算功能相互叠加，进而形成水生态安全格局，再结合最小阻力模型相关理论，建立阻力面并进行空间分析，构建源地、生态廊道和生态节点等景观组形成具有空间连通性的整体景观生态网络，最终形成了建立在生态安全格局基础上的海绵城市系统格局优化。

4.2.1 单因子要素影响分析

（1）地形地貌影响因素分析

规划范围以浑河流域为中心，地形为丘陵向平原的过渡地带，其北部与南部为丘陵地带，中部地势较为平坦。区域内土壤结构为黄土，土地肥沃，适宜种植谷物和其他经济作物。浑河流域中部地势较为平坦，由于有充足的水资源和丰富的地下水资源，适合种植水稻、饲料作物和蔬菜。规划区域内的河流水系众多，土地相对高差较大，地貌类型较为复杂。区域内的丘陵大多分布在河谷阶地两侧。区域内最高海拔为371m，山坡坡度大多在6°～15° 之间，最大坡度为22°，山坡上植被发育良好，树木茂盛，岩石风化较明显，其表层土体厚度为0.5～1.0m；丘陵的顶部大多呈浑圆状，丘麓与丘间谷地中间以缓坡过渡平缓相接。

各地区的滑坡敏感性我们可以通过对地形地貌的分析（图4-13），即区域内的坡度（图4-9、图4-10）与高差（图4-11、图4-12）分析得到。根据《城市规划GIS技术应用》，将坡度因子的敏感性分为大于35°、20°～35°、10°～20° 和小于10° 四个等级（表4-7），将高差因子的敏感性分为大于100m、10～100m和小于10m三个等级（表4-8）。地形空间格局安全指数见表4-9。

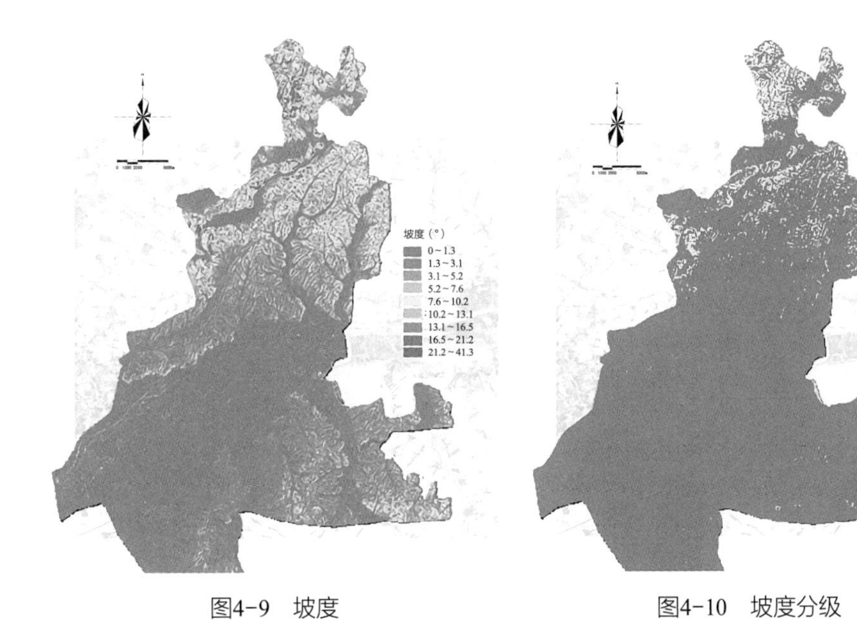

坡度（°）
0～1.3
1.3～3.1
3.1～5.2
5.2～7.6
7.6～10.2
10.2～13.1
13.1～16.5
16.5～21.2
21.2～41.3

图4-9　坡度

坡度（°）
0～10
10～20
20～35
35～42

图4-10　坡度分级

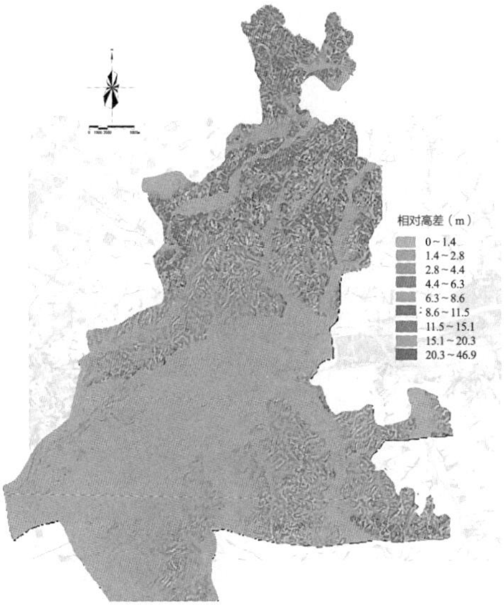

相对高差（m）
0～1.4
1.4～2.8
2.8～4.4
4.4～6.3
6.3～8.6
8.6～11.5
11.5～15.1
15.1～20.3
20.3～46.9

图4-11　相对高差图

相对高差（m）
0～10
10～100

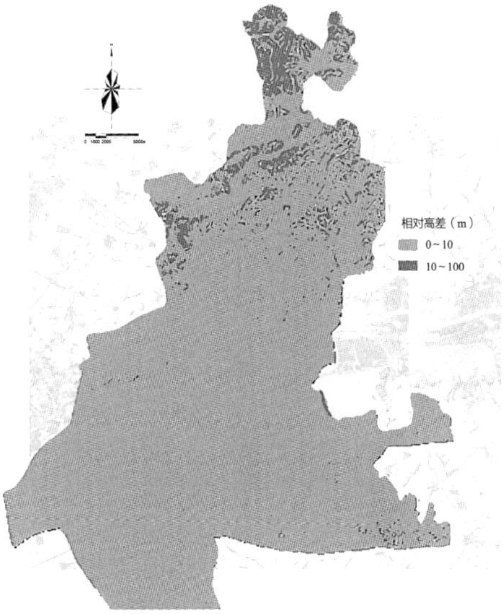

图4-12　相对高差分级

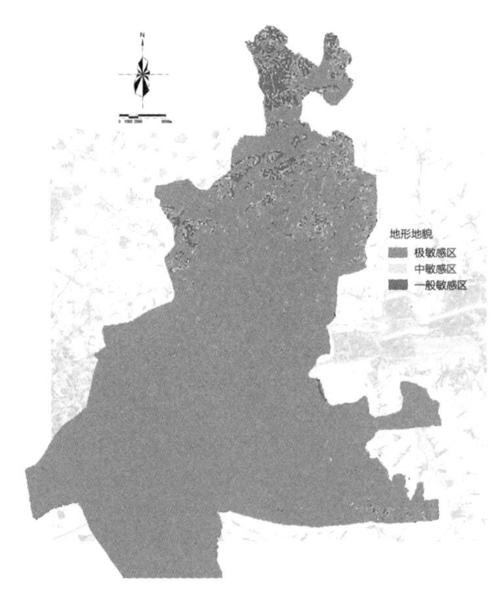

图4-13 地形地貌

地形坡度空间格局安全指数 表4-7

要素	地形坡度			
要素类型	1级陡坡大于35° 城乡发展受较大限制，需大量经济投资和工程措施，一般为保护用地	2级陡坡20°～35° 城乡发展有一定限制，需一定经济投资和一定工程措施，为优化开发用地	3级缓坡10°～20° 地面沉降中心周边200m内或累计沉降0.3～1.0m，及塌陷被填平，基本处于稳定状态或深陷极少发生地区	4级缓倾平地小于10° 地形平缓稳定，无滑坡风险，可保证开发建设安全
作用权值	3.09	1.91	1.18	0.73

地形高程空间格局安全指数 表4-8

要素	相对高差		
要素类型	高坡大于100m 发展受到一定影响，需工程措施	中坡10～100m 贯通结构面相对稳定，基本处于平衡状态，地面沉降中心周边范围适度	低坡小于10m 地形平缓，高差适宜，为开发用地的有利地形
作用权值	1.91	1.18	0.73

地形空间格局安全指数　表4-9

要素	地形地貌		
要素类型	极敏感区 有产生滑坡的潜在危险，开发受限，需工程措施	中敏感区 地形面相对稳定，基本处于平衡状态，较少出现水平运动	一般敏感区 地形平缓稳定，高差适宜，无滑坡风险
作用权值	0.6	0.4	0

（2）土壤侵蚀影响因素分析

土壤侵蚀是地形、土壤、植被、降雨、土地利用等多因素综合作用的结果，土壤侵蚀分析从水土流失的影响因素和分布规律出发，探讨主要自然因素对沈阳土壤侵蚀敏感性的影响规律。本书以遥感数据和GIS技术为基础，利用土壤流失方程对土壤侵蚀进行了量化（图4-16、图4-17、表4-10）。

利用修正的通用土壤流失方程（RUSLE）计算土壤侵蚀量：

$$A = R \cdot K \cdot L \cdot S \cdot C \cdot P \tag{4-2}$$

式中，A表示土壤流失量（$t/hm^2 \cdot a$）；R表示降雨侵蚀力因子；K表示土壤可蚀性因子；L表示坡长因子；S表示坡度因子；C表示覆被管理因子；P表示土壤侵蚀控制措施因子。

各因子计算与说明如下：

1）降雨侵蚀力因子（R）

降雨侵蚀力因子是降雨过程的侵蚀力，它被定义为降雨动能和最大30min降雨强度两个暴雨特征值的乘积。暴雨或次降雨过程中动能的回归方程为：

$$E=1.213+0.89\lg I \tag{4-3}$$

式中，E为暴雨时总动能；I为最大30min雨强（mm/h）。

回归分析表明，暴雨时，土壤流失量与总动能和最大30min雨强的乘积间有很强的相关性，对于次暴雨，R值的计算可由以下公式获得：

$$R = \sum_{i=1}^{n}(1.213 + 0.89 \log 10 I_i \cdot T_i) \cdot T_{30} / 173.6 \tag{4-4}$$

式中，I_i为特定暴雨增量雨强（mm/h）；T_i为特定暴雨增量的历时（h）；T_{30}为暴雨的最大30min雨强（mm/h）；i为特定暴雨增量；n为暴雨增量数目。

根据《中国的土壤侵蚀因子定量评价研究》中的数据可知，沈抚新区年雨量为709.1，R值为261.5。

2）地形因子（LS）

地形因子是反映区域地形地貌特征对土壤侵蚀评价的因素，其值主要取决于坡度和坡长两个地形要素。通常情况下，坡度越大的地方，自然降雨形成的地表径流越强，其冲刷力也比较强，其所导致的土壤侵蚀（水力侵蚀）则会越严重。此外，坡度相同的地方，如果坡长较长，地表径流也会相对更强，同时对土壤的侵蚀力也会更大。国内外学者都对如何提取坡度因子作了比较深入的研究。1987年，McCool等学者通过人工降雨的实测方法，对大量野外径流区域进行分析，确立在0°~5° 、5°~10° 的坡度范围上坡度与土壤侵蚀量的线性函数关系。国内刘宝元等学者在分析国外研究结果的基础上，确定小于10° 的缓坡上McCool的线性公式计算结果最好，而在大于10° 的坡度上效果则不稳定，并通过获取水土保持试验站的实测资料，成功建立了陡坡与土壤侵蚀量之间的函数关系式。本书考虑到研究区域位于辽河流域，平原地形较多，地势较为平坦，将McCool和刘宝元等学者的研究计算公式整合，分区间提取坡度因子，缓坡采用McCool等学者建立的计算公式，而陡坡则采用国内学者刘宝元等提出的计算公式。地形对土壤侵蚀的影响由坡度（S）和坡长（L）决定。坡长因子由下式计算：

$$L = (\lambda/22.13)^m \tag{4-5}$$

式中，m由如下方程获得：

$$\begin{cases} m = \beta/(1+\beta) \\ \beta = (\sin\theta/0.0896)/[3.0(\sin\theta)^{0.8} + 0.56] \end{cases} \tag{4-6}$$

式中，θ为坡度（°）。坡度因子（S）由如下方程获得：

$$\begin{cases} S = 10.8\sin\theta + 0.03 \quad \mathrm{s} < 9\% \\ S = 16.8\sin\theta - 0.50 \quad \mathrm{s} > 9\% \end{cases} \tag{4-7}$$

式中，s为坡度（%）。λ为平均坡长，λ=500/（cos3.1415 × S/180）。L与S的乘积即为地形因子的值。在每一个网格上计算其地形因子，根据DEM图和上面的计算公式可得到LS图层（图4-14）。

3）覆被管理因子（C）

植被具有一定的雨水拦蓄作用，其根系的生长对土壤的紧固作用，能够有效降低及阻拦降水形成的地表径流对土壤的冲刷和侵蚀以及水土流失。覆被管理因子C被用来表征区域植被覆盖对土壤侵蚀量的抑制效果，是所有土壤侵蚀因子中影响较大的指标。C因子值介于0～1之间，值越大表明该区域对土壤侵蚀的抵抗力越小，土壤侵蚀就越严重。当C值为1时，表明基本无任何植被覆盖，如裸地；当值为0时，则表明地表植被覆盖度较高，土壤侵蚀较小，如水域、高密度林草地。本书综

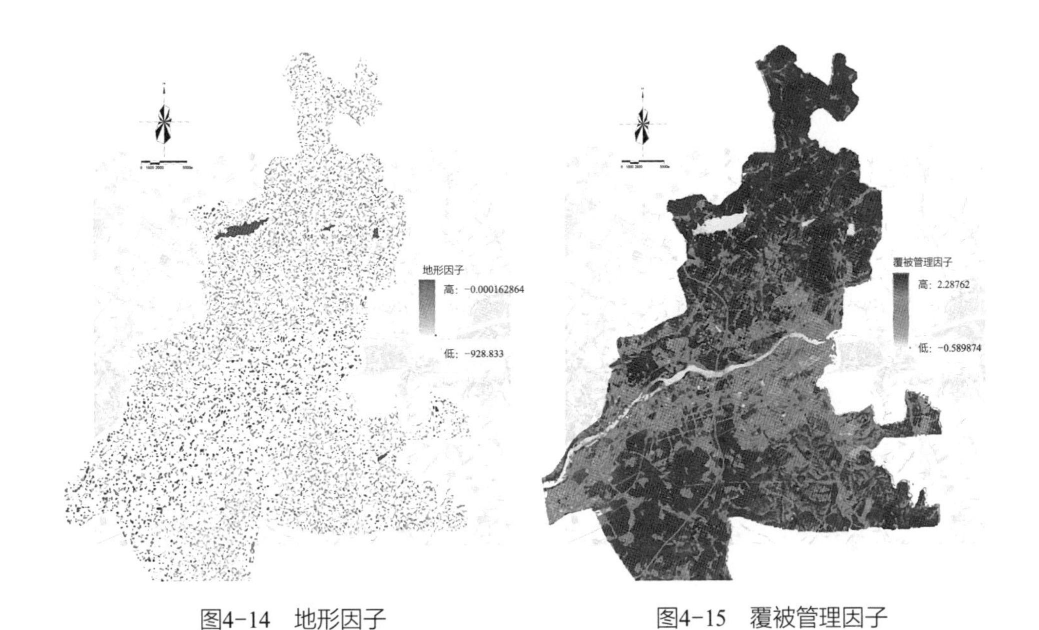

图4-14　地形因子　　　　图4-15　覆被管理因子

合考虑了研究区的现状，运用蔡崇法等人建立的覆被管理因子与植被覆盖度的对数关系公式计算得到研究区C因子栅格分布图（图4-15）。

RUSLE的C因子主要是反映植被或作物对土壤流失总量的影响。作为土壤侵蚀动力的控制因子，它们产生的指数可用来表明土地利用是如何影响土壤流失的，以及管理措施或者水土保持措施在多大程度上抑制了土壤侵蚀。

影响土壤流失量十分重要的因素是地表植被及植被的覆盖度，模型中需要根据具体情况，依据不同的覆盖度代入不同值作为参数进行计算。其类型划分、计算机赋值序号及计算模型分列如下：

以大量观测数据和分析得到植被类型与植被因子的关系式为

$$C'i = a \cdot eb \cdot f \tag{4-8}$$

式中，$C'i$为植被因子；f为植被覆盖度；e为自然对数的底；a、b为回归系数（经验数据，a=5710，b=3.524）。

$$\text{令 } c = \sum C'i\ ;\quad Ci = C'i/c \tag{4-9}$$

据上式可求出植被的Ci值，再代入模型进行计算。

4）土壤可蚀性因子（K）与土壤侵蚀控制措施因子（P）

土壤可蚀性因子（K）反映土壤可蚀性，具体表现为雨滴和地表水冲击下土壤被剥离的难易程度。决定土壤可蚀性因子的两个最主要因子为：土壤机械组成和土壤有机质的含量。

沈抚新区区域土壤为淋溶褐色土。根据《中国的土壤侵蚀因子定量评价研究》可知*K*值为0.37。研究区内未考虑水土保持措施，*P*值为1。通过模型计算得出土壤侵蚀分布图（图4-16），并在GIS中进行重分类得到重度、中度、轻度、微度土壤侵蚀分级图（图4-17），分别赋作用权值为0.6、0.3、0.1、0（表4-10）。

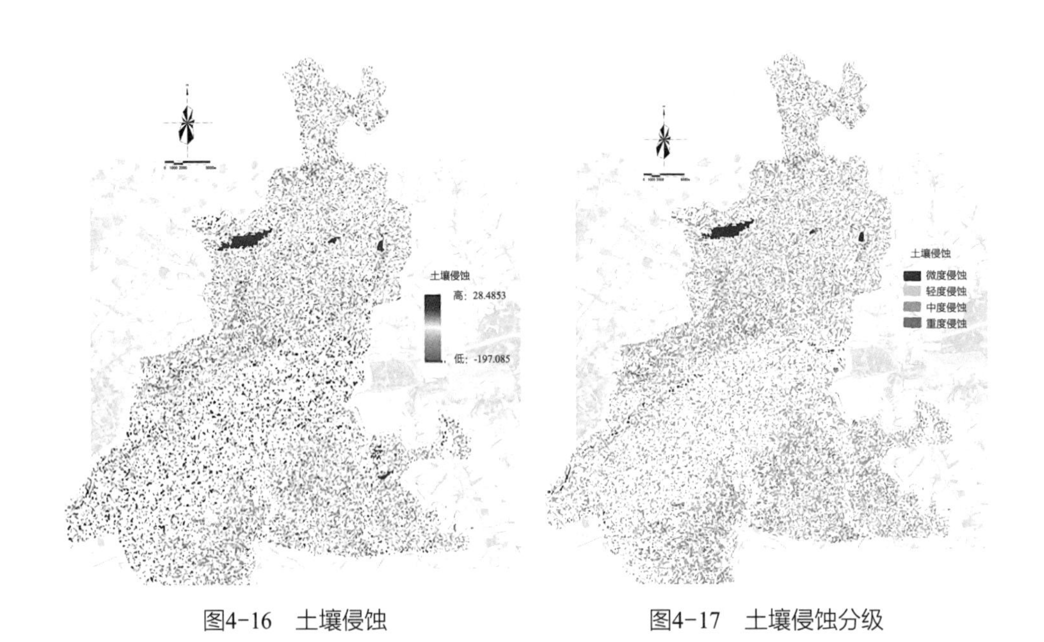

图4-16　土壤侵蚀　　图4-17　土壤侵蚀分级

土壤侵蚀空间格局安全等级划分　　表4-10

要素	土壤侵蚀			
要素类型	重度侵蚀区，土层基质稳定性差，水土流失严重的区域	中度侵蚀区，土层裸露度高，水土流失较明显	轻度侵蚀区，表现为耕地侵蚀，地表有一定植被覆盖	微度侵蚀区，表现为植被覆盖度较好，土壤密实度高
作用权值	0.6	0.3	0.1	0

（3）地表水源影响因素分析

水源保护区根据沈抚连接带总体发展规划中的相关规定划定。根据沈抚新区地形图中的河流水系分布划定河道、湖泊、水库等蓄水区缓冲区范围（表4-11、表4-12、图4-18、图4-19）。

根据《沈阳市饮用水水源保护区区划方案》提取沈抚新区主要水源地，再参考

《城镇生活饮用水水源环境保护条例》及《大连城市生态安全格局的构建》中划分保护区的方法，分析地表水源空间格局。根据《水源涵养安全格局分级标准》，划分不同级别的地表水源涵养区，并予以保护。

水源涵养安全格局分级标准　　表4-11

不同植被类型和河流	安全等级		
	一级	二级	三级
常绿阔叶林、常绿落叶阔叶混交林、常绿针阔混交林、常绿针叶林	√		
落叶阔叶林、经济林、针阔混交林		√	
灌丛、草地		√	
农田			√
河流、湖库	√		
河岸带、湖滨带		√	

水源涵养空间格局安全等级划分　　表4-12

要素	水源涵养		
要素类型	正常水位饮用水源及一级水源涵养区	正常水位饮用水源的200m缓冲区及二级水源涵养区	正常水位饮用水源的200～2000m缓冲区及三级水源涵养区
分值	0.8	0.15	0.05

（4）雨洪安全影响因素分析

在各种类型的自然灾害中，洪水因其发生频率高、损失大、危害广的特点，引起了人们的广泛关注。因此，研究洪水灾害的防护与规避对区域水生态与水安全研究具有重要意义。本书确定的单一水生态过程即雨洪安全格局，其实就是一种重要的对水灾害防护与规避的非工程措施。减少暴雨洪水灾害造成的损失则是构建雨洪安全格局的内在需求。其构建的方法可以参考洪水风险图的绘制。20世纪90年代，我国明确规定要将洪水风险图作为城市发展规划的指导策略之一，其目的就是减少减轻洪水灾害带来的危害与损失。目前，洪水风险图作为诸多国家洪灾风险预测及应急避难预案制定的决策与主要依据，已经得到了广泛应用。

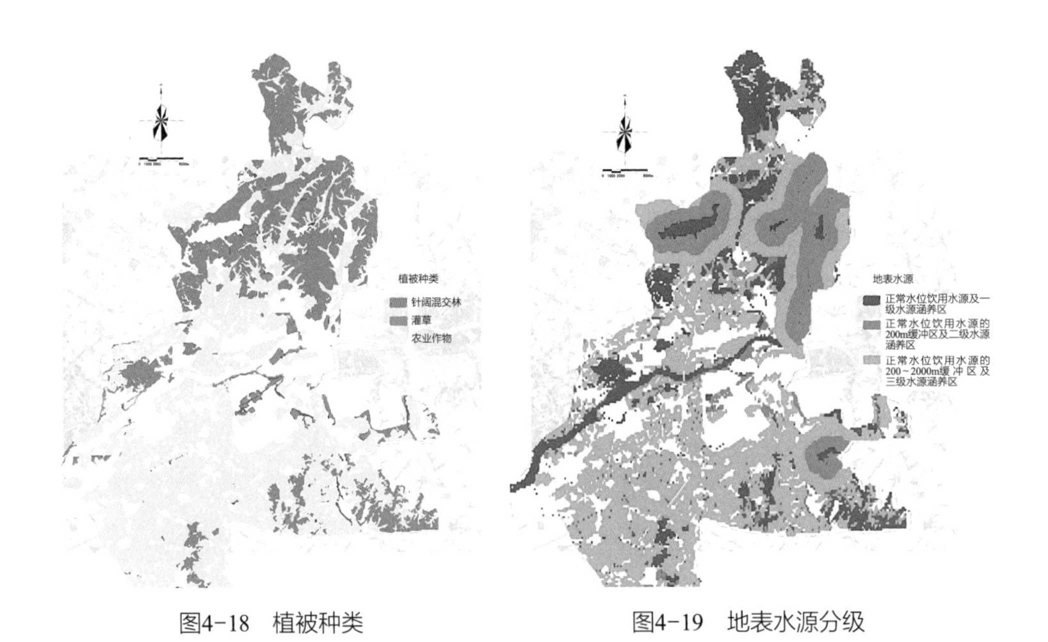

图4-18　植被种类　　　　图4-19　地表水源分级

雨洪安全格局的构建多需要参考洪水风险图的编制方法。国外将洪水风险图用于实践的时间较早，不同的国家会根据自己国家的国情对于洪水风险图的编制制定不同的制作标准。例如：加拿大和澳大利亚等地广人稀的国家，其风险图会标出20年一遇及100年一遇的洪水淹没范围，并且法律规定20年一遇的淹没区为行洪区，严格限制其开发利用；英国的洪水风险图采用三分法，分为严禁区（5年一遇洪水淹没范围）、限制区（5～25年一遇洪水淹没范围）和允许开发区等（25年一遇洪水位再加1.2m水深的淹没范围）。我国于20世纪90年代开始洪水风险图的绘制工作。我国的防洪形势比较严峻，推广洪水风险图则是我国为减轻水灾损失而采取的一项重大举措。洪水风险图在指导我国土地利用规划与管理，制定城市发展规划等方面起了重要的作用。

洪水风险图绘制的基本思想是确定不同重现期下或洪水频率下的洪水淹没范围，并基于此范围，确定城市空间的管控标准。而重现期是一种水文学概念，一般表示大于或等于某一特定值的水文参数变量可能出现一次的平均间隔时间，具有统计平均概念，一般表达为多少年一遇，如5年、10年、25年、100年一遇等。频率与重现期成反比，称为经验频率。重现期越大，洪水发生频率越小，造成的危害损失越大，其淹没范围也更广；重现期越小，则与其相反。因此，雨洪安全格局的构建是在不同重现期或洪水频率的雨洪淹没范围基础上，通过借鉴洪水风险图的绘制方法及标准，划分了不同层次水平的安全格局，以此来表征雨洪风险的空间分布特征。

构建雨洪安全格局的主要目的与洪水风险图的应用具有一致性，即减少洪水灾害发生时所造成的损失。因此我们可以在不同频率的洪水淹没范围基础上，划分3个水平的雨洪安全格局。不同洪水频率一般分为5年、10年、20年、50年、100年一遇及历史最大洪水等。洪水发生频率越小，其造成的危害损失往往越大，相应的淹没范围也越大。为了减少洪水灾害发生时造成的损失，通常通过增大限制建设的范围来取得更好的防洪效果，但这又与区域的经济发展相矛盾。本书根据2015年和2007年《辽河流域水文资料》，设定5年和20年一遇的洪灾水位线，制定雨洪安全格局（表4-13～表4-15）。

2015年度浑河水位线数据　　表4-13

平均	64.36	64.32	64.45	64.53	64.53	64.91	64.78	64.77	64.51	64.37	64.44	64.31
最高	64.44	64.40	64.50	64.77	64.60	65.46	65.05	67.76	64.84	64.49	64.49	64.36
日期	1	29	24	25	1	15	11	4	1	27	1	1
最低	64.33	64.29	64.40	64.48	64.45	64.48	64.61	64.40	64.36	64.31	64.36	64.26
日期	23	13	1	5	30	1	26	26	25	6	30	24
年统计	最高水位67.76 8月4日				最低水位64.26 12月24日				平均水位64.52			

注：表内水位全年受上、下游橡胶坝蓄、放水影响。

资料来源：表内水位采用人工观测资料整编

2007年度浑河水位线数据　　表4-14

平均	74.70	74.71	74.68	74.74	74.95	74.86	74.82	74.82	74.74	74.73	74.69	74.46
最高	74.72	74.72	74.70	75.12	75.22	75.07	75.15	75.31	75.00	74.73	74.90	74.89
日期	31	1	1	29	10	21	4	4	1	1	21	1
最低	74.70	74.70	74.65	74.67	74.73	74.72	74.14	73.32	74.73	74.72	74.51	74.41
日期	8	14	14	2	5	28	8	28	13	19	9	8
年统计	最高水位75.31 8月4日				最低水位73.32 8月28日				平均水位74.74			

注：表内水位全年受上、下游橡胶坝蓄、放水影响。

雨洪安全空间格局安全等级划分　　表4-15

要素	雨洪安全		
要素类型	淹没区以外地区	5年一遇洪水水位下的淹没范围	20年一遇洪水水位下的淹没范围
作用权值	0	0.4	0.6

影响雨洪淹没的因素非常多，它是一个非常复杂的过程。根据国内外文献发现：模拟雨洪淹没的方法主要有两种，分别是基于水文学与水动力学的洪水演进模型和基于DEM的洪水淹没分析。这两种方法均是根据水源区和洪水淹没区二者之间存在连通路径以及水位差，当发生淹没情景，洪水淹没的最终结果是达到水位平衡的状态，其内含的淹没机理是一致的。建立水文水动力的洪水演进模型过程是相对复杂的，尤其是对于研究区内洪水时期所形成的洪泛冲积平原，以及市区周边山丘环绕，所以要想建立大范围的洪水演进模型基本上是不可取的，同时其建造成本也是十分昂贵的。而基于DEM数字高程模型的洪水淹没分析方法，主要分为无源淹没和有源淹没两种方式。所谓无源淹没，通常是指忽略地表径流的影响，仅考虑自然降水所造成的洪水水位的升高。有源淹没则是指在前者的基础上，充分考虑地表径流水的汇流所导致的洪水淹没情况，其更能体现雨洪淹没这一水文过程的水循环实质。本书运用GIS等相关技术手段，选择基于DEM的有源洪水淹没分析方法，通过模拟不同重现期下的淹没情况模拟研究区的雨洪淹没情况，进行模型分析研究（图4-20、图4-21）。

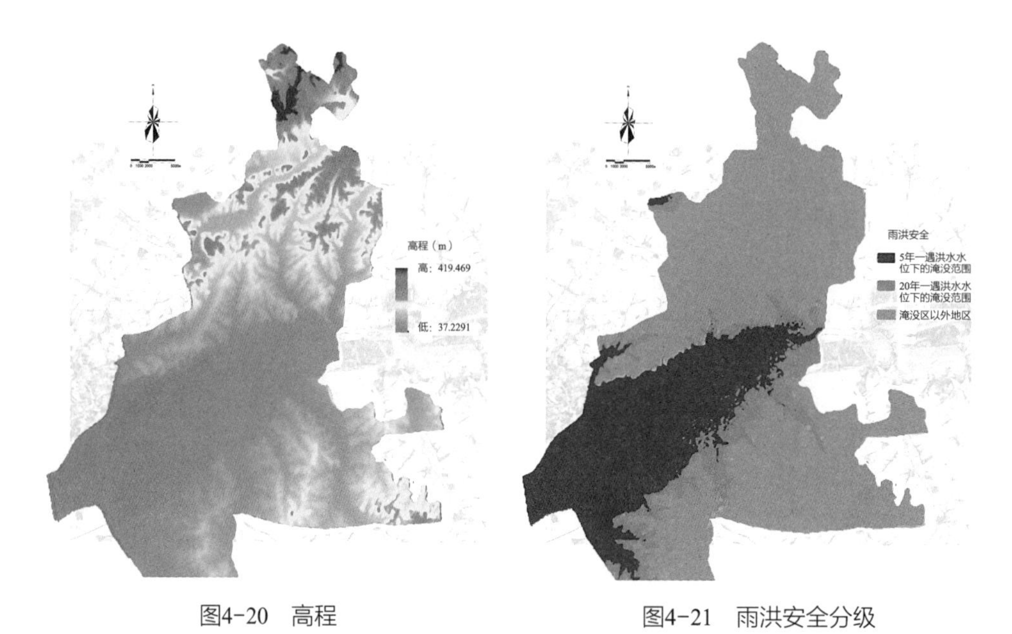

图4-20　高程　　　　图4-21　雨洪安全分级

（5）植被覆盖影响因素分析

植被对一个区域的气候、地形、地貌、土壤、水文等条件的改变最为敏感，因此，研究植被覆盖度的变化对于了解该区域的生态环境变化具有重要的现实意义。本书用归一化植被指数（the Nor-malized Difference Vegetation Index, *NDVI*）作为反映研究区生态环境与资源状态的指标，用以下模型计算：

$$NDVI = (NIR - VIS)/(NIR + VIS) \qquad (4\text{-}10)$$

式中，NIR表示近红外波段的反射率；VIS表示可见光波段的反射率。越健康的植物，红光反射值越小，红外反射值越大，其比值越大。

首先，应用2014年沈阳市的SPOT遥感数据基于ERDAS得到$NDVI$数据。

其次，基于ERDAS计算植被覆盖度，通过提取影像直方图中$NDVI$最大的2%的像元作为覆盖度为100%的像元，$NDVI$最小的2%的像元作为覆盖度为0%的像元。2%的范围根据影像的实际情况会有调整。计算公式为：

$$FCOVER = \frac{NDV - NDVI_{min}}{NDVI_{max} - NDVI_{min}} \qquad (4\text{-}11)$$

沈阳植被覆盖空间格局分析如图4-22、图4-23、表4-16所示。

图4-22　植被覆盖图　　图4-23　植被覆盖分级

植被覆盖空间格局安全等级划分　表4-16

要素	植被覆盖		
要素类型	植被覆盖率较低，种植层次类型较为单一的区域	植被类型以人工经济林和灌木林为主，植被覆盖一般的地区	植被类型以常绿针叶林为主，植被覆盖率高的区域
分值	0	0.4	0.6

（6）生物丰度影响因素分析

随着城镇化进程的加快，生态环境遭到了不同程度的破坏。沈抚新区的生物环境保护主要面临以下问题：城市建设用地面积的增加、城市边界的扩张造成的生物栖息地面积减少以及破碎化；部分工程设施的建设切断了生物迁徙的通道；自然保护区、风景区及森林公园等生物栖息地之间缺乏有效连接，没有构成一个完整的生态循环。针对上述问题，本书从区域和生态景观层次上识别了生物多样性保护的关键节点，从而为维护区域生物栖息地及生态系统的完整和健康做出贡献。确定研究区内重要的自然保护区包括：风景名胜区、大规模生态绿地、城市氧源。侵占生态保护区产生的风险度指数则与保护区等级和侵占面积相关。

参照环保部下发的《生态环境状况评价技术规范》HJ 192－2015中生物丰度指数的计算方法中对各种土地利用类型的权重系数，这些权重的大小在一定程度上反映了土地利用类型生态系统服务的重要性，本书采用系数见表4-17，按照不同地域空间的土地类型计算生物丰度指数（图4-24）。

各生态环境类型质量指数分权重　　表4-17

权重	林地			草地			水域湿地			耕地		建筑用地			未利用地			
	0.35			0.21			0.28			0.11		0.04			0.01			
结构类型	有林地	灌木林地	疏林地和其他林地	高覆盖度草地	中覆盖度草地	低覆盖度草地	河流	湖泊	滩涂湿地	水田	旱地	城镇建设用地	农村居民点	其他农村居民点	沙地	盐碱地	裸土地	裸岩石砾
分权重	0.6	0.25	0.15	0.6	0.3	0.1	0.1	0.3	0.6	0.6	0.4	0.3	0.4	0.3	0.2	0.3	0.3	0.2

4.2.2 综合要素影响分析

综合以上地形地貌、土壤侵蚀、地表水源、雨洪安全、植被覆盖、生物丰度六个生态基底要素的安全格局等级评价（图4-25），在明确影响沈抚新区主要水生态问题的限制因素的空间分布特征基础上，建立水生态安全格局。其中，沈抚新区浑河北岸地区植被繁茂，开发度低，且存在重要水库，所以着重于水生态保护；浑河南岸地区存在大面积建成区和规划中的建设用地，历史上曾经是泄洪

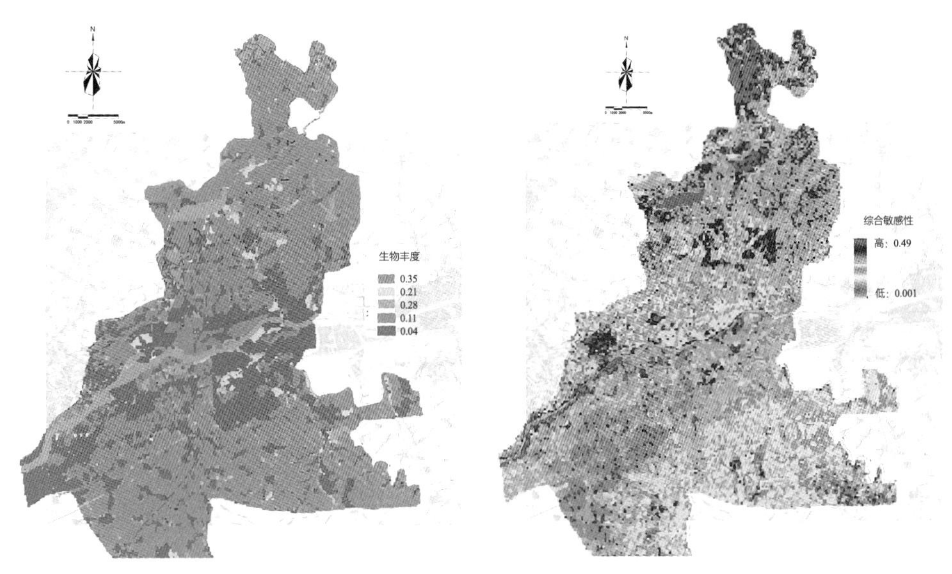

图4-24　生物丰度分级　　　　图4-25　综合要素影响分析

区，所以南岸着重于水安全保护和城市开发，对于有严重破坏性灾害的敏感因子给予相对高的权重。对应不同的保护重点，予以分配不同的权重值，具体划定标准见表4-18。

生态敏感性可以从自然生态资源的角度分析不同生态环境对人类活动的反应，它是进行生态城市规划的基础分析，是生态廊道搭建、生态安全格局营造以及生态功能分区的基础，对城市空间形态的确定具有非常重要的指导作用。

沈抚新区各水生态敏感因子权重　　表4-18

单因子要素	沈抚新区浑河北岸因子权重	沈抚新区浑河南岸因子权重
地形地貌	0.1	0.15
土壤侵蚀	0.15	0.1
地表水源	0.3	0.25
雨洪安全	0.1	0.2
植被覆盖	0.15	0.2
生物丰度	0.2	0.1

4.3 水生态安全格局构建

4.3.1 水生态安全格局等级划分

本书将沈抚新区水生态安全格局划分为底线、一般、满意三个等级（图4-26），建立了连续、完整的区域生态安全保障体系格局，作为维护生态系统

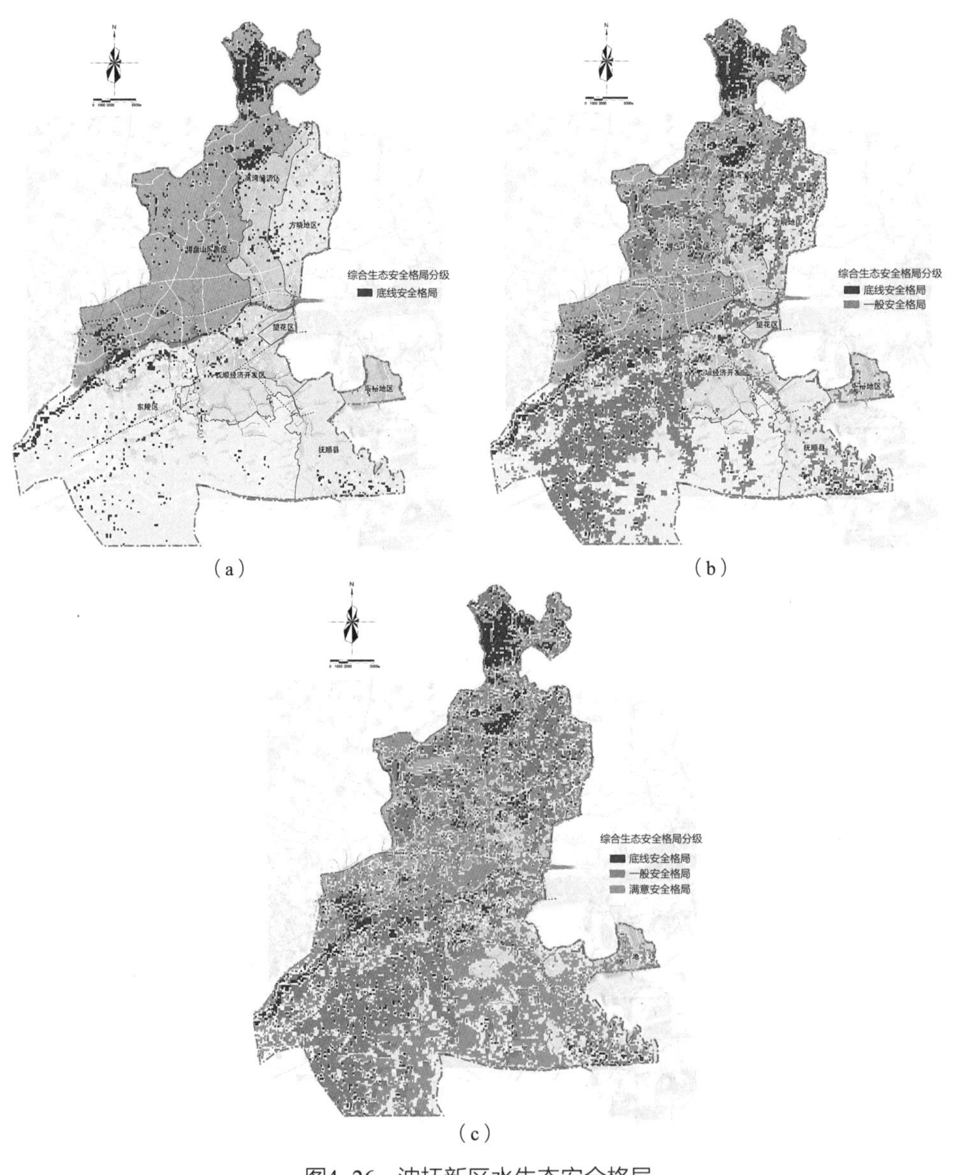

图4-26 沈抚新区水生态安全格局
(a)底线安全格局；(b)一般安全格局；(c)满意安全格局

的健康、保障城市生态安全的基础。以水生态与水安全作为城市建设发展的基本底线，将在底线安全格局、一般安全格局及满意安全格局引导下，对沈抚新区海绵城市系统格局进行构建。

根据水生态安全格局的构建结果统计，不同安全格局水平的生态安全格局面积、建设用地面积及面积比也不同（表4-19）。

不同安全水平格局的面积比例　　表4-19

生态安全格局水平	生态安全格局面积（km^2）	建设用地面积（km^2）	生态安全格局用地比例（%）	建设用地比例（%）
底线（低安全水平）	49	556	8.1	91.9
一般（中安全水平）	251	354	41.5	58.5
满意（高安全水平）	515	90	85.1	14.9

注：建设用地统计包含提供城乡建设及农田用地的面积。

底线安全格局是受环境影响，极易形成潜在孕灾环境，具有较高潜在风险的安全格局，也称为低水平的生态安全格局，应划入禁止建设区，实行重点的保护和严格的控制，调控城市空间发展，基于对保障生态安全底线空间的严格控制，能够使区域内根本的生态服务功能得到最低限度的保护；一般安全格局是潜在风险区与安全区的混合型格局，该格局引导下的空间发展，应通过对开发强度的限制，提出不同的保护措施，维护与恢复生态系统的平衡，在保障生态安全底线的前提下，包含了水生态过程的缓冲区，较好地维护了区域内的水生态基础设施和基本的水生态服务功能；满意安全格局是对水灾害防御力与水生态修复力较高、灾害风险极少的格局，在满意安全格局的范围内，允许进行适宜的开发建设活动。

4.3.2　土地适宜性评价

综合考虑研究取得用地现状、开发目标、性质以及当前建设面临的问题等因素，对区域土地适宜性进行综合评价。通过土地生态调查，明确目前的土地状况，选择地质、地形地貌、土壤、水文、植被等水生态敏感性要素作为评价因子，并采用层次分析法确定各影响因子的权重（表4-20）。

土地适宜性评价因子等级划分标准 表4-20

因子	分类/分级	评价分值	权重
土地类型	建设与居民用地	5	0.12
	耕地	4	
	草地	3	
	林地	2	
	河流、水库、湖泊	1	
坡度	0°～8°	5	0.11
	8°～15°	4	
	15°～25°	3	
	＞25°	1	
高程	0～50m	5	0.09
	50～100m	4	
	100～200m	3	
	＞200m	1	
保护水域（湖泊、水库）	0～0.5km	5	0.16
	0.5～1km	4	
	1～1.5km	3	
	1.5～2km	2	
	>2km	1	
河流	>200m缓冲区	5	0.16
	150～200m	4	
	100～150m	3	
	50～100m	2	
	0～50m	1	
地基承载力	>100kPa	5	0.08
	50～100kPa	3	
	0～50kPa	1	
建成区（农民居民点）	城镇建成区	5	0.13
	距建成区>2km	4	
	距建成区1～2km	3	
	距建成区0.5～1km	2	
	距建成区0～0.5km	1	

续表

因子	分类/分级	评价分值	权重
道路（国道、省道）	0～1km	5	0.15
	1～2km	3	
	>2km	1	

将各评价因子的原始数据进行等级化和数量化，将基础数据输入计算机系统，转为ArcGIS能识别的数据信息，每一单因素为一图层，进行单因子分级与制图（图4-27）。采用德尔菲法确定单因子敏感度的评价值，一般分为3级，用5、3、1表示。对于划分等级较多的因子，可采用4、2作为中值，确定基础因子后，即可针对各个基础因子的原始信息进行等级化、数量化评价。本次土地适宜性评价以最适宜自然为目标，依据单因子评级等级，运用GIS空间分析软件绘制单因子分析图，同时建立基础空间数据库，为权重计算及划分适宜性等级提供数据基础。评价值一般分为5级，即很适宜、适宜、较适宜、不适宜、很不适宜，用5、4、3、2、1表示。

图4-27　土地适宜性分析

4.3.3 生态关键区识别

（1）阻力面分析

本书在GIS技术支持下，结合最小阻力模型相关理论，探讨实现沈抚新区生态安全格局优化的方法，进而构建源地、生态廊道和生态节点等生态组分来加强生态网络的空间联系，最后提出本书研究区域的水生态安全格局优化建议。

借鉴已有的生态规划理论与实践，借助GIS技术，选择用最小阻力模型（MCR）来分析生态安全格局，具体公式如下：

$$C_i = \sum(D_i \times F_i)\ (i = 1,2,3\cdots,n; j = i = 1,2,3\cdots,m) \qquad (4-12)$$

式中，C_i为第i个单元到源地的最小累积阻力；D_i为第i个单元到源地的距离；F_i为第i个单元的阻力值；n为景观单元的总个数；m为源地到第i个单元经过的单元个数。

1）源地确定

基于源—汇理论，源是景观中促进景观过程发展的景观组分，具备空间连续性和扩展性，本书将林地确立为保护源地。

2）阻力值确定

根据相关文献研究结果，选择土地类型、坡度、高程及所研究的土地适宜性结果作为源地保护的阻力因素（表4-21）。

研究区景观阻力值　　表4-21

因子	分类/分级	阻力值
土地类型	林地	1
	草地	2
	耕地	3
	未利用地	4
	水域	5
	建设与居民用地	6
坡度	0°～15°	1
	15°～30°	2
	30°～45°	3
	＞45°	4

续表

因子	分类/分级	阻力值
高程	<100m	1
	100～200m	2
	>200m	3
土地适宜性	很适宜	1
	较适宜	3
	适宜	5
	不适宜	7
	很不适宜	9

将各阻力因子栅格图进行叠加分析，运用最小阻力模型计算公式，通过ArcGIS10.2的空间分析模块中Cost Distance功能，得到研究区景观累积耗费距离表面（图4–28）。

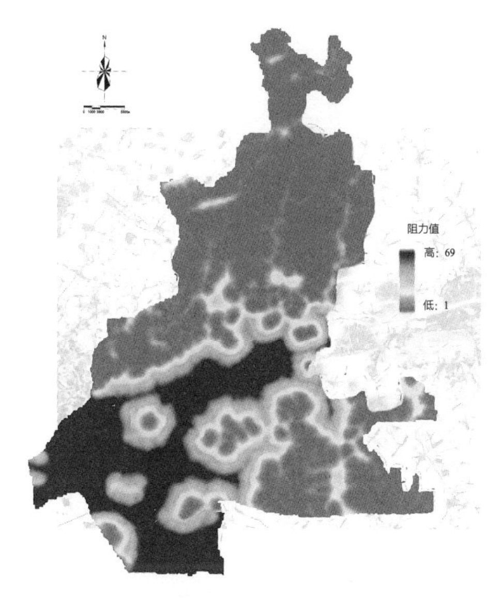

图4–28　景观累积耗费距离表面

（2）生态廊道与节点构建

1）生态廊道识别

生态廊道是斑块的一种特殊形式，是指与两边的生态要素或基质有显著区别的带状地带。廊道既可以是孤立的，也可以与某种类型斑块相连接；既可以是天然的，也可以是人工的。生态廊道用于物种的扩散及物质和能量的流动，廊道的构建可以增强景观组分之间的联系和防护功能，其连通性是衡量廊道结构的基本指标。根据研究区生态安全格局破碎、景观类型单一等特征，加强生态廊道的建设、增强源地之间的连通程度，是巩固和增强生态安全的有效途径。

采用累积耗费距离模型，基于GIS空间分析技术，综合源景观和生态功能空间强度等级分布两大要素获得景观生态功能累积耗费距离表面，在此基础上，结合研究区生态特征，应用ArcGIS的水文分析方法确定生态流运行的最小耗费路径，得到生态廊道空间位置（图4-29）。

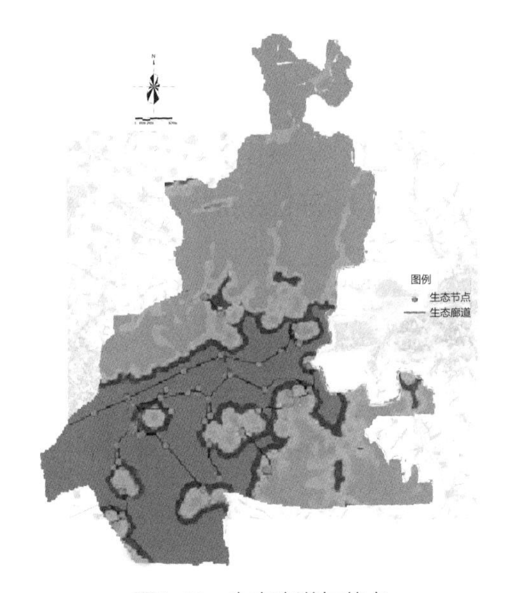

图4-29　生态廊道与节点

生态廊道为源地斑块间的连接，是物种和能量流通的主要通道，应以绿道形式加以保留和建设。绿道是以自然植被和人工植被为主要存在形态的线状绿地。绿道包括三种，第一种是道路绿地，是指道路两旁的道路绿化；第二种是游憩绿带，是指非滨水的带状公园绿地；第三种为非滨水的防护绿带，这类绿带有的较窄，如高压走廊防护绿带，一般为几十米宽，有的则较宽，从数百米到几十千米不等。根据规划区的实际情况应构筑相近的道路绿地，建设宽度至少100m。

2）生态节点

在一定生态介质表面上，生态节点是生态流运行最小耗费路径和最大耗费路径的交点。生态节点的建设将有效提高区域生态景观整体的连通程度，促进生态功能的健康循环。生态节点是指在生态空间中，连接相邻生态源，并对生态流运行起关键作用的点，一般分布于生态廊道上生态功能最薄弱处。该处在空间距离上，由于跨度较大，致使物种难以扩散，能量、物质无从流通；从生态功能上看，该处受外界的干扰和冲击比较强，对生态功能稳定性影响较大。因此，生态节点的构建（图4-29），有助于增加生态网络的连通性，对维持景观生态功能健康发展有重要的意义。

4.3.4　水生态安全格局优化

生态功能分区是将生态区位、基底要素综合生态敏感性评价、生态关键区识别以及景观廊道节点构建归纳分析后的综合成果。根据各单元承担景观生态功能以及其可承载的社会经济活动的不同，将研究区域分为生态涵养区、控制发展区、适度开发区和适宜开发区等，进而可以有效引导规划进行不同功能布局（图4-30、表4-22）。

图4-30　生态功能分区

各分区对应的生态服务功能　　表4-22

编号	生态分区	分区类型
I	生态涵养区	• 植被覆盖率高，类型丰富，生物多样性高，人类干扰非常少 • 未进行人工干预的自然保护区、湿地和成片林地草地构成的生态保护区，是维系区域生态系统健康的基础，具有重要的生态支撑作用

续表

编号	生态分区	分区类型
Ⅱ	控制发展区	• 控制发展区是区域发展的主要生态景观区，通过进行低密度开发，增加了人类亲近自然的机会，同时又不会对生态环境造成过大的负担、产生明显影响
Ⅲ	适度开发区	• 比较适宜建设，但仍然需要适当地控制其开发量
Ⅳ	适宜开发区	• 该区域适宜开发建设，生态敏感性低，适宜进行大面积开发建设，可考虑集中的高密度开发

根据不同的生态分区所对应的不同生态功能，为沈抚新区提出水生态安全格局的优化，形成“一核双心，板块联动，一带两轴，三块多点”的空间结构（图4-31）。其中一核为南岸的商业中心区，双心分别为北岸商业中心和南岸行政中心，各中心位于生态适宜开发区。各中心带动居住板块发展，处于适度开发区。根据识别的生态关键区，在南岸沿河依托良好的自然景观资源，构建浑河景观带。在南北两岸，由控制发展区划分出两岸南北走向的两条景观廊道。一块生态涵养区和两块控制开发区定为生态斑块加以保护。在各生态关键点建立多个生态节点。以斑块和廊道形成骨架，串联斑块节点，构成完整的水生态安全格局网络。

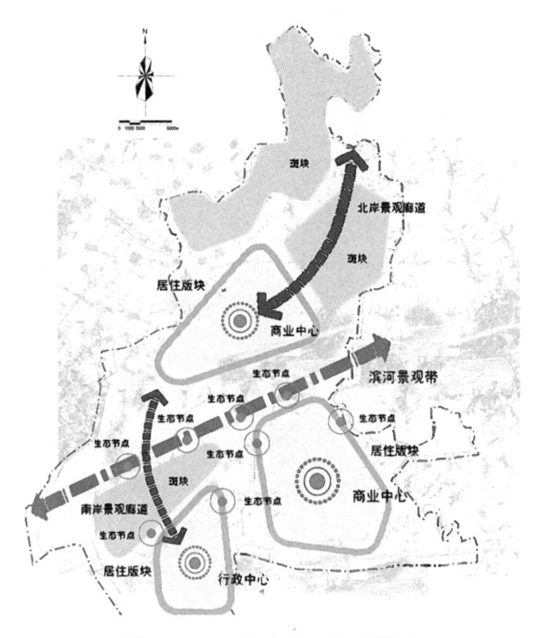

图4-31 水生态安全格局优化

以水生态安全格局的优化为基础，结合研究区地势与水系现状，建立“一轴、一环、四片区、三廊道、多节点”的水系结构（图4-32）。一轴为恢复浑河水系结构，以浑河为主要轴线，将各功能区有机连接，并打造不同的河岸风貌，增强亲水性；一环为连接潜在河道，完善支流水网，构成一个环状水网，水网包围沈抚新区部分建设用地，为研究区建设提供良好的自然景观环境，且实现生态调控功能；四片区为规划四处各具特色的水网地区，实现城市汇水、蓄水、排水等功能；三廊道为三条纵向水系廊道，联系浑河两岸的生态景观，为研究区丰富水资源环境，同时为城市尺度海绵格局提供基础；多节点为设置多处景观节点丰富研究区的水景观，结合现状条件规划多处大型湖面，并形成体系，既可调蓄降水也可提高城市水生态调节功能。同时，在研究区内建设防洪除涝安全系统：在浑河北岸，控制足够面积绿地，建设主题公园、生态公园等，平时可作为城市休憩区，洪水期则作为重要的泄洪区。综合防洪排涝措施主要包括：拦、防、疏、排等，以求达到城市防洪排涝的目的。另外，防洪排涝工程建设中还需考虑设计与枯水期水景观相协调的断面形式和空间格局。建设生态用水安全系统：浑河北岸利用秀湖、燕鸣湖、上寺水库作为生态用水调控；浑河南岸利用刘山水库、沈抚灌渠作为生态用水调控，保证生态用水要求。

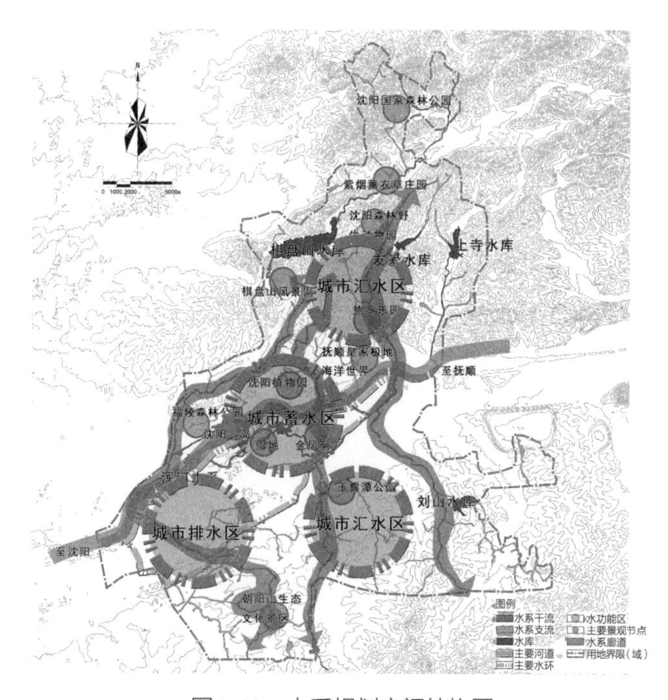

图4-32　水系规划空间结构图

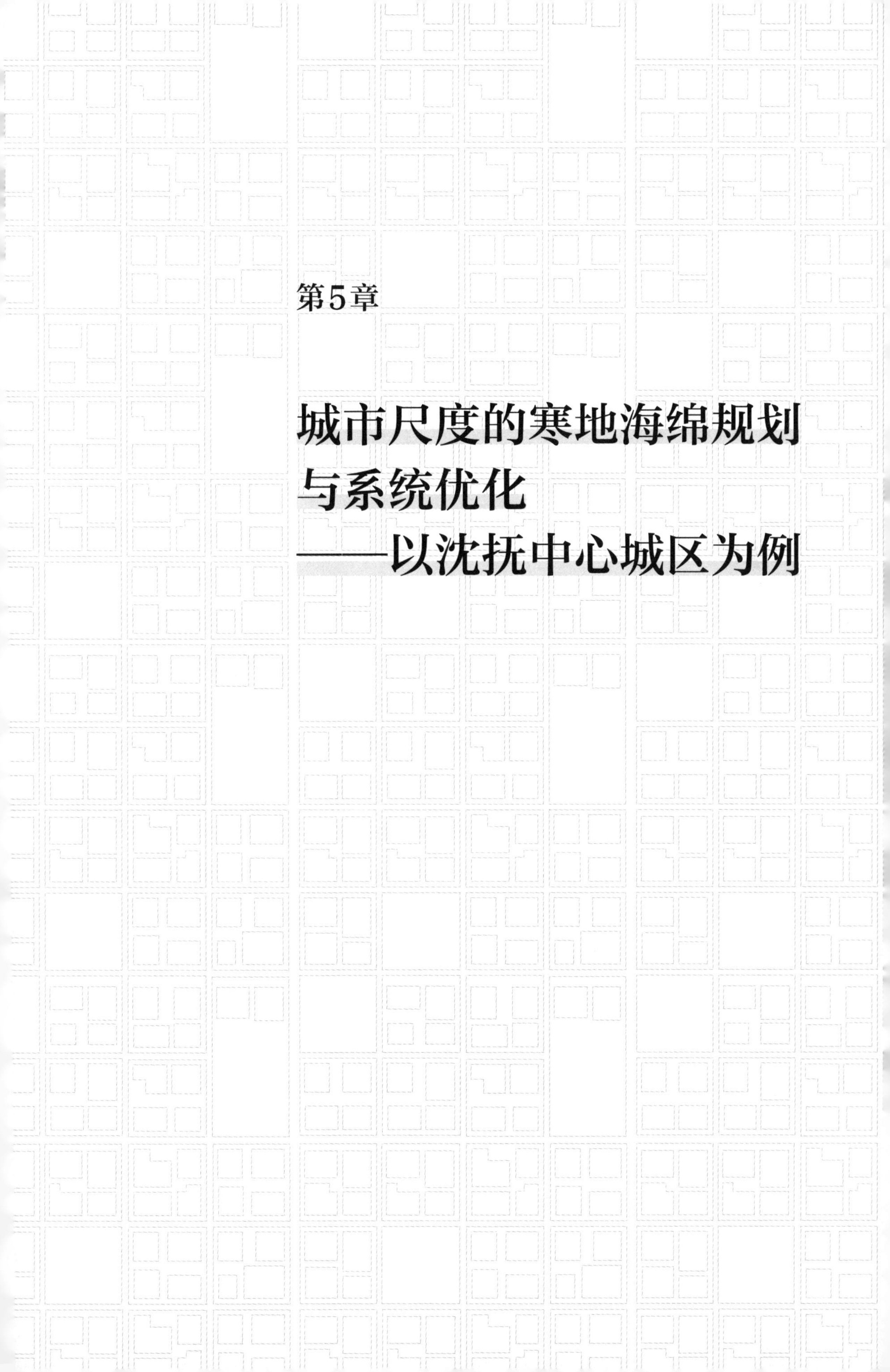

第5章

城市尺度的寒地海绵规划与系统优化——以沈抚中心城区为例

在第4章内容沈抚新区水生态安全格局的刚性框架基础上，本章对城市尺度沈抚新区中心城区进行寒地海绵城市系统优化，遵循“小雨留得住、中雨不积水、大雨不内涝”的原则，从系统耦合角度构建大排水系统、雨水管道系统和低影响开发系统综合海绵系统，优先利用绿色生态化的“弹性”或“柔性”设施，并注重与传统的“刚性”工程设施进行有效衔接，满足不同降雨重现期要求，实现系统内部耦合优化。

5.1 沈抚中心城区水生态与水安全条件概况

沈抚中心城区是沈抚新区区域核心功能组团，是主要的开发建设用地。用地范围以集锡高速为北侧边界，东西方向至连接带红线边界，南侧至苏扶铁路西段与东陵区行政边界。预规划总用地面积205.55km^2，城市建设用地面积为118.21km^2，其中绿地面积41.27km^2，占总用地面积的34.9%，水域及其他面积为87.33km^2，南北长约16418m，东西长约18627m。浑河南岸主要是以商住用地和工业用地为主，浑河北岸主要以居住用地和生态绿地为主（图5-1）。

基于寒地城市地域气候特征，夏季为丰水期而冬季为枯水期现状的约束，海绵城市区域系统规划是全面的改良和完善，以提高夏季防洪排涝能力和冬季枯水期景

图5-1 研究区预规划用地类型图

观需求，为城市打造较好的水安全环境和水生态系统循环，研究将从以下几个角度出发进行完善：

1）确保各控制区雨水的排放系统之间不互相排斥也不相互干扰；

2）根据城市建设用地的土地性质，结合径流量分析，使其在强降雨条件下，仍然能够实现超标雨水的快速排放与消解；

3）使河流网络打造成自上而下的完整系统，并以节约型理念为依据，实现对资源和能源的最大利用；

4）根据寒地城市降雨量时空分布不均的季节性特征，优化水系景观不同季节的观赏性；

5）改善自然景观与周边环境之间的关系，使其紧密地联系，保持水生态系统内部各要素之间的稳定性，实现沈抚中心城区生态景观可持续发展。

（1）水系条件分析

研究区地表水系统的开发与建设海绵城市的理念相符合，目前有浑河、沈抚灌渠、满堂河、旧站河、友爱河、莲岛河、小沙河及拉古河等多条位于蒲河和浑河流域范围内的河流（图5-2），补给主要来源于自然降水。沈抚新区南部被浑河支流密集覆盖，规划后的中心城区中水系面积为9.92km^2，占市域面积的4.83%，尽管规划区内混合支流较多，但其宽度普遍较窄，给城市滨水景观的营造带来了一定难度，目前水系现状见表5-1。

图5-2 预规划水系分布图

研究区规划水系数据表　　表5-1

序号	水系名称	水系宽度（m）	水系长度（m）	水域面积（hm^2）
1	浑河	168.12～1022.58	18174	658.86
2	沈抚灌渠	30.43～70.65	20361	101.81
3	满堂河	18.69～98.86	8770	57.14
4	旧站河	14.78～58.84	9278	35.08
5	友爱河	22.56～53.91	2654	7.96
6	莲岛河	21.54～57.66	1225	4.29
7	小沙河	25.11～123.11	13384	66.92
8	拉古河	17.73～85.56	12300	61.50

研究区范围内浑河支流繁多，涉及范围较广，然而，一些支流的宽度较窄，彼此不相连形成环路，无法组成一个完整的水网系统。由于多年保护不力，研究区目前的水环境受到损害，水资源流失严重。原规划填充了部分原有水塘（图5-3），降低了海绵斑块调节雨水的能动性。水与坑塘相通，可将停滞水转化为流动水，并与河流水系统结合（图5-4），成为完善的水循环系统。

研究区的现状主要与防洪排涝和市政排水有关，部分河段问题十分严峻。例如：小沙河的水产养殖业和拉古河的建设具有侵略性，对水环境产生了不良影响。浑河、小沙河北部、沈抚灌渠东段、拉古河北段、旧站河、莲岛河滨水区大部分用

图5-3　水系现有坑塘分析图

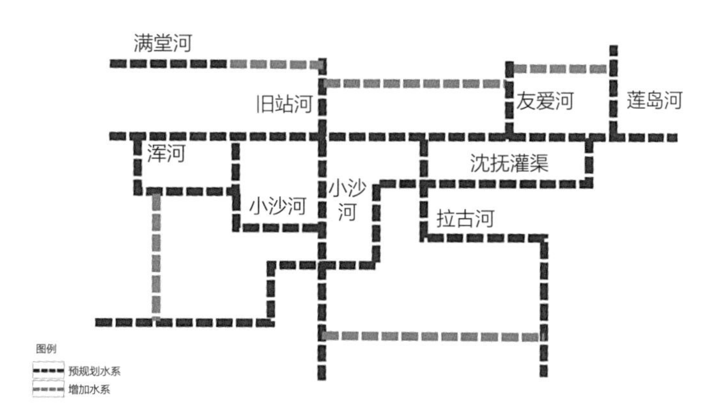

图5-4　预规划与增加水系分析图

地性质为居住或商业，目前河流为天然护岸，植物不仅类别较少且缺乏变化性。这些因素致使河流的亲水性和生活性不足，造成居民与水系之间关系的隔阂。

沈抚新区是处于沈阳东部的地区生态保护与水源涵养保护区，也是泄洪区，当暴雨出现时，沈抚中心城区要兼顾研究区外围区域的径流调节与排放功能。研究区内的牤牛河与其他浑河支流由于整治力度不足，难以应对常出现在汛期的洪水最大值，因此，应重点考虑如何在丰水期避免城市内涝及在冬季枯水期维持河流水景观与用水安全。

（2）绿地条件分析

浑河以北大面积的公园绿地、浑河以南两条带状滨河生态绿地、道路两侧的防护绿地和地块内分散的公园绿地是规划区域的主要生态绿地。这些生态绿地具有连贯性、景观性、功能性和半人工性的特征。从整体来看，浑河以北已建成公园包括沈阳植物园和沈阳东陵公园，该地块具有较高的绿地率，相比于其他地块其绿地质量更好；而浑河以南建设用地率较高，绿地率较低，且地块内部的绿地分布不均匀，具有较强的人工性（图5-5）。

研究区内绿地占城市建设用地面积的34.9%，其中公共绿地占总用地面积的20.3%、生产防护绿地占14.6%。区域内具有较为完善的城市绿地系统，服务半径适宜，基本能够满足区域内市民休闲游憩等需求，为下一步进行海绵城市的构建奠定了良好的基础。区域内绿地系统现存问题主要包括：社区级公园及组团级公园绿地较少，工业用地内硬质铺装较多，缺乏足够面积的绿地系统，不仅无法为市民提供休闲游憩的绿地场所，还对海绵城市的构建产生了一定的局限性。总体来说，目前沈抚新区绿地规划主要是为了满足国家规定的硬性指标要求，虽然能够在一定程度上改善区域内部分地块的生态环境，但其绿地系统的规划还不能与当前国家海绵

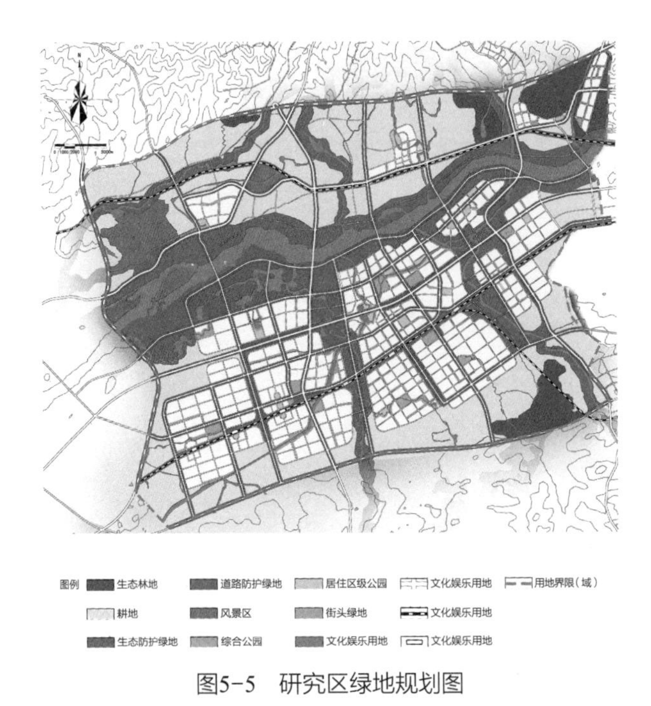

图5-5 研究区绿地规划图

城市建设的理念达到较高的契合度，因此，在进行绿地系统规划时，应该将绿地建设与生态蓄水、渗透设施等工程建设有机结合，因地制宜，明确不同地块适宜建设的不同功能绿地。

5.1.1 地形地势现状与雨洪来源

利用ArcGIS对中心城区的高程、坡向与坡度等地形因素进行分析（图5-6），能够直观地了解城区内地形地势，为海绵城市的构建提供量化的分析基础。从中心城区高程分析图中能够看出，中心城区呈现中间区域低，南北两侧高的地势特征；城区最高海拔达168m，最低海拔39m；相对高差为129m。根据中心城区坡向、坡度分析图可以看出，沈抚中心城区的雨洪主要分为城市内部雨洪和城区南北部山体雨洪两种形式。

5.1.2 降水特征与暴雨雨型

（1）降水特征

根据沈阳市降雨资料统计数据，沈阳市平均降水量约为713.6mm。根据沈阳市1965～2015年的降水资料，绘制出1965～2015年年降水量的年均降雨量图

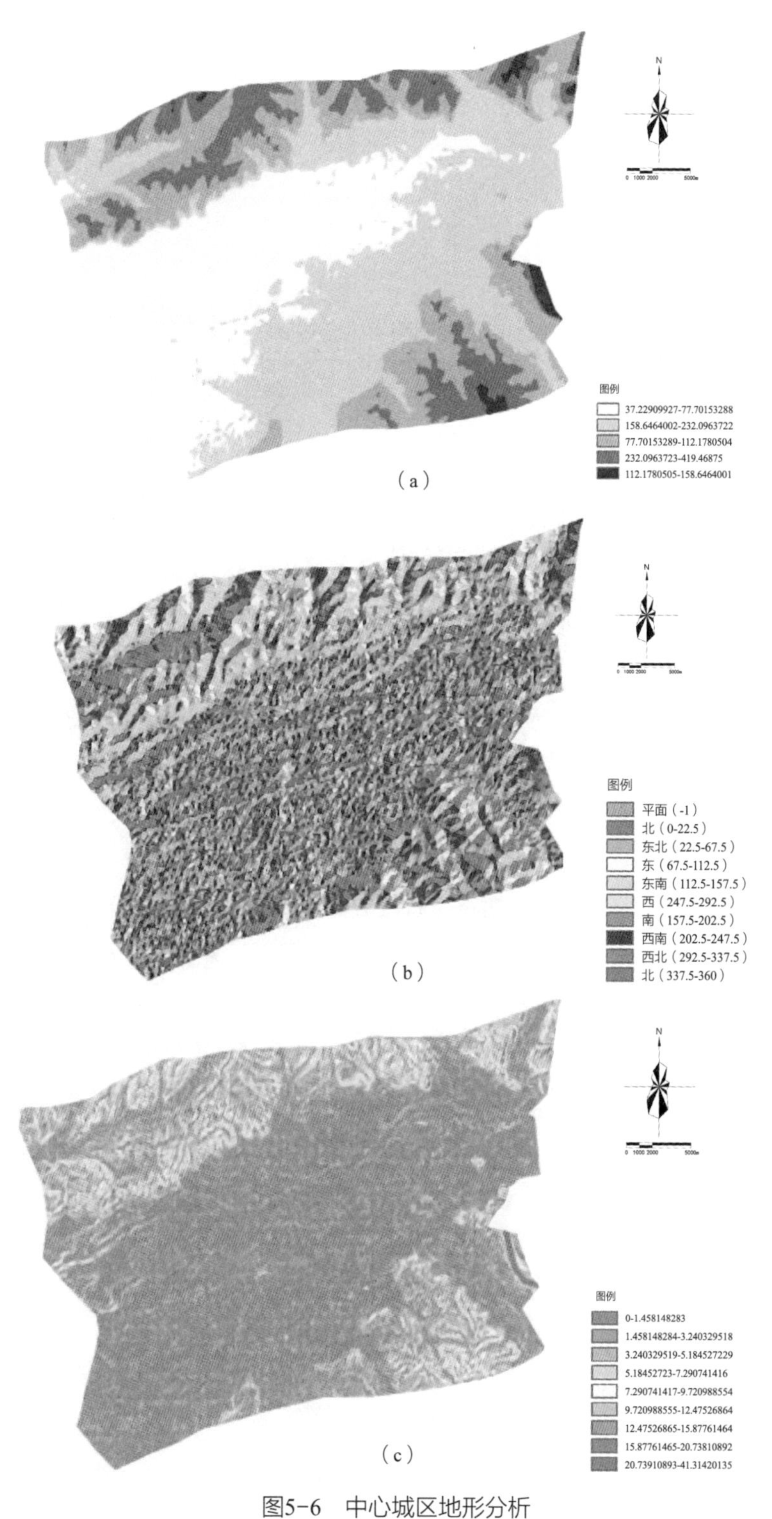

图5-6　中心城区地形分析

（a）中心城区高程分析图；（b）中心城区坡向分析图；（c）中心城区坡度分析图

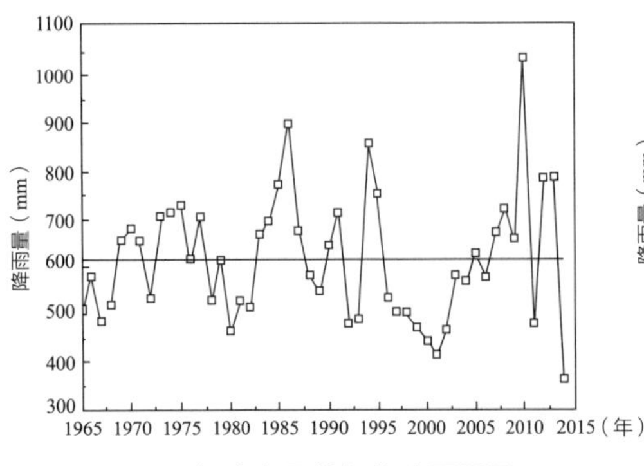

图5-7　年降水量的年均降雨量图

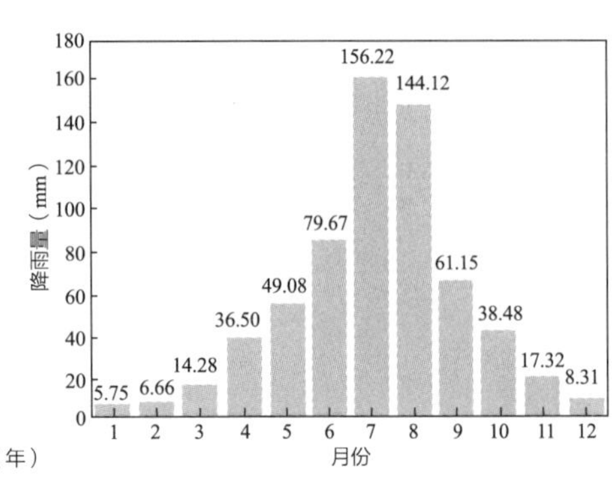

图5-8　月均降水量分布图

（图5-7）及月均降水量分布图（图5-8）。

从图5-7中可以看出，2010年沈阳市降雨量最为充沛，年降水量达到了1030.6mm；2014年沈阳市降雨量最少，年降水量仅有359.8mm。年降雨量主要呈上升趋势，线性方程为y=0.02816x+561.27301。从图5-8中可以看出，每年的4～10月是沈阳市降雨事件主要发生时段，该时段降水量占全年总降水量的90%以上；而其他月份的降水量则不足全年的10%，月均降雨量不超过20mm，全年最大降水量集中发生在7月份，降水量达到156.22mm。

（2）暴雨雨型

芝加哥雨型是根据雨强—历时—频率的关系得到的一种不均匀的设计雨型，它具有洪峰流量和径流值稳定的特点，可根据特定重现期的降雨强度和历时条件进行确定，能够较为全面地反映降雨的各种特征[161, 193]。研究区降雨多为单峰型短时强降雨，具有历时短、降雨强度不均匀等特点。国内外大多数学者采用此雨型应用在城市雨水径流模型中，效果较好。因此，选用芝加哥雨型作为本书模拟的设计暴雨雨型。

按芝加哥雨型进行降雨时程分配，根据峰值系数不同，分为峰前和峰后两部分，则降雨强度过程可表示为：

$$i(t)=\begin{cases}\dfrac{A_1(1+C\lg P)}{\left(\dfrac{rT-t}{r}+b\right)^n}\left[1-\dfrac{n(rT-t)}{rT-t+b}\right] & 0\leqslant t\leqslant rT\\ \dfrac{A_1(1+C\lg P)}{\left(\dfrac{t-rT}{1-r}+b\right)^n}\left[1-\dfrac{n(t-rT)}{t-rT+(1-r)b}\right] & rT\leqslant t\leqslant T\\ 0 & t>T\end{cases} \tag{5-1}$$

式中，A_1、C、b、n为暴雨公式参数；P为设计降雨重现期；t为降雨历时（min）；若降雨总历时为T，r为雨峰系数，也叫作雨峰相对位置，是从降雨历时开始至降雨峰值出现时段长度与降雨历时的比值，取值在0.35～0.45之间。

根据《城市暴雨强度公式编制和设计暴雨雨型确定技术导则》等相关技术导则，沈抚新区的暴雨强度公式为：

$$q=\frac{1774(1+0.59\lg P)}{(t+7.56)^{0.75}} \tag{5-2}$$

式中，q为平均降雨强度（mm · min^{-1}）；P为设计降雨的重现期（a）；t为降雨历时（min）。

根据沈阳2000～2017年的降雨统计数据显示，历时120min的降雨场次占总降雨场次的比例最高。根据沈抚新区暴雨强度公式和芝加哥雨型公式，选择r为0.4，得到降雨历时为2h、重现期分别为1、3、5、10和50年的设计降雨。

5.1.3　降雨径流控制分析

（1）年径流总量控制率及设计降雨量

根据《海绵城市建设技术指南——低影响开发雨水系统构建（试行）》（建城函〔2014〕275号），沈阳地处Ⅱ～Ⅲ区，年径流总量控制率应处于75%～85%之间。沈抚新区年径流总量控制率取75%。

分析沈阳市的降雨资料，沈阳地区75%的年径流总量控制率对应的降雨量为20.8mm，即城市单位面积用地如具有20.8mm的径流控制能力，则能控制全年降雨的75%以上（表5-2）。

年径流总量控制率对应降雨量　表5-2

年径流总量控制率	设计降雨量（mm）
60%	12.8
70%	17.5
75%	20.8
80%	25.0
85%	30.3

（2）径流控制率分析

研究区域内部的非建设用地与水域并没有涉及径流控制率的计算，因此，在进行总体径流控制率计算时，对水域部分的计算过程进行剔除。由于研究区域内水域的特殊性，不涉及径流系数、调蓄容积等指标的计算，后文中各指标表中均不涉及水体，以“—”表示。

根据《海绵城市建设技术指南——低影响开发雨水系统构建（试行）》中径流系数表所示，硬屋面、未铺石子的平屋面、沥青屋面的雨量径流系数为0.80～0.90；沥青路面、混凝土及广场雨量径流系数为0.80～0.90；大块石等铺砌路面及广场的雨量径流系数为0.50～0.60；绿地的雨量径流系数为0.15。由于沈抚新区属于寒地城市，寒地城市并不适于绿色屋顶建设，故本书的建筑屋顶均为硬化屋顶，本书中硬化屋顶、绿地、硬化路面的雨量径流系数分别取值为0.8、0.15、0.7。规划中各土地利用类型建筑密度、绿化率等指标的取值参照《沈抚新区修建性详细规划》中的参数。通过对各用地中建筑密度、绿化率、硬化路面率进行加权计算，可得到各土地利用性质径流系数（表5-3）。

预规划各土地利用类型面积及占总面积比例　　表5-3

用地类型	面积（hm^2）	占总面积比例（%）	占总面积（除水域）比例（%）	建筑密度	绿化率	硬化路面率	径流系数
居住用地	2014.80	9.93	17.46	0.35	0.35	0.3	0.54
公用设施用地	483.48	2.39	4.19	0.35	0.35	0.3	0.54
商业用地	906.33	4.47	7.86	0.45	0.25	0.3	0.6
工业用地	1545.55	7.62	13.40	0.6	0.2	0.2	0.65
道路广场用地	2318.18	11.44	20.09	0	0.2	0.8	0.67
物流仓储用地	80.86	0.40	0.70	0.6	0.2	0.2	0.65
市政建设用地	60.41	0.30	0.52	0.35	0.35	0.3	0.54
绿地	4127.18	20.36	35.78	0	0.95	0.05	0.17
水域及其他	8733.98	43.09	—	—	—	—	—

根据规划条件下各土地利用类型占总面积（除水域）比进行加权统计，得到沈抚中心城区预规划径流系数为0.44及径流总量控制率为56%；距规范中沈阳海绵城市建设年径流总量控制率标准75%还有较大差距，需要对原规划的绿地水域等进行低影响开发规划设计以达到要求。

5.1.4 水资源利用潜力分析

根据《建筑与小区雨水控制及利用工程技术规范》GB 50400-2016中指出对年均降水量大于400mm的城市宜采用雨水收集利用系统，沈阳市的年均降水量为

617.2mm，因此沈抚新区雨水收集利用系统的建设具有重要意义。

（1）计算方法

沈阳市多年平均降水量713.6mm，年均蒸发量为1419.9mm。雨水集蓄来源于屋面雨水收集、路面与广场雨水收集、调蓄水面雨水收集。雨水利用方向为调蓄、绿地浇灌用水及道路喷洒用水。

其中，雨水集蓄来源计算公式：

屋面雨水收集量=屋面径流面积×径流系数（0.5）×收集率（0.1）×降雨量；

道路与广场雨水收集量=道路与广场径流面积×径流系数（0.8）×收集率（0.2）×降雨量；

调蓄水面雨水收集量=调蓄水面面积×径流系数（1.0）×降雨量。

雨水利用计算公式：

调蓄水面蒸发损耗量=调蓄水面面积×蒸发量；

绿地浇灌用水量=绿地面积×绿地浇灌定额（1L/d）×浇灌时间；

道路喷洒用水=道路面积×道路喷洒定额（15mm/月）。

（2）计算结果

根据沈阳气候条件特点，沈阳冬季是从11月份到次年3月份，因此，在该时段内不需要对城市道路和绿地进行浇灌，降雪后雪的积累和融化是冬季降水所收集的雨水，不仅能够满足当月总用水量，还能对富余水量进行收集，为后续用水缺口月份提供用水。

中心城区水资源可收集量为1034.2万m^3/年，绿地浇洒和道路喷洒总需水量为1687万m^3/年，尚有652.8万m^3水需要其他水源补充（图5-9）。

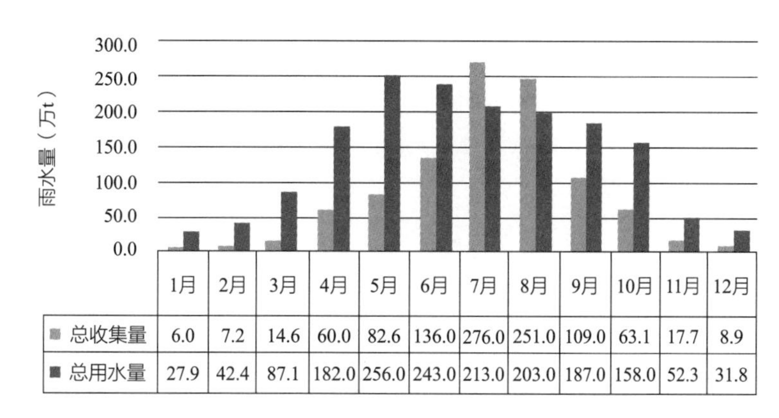

	1月	2月	3月	4月	5月	6月	7月	8月	9月	10月	11月	12月
■ 总收集量	6.0	7.2	14.6	60.0	82.6	136.0	276.0	251.0	109.0	63.1	17.7	8.9
■ 总用水量	27.9	42.4	87.1	182.0	256.0	243.0	213.0	203.0	187.0	158.0	52.3	31.8

图5-9　沈抚中心城区汇水区域雨水利用平衡图

5.2 城市海绵系统格局构建与优化

5.2.1 城市海绵生态系统格局构建

根据沈抚中心城区的水生态条件分析，提出构建海绵生态系统格局的优化策略如下：

（1）整理水系构架，还原水体连通性

按照《海绵城市建设技术指南——低影响开发雨水系统构建（试行）》中对于城市径流雨水源头减排的建议，基于前文对河流的分析，整理水系构架，还原其流通性。首先，根据前文中对水系现状的分析，找到水系网络的关键点。由于浑河南支流需要灌溉农田，这种情况每年都会发生变化，带来一些不同程度的问题，比如河流因狭窄的原因无法融入整体循环系统，致使水系可调节性下降。主要措施为新开发一些地表径流通道，以此连通现有水系网络，解决部分阶段失去联通的问题。

（2）优化水系体系，提升架构完整性

水系生态廊道是兼有自然和非自然属性的复杂系统，建设研究区河流廊道时应考虑多方面因素，不能单独以一条河流为研究对象，应该对多条河流及其周边水环境进行整合分析。将研究区依据现状条件和建设的需要划分层级，打造多层次多节点组成的水系网络。

一级水系廊道指浑河水系（图5-10a），廊道建设的原则是，依照结构将研究区东部和南北部的降水量进行有效分流，并增加其调节储存能力。二级水系廊道（图5-10b）是两条垂直于浑河的纵向水系——小沙河和拉古河水系廊道，针对牤牛河的降雨多且雨后水资源不足的问题，从上源和中间阶段两个部分进行治理，同时考虑水系之间的连通。三级水系廊道（图5-10c）指其他水系支流，浑河支流众多对分区排水和城市整体泄洪十分有利，同时丰富了景观的多样性。

（3）建设生态斑块，优化河流涵蓄能力

研究区域中各种不同尺度的水塘湿地等水体构成了城市贮水系统，发挥着城市“海绵体”的功能。建设水生态斑块，可以按照空间与效用需求，对水系网络综合分析，利用现有的坑塘等贮水体，打造不同级别的贮水体系，同时加强对重要生态

（a）

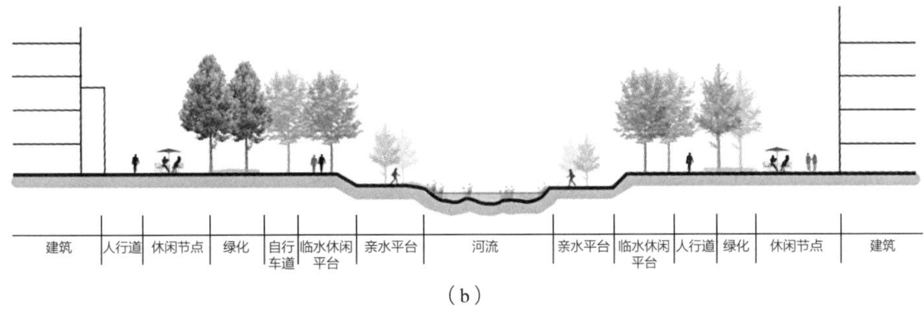

（b）

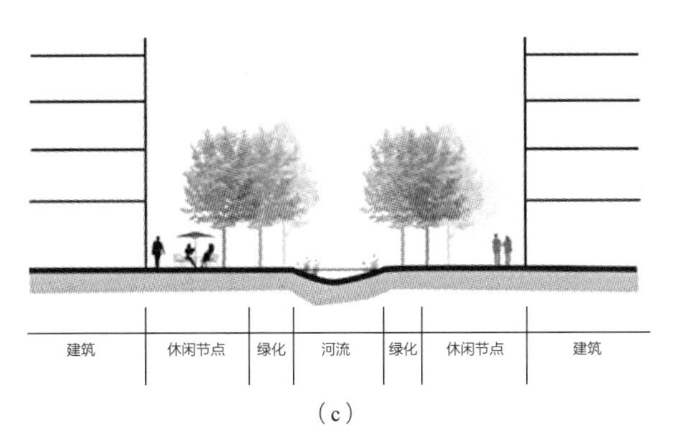

（c）

图5-10　沈抚中心城区河道断面图
（a）一级水系廊道；（b）二级水系廊道；（c）三级水系廊道

功能坑塘的保护力度。使其不仅可以减缓牤牛河暴雨时期径流速度、降低雨水污染率、调节雨洪，还可以在枯水期补充水源，加强水系统的弹性。

（4）规划弹性断面，满足弹性需求

将沈抚新区水系大部分岸线设计为自然生态型堤岸，实现坡度较缓的梯级河道断面，形成近岸湿地带，起到滞洪的作用，能够适应各种水量变化，以湿地植物为主体形成浅水生态圈，对汇集的径流进行净化，形成河道—湿地—堤岸，层次丰富的水系景观。枯水期底层以少量的水形成水体景观，丰水期河床整体用来行洪，旱涝兼顾。在居民人口较为密集的重点地段，根据用地的使用特点，以亲水平台、卵石河滩、景石和垂枝植物等设计元素对岸线进行整体改造，丰富和美化岸线景观，提供亲水休闲的场所。

在优化策略指导下，根据4.3.4中沈抚新区的水生态安全格局优化，对沈抚中心城区海绵生态系统的布局采用点、线、面相结合，将绿地斑块、廊道与生物滞留区共同组成生态网络框架（图5-11），逐层调蓄雨洪流量，满足不同强度降雨的需求，同时构建沈抚中心城区总体景观结构。

图5-11 沈抚中心城区海绵生态系统结构图

一级廊道为浑河滨河绿带沈抚中心城区段，浑河是海绵城市建设的重要轴线；二级廊道为沿沙河与拉古河设置的生态廊道，通过设置两条纵向廊道，沟通了东西向的景观联系，贯通了南北部的景观视线，同时承担了城市一部分的绿化与休憩功能；三级廊道主要沿河流分布，通过重组水系形成环形水网，兼顾景观效益与雨水调蓄作用。

节点主要包括大型生物滞留区和生物滞留区，大型生物滞留区分布在浑河西北部与北部的大型公园区域，兼具良好的自然基底与休闲娱乐功能，可有效实现对不同强度降雨的调蓄与防洪功能。生物滞留区主要表现为公园和开放空间，结合水系与植物景观，可以提升城市环境的品质，对雨洪起到调蓄作用。

在确立了生态系统结构的基础上，构建沈抚中心城区的整体海绵城市格局，为接下来沈抚新区海绵技术实施方案提供了完整的设计基础。根据前文对于水系

图5-12　沈抚中心城区海绵生态系统格局图

及绿地系统的分析，最终决定采用“一轴、一环、两廊道”的海绵生态系统格局（图5-12）。

“一轴”指沈抚新区部分的浑河流域，由于兼有排水路径和地上水排放区的功能，所以是海绵城市建设的重要轴线。

“一环”通过重组水系形成环形水网，兼顾景观效益与雨水调蓄作用。环形水网与周边地块相互交融，通过水系环网串联周边地块功能，增加城市活力。

“两廊道”包括河流拉古—友爱生态廊道、沙河—满堂生态廊道，在连接景观、放射发散水体功能的同时，也是海绵城市建设的重要组成部分，并承担了城市绿化与休憩功能。

基于沈抚中心城区海绵生态系统格局与4.3.4中沈抚新区整体水系规划空间结构，对城区研究区进行水系规划（图5-13），浑河北岸生态绿地较为集中，已有沈阳植物园等城市绿地公园系统，划分为生态保护区；浑河南岸在鸟岛南侧水系密集处，恢复自然湿地，划分为湿地景观区，可作为研究区的蓄水区以及景观区，除了可加强浑河两侧景观绿化，还可以在雨洪季节引导浑河水进入湿地防止洪涝灾害的发生，湿地与排洪通道连在一起为研究区的防洪工作起到关键性作用；在浑河南岸东北方向为行政、居住、产业园为一体的多功能组团区，周边居民的亲水需求较大，同时也位于沟通两岸的次要景观轴上，因此划分此区域为滨水体验区；根据地势与整体水系结构，将其他两个区域划分为生态汇水区与滞水防洪区。

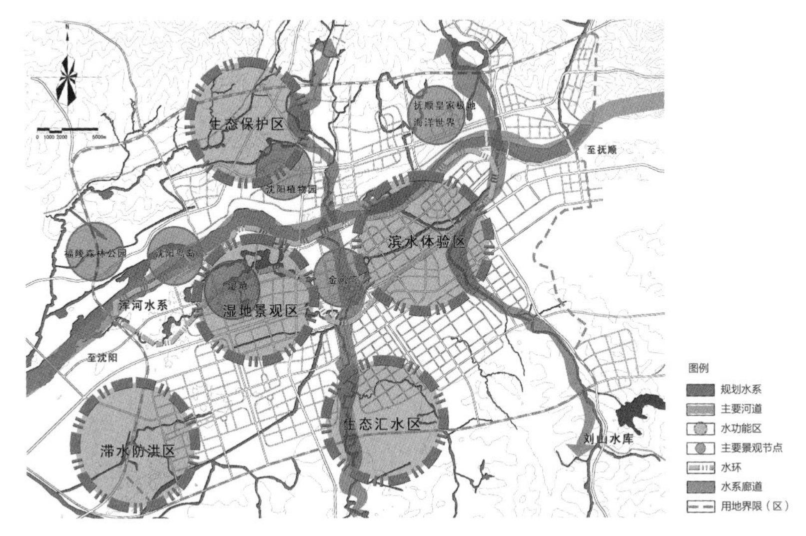

图5-13　沈抚中心城区水系规划结构图

5.2.2　海绵城市排水系统优化

根据海绵城市的全新建设理念，城市雨水管网将不再是雨水的主要排放通道，它只能是自然排水系统的弥补，应打造以自然生态系统中的贮水空间为主、人工排水管网为辅的综合排水系统，有效利用传统设施，发挥新的功能。利用地表排水系统疏解地下管线的压力，实现雨水快速排放消解。

完善雨水管网时，也要根据不同重现期提高相应雨水管网的建设要求，由原来的1年一遇降雨强度标准提升为3年一遇标准。

（1）城市传统排水系统优化原则

1）地表明渠保持不变，增加源头渗滤装置，成为初级排水系统；

2）对地下排水管网根据规划分区进行合理调整；

3）提升设计标准，满足3年重现期降雨有效排出原则。

（2）生态排水系统

依据海绵城市理念与规划区大量地块中的道路排水以明渠为主的特点，部分道路可沿用现状排水系统，而其余道路可结合低影响开发理念，对道路两侧进行海绵化设计（图5-14），于道路两侧设置排水口，沿人行道设置下凹式绿地与生态植草

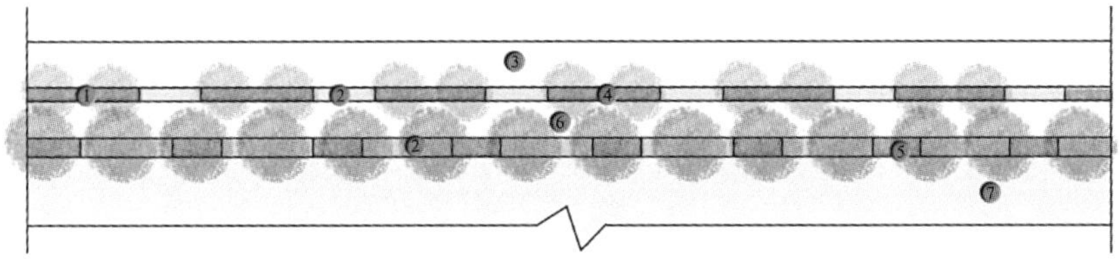

图5-14　生态排水结构图

沟，土壤表面低于道路0.2m，通过种植耐干旱易控制的四季草木，使雨水沿街道被引入滞留池，使得路实现对雨水的贮存与初步净化。雨水渗透沟可有效解决雨水源头渗透的问题，地下雨水管网成为其补充手段，当出现大型降雨时可作为后备处理途径，缓解城市洪流疏解问题。

（3）城市排水管网系统优化

研究区的雨水管网规划是城市中日常降水的主要排水方式，其快排方式主要满足海绵城市建设的“中雨快排”的理念，因此除了需要与其他绿色雨水排放设施相连接之外，对雨水管网进行合理的优化是建设海绵城市的重要基础之一。在重现期降雨量超过雨水管网设计标准的情况下，雨水管网系统会出现超载甚至洪流现象，导致上游检查井（即SWMM模型中校点）积水，出现溢流情况，形成城市内涝。通过对基地的3年降雨条件下模拟结果，得出超载管段空间分布图，且从模拟结果可以得出，出现超载情况的管段共有88段，最大漫流时间为0.47h，积水现象较为严重。现有城市雨水管网体系难以满足基地的上位总体规划中规定的目标。结合3年降雨条件下管渠的相关因子进行统筹与分析，对有问题的管段进行调整。通过整理分析，对所需调整的管段超载容积、积水时间、最大流速等相关因素进行整理（表5-4）。

降雨条件下管段超载值统计表　　表5-4

管段编号	超载容积（m^3）	最大流速（m/s）	管段编号	超载容积（m^3）	最大流速（m/s）	管段编号	超载容积（m^3）	最大流速（m/s）
GQ4	24.466	6.49	GQ12	0.027	4.1	GQ17	4.555	5.09
GQ5	0.914	3.53	GQ13	0.008	4.23	GQ19	0.037	5.78
GQ6	1.081	5.72	GQ14	1.313	5.7	GQ20	0.727	4.94
GQ8	4.994	18.53	GQ16	1.734	4.74	GQ21	0.039	6.17

续表

管段编号	超载容积（m³）	最大流速（m/s）	管段编号	超载容积（m³）	最大流速（m/s）	管段编号	超载容积（m³）	最大流速（m/s）
GQ22	1.514	3.75	GQ75	3.029	3.04	GQ137	0.987	5.43
GQ23	0.5	4.54	GQ76	3.029	4.7	GQ140	0.617	3.99
GQ25	0.094	5.05	GQ78	3.546	4.38	GQ145	0.816	5.25
GQ28	0.847	4.29	GQ84	0.227	3.27	GQ146	0.516	5.75
GQ31	0.049	4.88	GQ89	0.473	3.26	GQ147	1.205	4.72
GQ33	0.364	5	GQ90	1.061	3.58	GQ150	0.508	5.68
GQ34	0.433	3.8	GQ91	1.95	4.96	GQ151	4.736	5.45
GQ35	2.717	6.39	GQ92	1.393	5.14	GQ155	0.04	6.45
GQ36	0.838	3.08	GQ96	0.536	6.34	GQ156	0.423	5.71
GQ38	0.096	2.34	GQ97	1.195	4.79	GQ157	0.372	5.64
GQ40	1.869	6.13	GQ98	0.259	4.31	GQ158	0.108	5.03
GQ44	0.914	5.1	GQ99	2.943	3.37	GQ164	1.264	5.14
GQ46	1.371	5.19	GQ103	0.561	5.23	GQ165	0.59	6.02
GQ47	1.129	3.08	GQ104	1.698	7.67	GQ166	9.154	6.52
GQ51	0.432	4.23	GQ107	13.12	5.26	GQ168	0.157	5.61
GQ52	9.671	4.06	GQ111	1.485	4.91	GQ175	0.158	6.86
GQ53	0.333	6.35	GQ116	0.012	5.39	GQ176	0.602	3.86
GQ59	1.175	4.6	GQ117	4.016	5.54	GQ179	0.837	3.54
GQ60	0.124	4.99	GQ119	0.385	7.08	GQ181	0.076	2.27
GQ61	1.175	4.93	GQ122	1.513	5.64	GQ182	0.274	4.82
GQ63	0.589	1.94	GQ125	0.438	4.61	GQ184	0.574	2.73
GQ66	3.273	4.15	GQ127	1.332	5.58	GQ185	0.07	4.43
GQ68	0.716	3.65	GQ130	0.222	3.81	GQ186	0.558	5.38
GQ69	0.335	2.2	GQ132	0.478	3.99	GQ194	0.078	5.63
GQ71	0.011	3.51	GQ133	0.088	7.25			
GQ74	1.775	4.78	GQ134	0.509	3.87			

注：结合《城市排水工程规划规范》GB 50318-2017与《室外排水设计规范》GB 50014-2006。

管道单侧方沟收水面积不宜大于25hm^2，单侧管收水面积不宜大于12hm^2。通过查询相关排水资料，得知径流量等于管段截面积与流速乘积。调整原则为，满足其在3年降雨条件下雨水正常排放。

管段半径的大小也是形成地表积水的因素之一，因此在表5-4中，由于超载管段阻碍了地表积水的流通，降低了流入节点的流速，造成流入节点相应的地表积水。通过对表5-4分析，得出管段超载与流入管道的积水点呈一一对应的关系，因此，提升相对管网的管径大小可解决地面的积水，提升积水流入管径的流速。

根据相关资料查询，流量公式如下：

$$Q = \omega \cdot v \tag{5-3}$$

式中，Q为管渠流量（m^3/s）；ω为管段截面面积（m^2）；v为管段内流速（m/s）。

$$v = \frac{1}{n} \cdot R^{\frac{2}{3}} \cdot I^{\frac{1}{2}} \tag{5-4}$$

式中，n为管段粗糙系数，本书中取值0.013；R为水力半径（m）；I为水力坡度。

根据上述对城市雨水管网模拟的分析，针对不符合实际情况的管线管径予以调整，得出新的城市雨水管网（表5-5）。

超载管段管径调整 表5-5

管段编号	原管段管径（m）	调整后管段管径（m）	管段编号	原管段管径（m）	调整后管段管径（m）	管段编号	原管段管径（m）	调整后管段管径（m）
GQ4	3	4	GQ22	3	3.5	GQ46	3	3.5
GQ5	2	2.5	GQ23	3.5	3.8	GQ47	2.5	3
GQ6	1.8	2.8	GQ25	1.2	1.5	GQ51	3	3.2
GQ8	2	3	GQ28	2.5	2.8	GQ52	3	3.5
GQ12	2.5	3	GQ31	2.5	2.8	GQ53	3	3.8
GQ13	2.5	2.8	GQ33	2.5	2.8	GQ59	2.5	2.8
GQ14	3	3.5	GQ34	3	3.8	GQ60	3	3.2
GQ16	2.5	3	GQ35	2.5	3	GQ61	3	3.5
GQ17	3	3.5	GQ36	2.5	2.8	GQ63	2.5	2.8
GQ19	3	3.5	GQ38	2	2.2	GQ66	3	3.5
GQ20	1.8	2.2	GQ40	2.5	2.8	GQ68	2.5	3
GQ21	1.8	2	GQ44	2.5	2.8	GQ69	2.5	2.8

续表

管段编号	原管段管径(m)	调整后管段管径(m)	管段编号	原管段管径（m）	调整后管段管径(m)	管段编号	原管段管径（m）	调整后管段管径(m)
GQ71	1.5	1.8	GQ116	2.5	2.8	GQ156	3	3.2
GQ74	2	2.5	GQ117	3	3.5	GQ157	3.5	3.8
GQ75	2.5	2.8	GQ119	3.5	3.8	GQ158	2.8	3.2
GQ76	3	3.5	GQ122	3	3.5	GQ164	3	3.4
GQ78	3.4	4	GQ125	1.5	1.8	GQ165	2.8	3.2
GQ84	1.2	1.8	GQ127	3.5	3.8	GQ166	3.5	4.2
GQ89	1.2	1.8	GQ130	1.5	2	GQ168	3	3.2
GQ90	2	2.5	GQ132	3	3.4	GQ175	2.5	2.8
GQ91	3.4	3.8	GQ133	2.5	2.8	GQ176	1.5	1.8
GQ92	3.4	3.8	GQ134	3.5	3.8	GQ179	1.5	1.8
GQ96	1.5	1.8	GQ137	3.5	3.8	GQ181	2.5	2.8
GQ97	1.8	2.4	GQ140	3	3.2	GQ182	3	3.2
GQ98	2.5	2.8	GQ145	2.5	2.8	GQ184	2.5	2.8
GQ99	3	3.5	GQ146	3	3.2	GQ185	2.5	2.8
GQ103	2.5	2.8	GQ147	2.5	2.8	GQ186	3.5	3.8
GQ104	2.5	2.8	GQ150	2.5	2.8	GQ194	2.5	2.8
GQ107	3.5	4	GQ151	3	3.5			
GQ111	4	4.5	GQ155	2	2.2			

5.2.3 海绵城市雨雪水资源化利用

（1）雨水资源化利用途径

在城市建设区充分利用湖、塘、库、池等空间滞蓄利用雨洪水，城市工业、农业和生态用水尽量使用雨水和再生水，将优质地表水用于居民生活，在一定程度上缓解沈抚新区水资源短缺问题。

雨水资源化利用主要分为集蓄利用和渗透利用两大类。城市雨水资源化主要用于河流水系、工业生产绿化、景观水体、道路及广场浇洒、居民冲厕等。

1）集蓄利用

雨水集蓄利用从以下四个方面实施：

A. 山洪水的集蓄利用。山洪对城市防洪排涝影响严重，规划区外围有山体，结合山洪消减开展雨水集蓄利用。

B. 居住区、学校、场馆和企事业单位的雨水集蓄利用。开展雨水集蓄利用，结合道路广场、公园绿地的布局，规划雨水蓄水池、雨水地下回灌系统等工程设施，规划将收集的雨水用于校园、场馆、单位内部的景观水体补水、绿化、道路浇洒等，可节约城市大量水资源。

C. 湿地、水塘的雨水集蓄利用。结合规划区内的湖体、天然洼地、坑塘、河流和沟渠以及规划人工湿地等，建立综合性、系统化的蓄水工程设施，把雨水径流洪峰暂存其内，再加以利用。

D. 绿地、公园的雨水集蓄利用。规划区内规划有湿地公园、其他城市公园等绿地资源，绿地、公园是天然的地下水涵养和回灌场所。将雨水集蓄利用与公园、绿地等结合，可用于公园内水体的补水换水，还可就近用于绿化、道路洒水等。

通过上述四方面的雨水综合利用，有利于雨洪削减的雨水集蓄利用，城市雨洪携带污染物导致面源污染的控制，并且减小洪峰流量，缓解城市内涝。

2）渗透利用

渗透利用从以下三个方面实施：

A. 生态河道的渗透利用。河道采用“软化型”的生态驳岸，采用“主河床—周期性淹没区—植被过渡区—岸线”结构布置，降低径流面源对河道水质的破坏，同时使雨水渗透利用成为景观的重要组成部分。

B. 生态路面的渗透利用。透水路面，可使降雨时雨水作为地下水的补充，有利于下降地下水位的回升；同时，雨水通过透水路面可使城市地表更为湿润，减轻城市扬尘污染，且不会溶入大量城市污染物，减少对城市河道的污染；即便暴雨时，透水路面也有助于雨水较快排出，减轻洪涝灾害影响。

C. 生态广场的渗透利用。在居住区和大型公共建筑、商业区等区域通过生态广场、停车场的建设，增加截留的雨水量。以生态广场—雨水花园—雨水调蓄塘—河道的水系组织形式，将雨水先净化后渗透，保障补充地下水水源的水质，减小土壤去除污染物的负荷。

（2）降雪资源利用规划

在海绵城市的设计中，缺少对北方城市积雪情况下的海绵设计，国内寒冷地区冬季的道路以清除冰雪为主，通常采用机械和人工相结合的除冰雪方法，将积雪转运到城市外或使用融雪剂清雪，融雪剂的使用常伴随高投入高污染的负面效应。

寒地海绵城市规划中将降雪作为雨水资源，规划足够的堆雪空间，将降雪留在规划区内，作为区域内的景观补水及城市用水的来源，由蒸发量及降水量对比分析可得研究区冬季月蒸发量大于月降水量，所以本次规划以暴雪降雪量进行堆雪量计算。

规划以道路路面积雪量计算为主，地块内部的积雪可以以内部绿地作为堆积场地。日本在道路横断面设计中，详细地考虑了降雪因素的影响，得到了积雪地区满足堆雪宽度的道路横断面设计方法，对我国东北寒冷地区横断面设计有很好的借鉴作用。现就日本积雪地区道路横断面宽度的设计方法指导本次规划区内的道路堆雪设计（图5-15）。

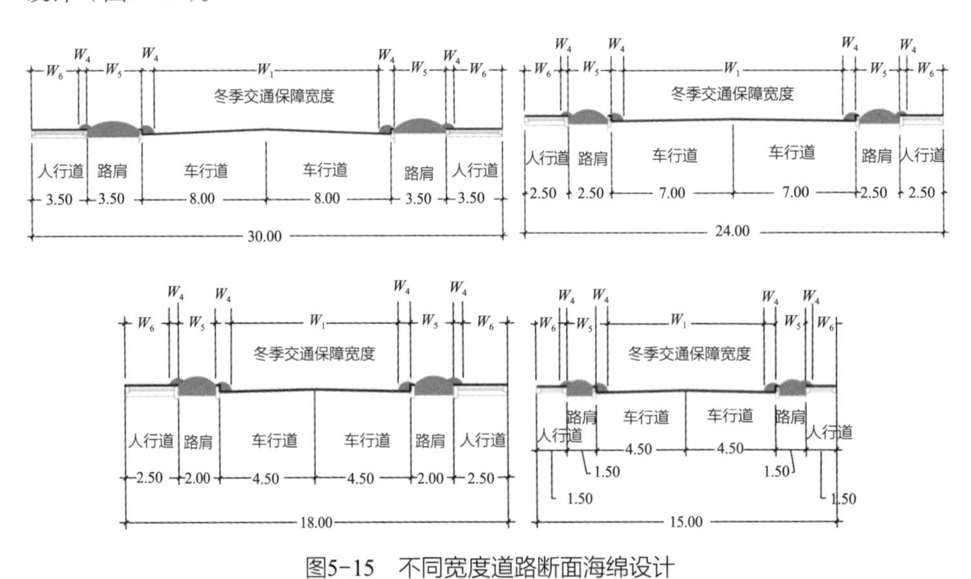

图5-15　不同宽度道路断面海绵设计

注：W_1为冬季车行道保障宽度；
W_4为一次堆雪宽度；W_5为二次堆雪宽度；W_6为冬季人行道宽度。

一次堆雪宽度计算：

$$W_4=\begin{cases}1.543\sqrt{V_1} & V_1\leqslant 0.722\text{m}^3/\text{m}\\ 0.909V_1+0.655 & V_1>0.722\text{m}^3/\text{m}\end{cases}$$
$$V_1=k_1\cdot\frac{P_1}{P_2}\cdot h_1\cdot\omega_a \tag{5-5}$$

式中，V_1为一次堆雪量（m^3/m）；k_1为一次堆雪系数；P_1为新积雪密度（g/cm^3）；P_2为一次雪密度（g/cm^3）；h_1为规划对象积雪深度（m）；ω_a为一次堆雪除雪对象宽度（$=W_1+W_2+W_3$）（m）；W_1为冬季车道宽度；W_2为中间路缘带宽度；W_3为路肩路缘带宽度。

二次堆雪宽度计算：

$$W_5=\begin{cases}\sqrt[2]{2.25+V_2-3} & V_2\leqslant 10\mathrm{m^3/m}\\ \dfrac{1}{3.5}(V_2+4) & V_2>10\mathrm{m^3/m}\end{cases} \tag{5-6}$$

$$V_2=k_2\cdot\frac{P_3}{P_4}\cdot h_2\cdot\omega_b$$

式中，V_2为二次堆雪量（m^3/m）；k_2为二次堆雪系数；P_3为自然积雪密度（g/cm^3）；P_4为二次降雪密度（g/cm^3）；h_2为规划对象积雪深度（m）；ω_b为二次堆雪除雪对象宽度（$=W_1+W_2+W_3+W_4+W_5+W_6$）（m）；W_4为一次堆雪宽度；W_6为冬季人行道宽度。

一次堆雪宽度是指由新雪除雪作业等把雪暂时堆放到道路一侧时的宽度，二次堆雪宽度是指扩宽除雪作业等长时间堆放积雪时的道路宽度（表5-6）。

不同道路红线堆雪量计算表　　表5-6

道路红线宽度（m）	车行道宽度（m）	人行道宽度（m）	降雪厚度（m）	车行道一次堆雪量（m/m^2）	人行道一次堆雪量（m/m^2）	车行道一次堆雪宽度（m）	人行道一次堆雪宽度（m）	二次堆雪总量（m/m^2）	车行道二次堆雪宽度（m）
40	12.5	3.5	0.13	0.39	0.11	0.97	0.51	2.15	1.19
30	8	3.5	0.13	0.25	0.11	0.77	0.51	1.61	0.93
24	7	2.5	0.13	0.22	0.08	0.72	0.43	1.29	0.76
18	4.5	2.5	0.13	0.14	0.08	0.58	0.43	0.97	0.59
15	4.5	1.5	0.13	0.14	0.05	0.58	0.34	0.80	0.50

5.3　低影响开发系统构建与定量方案

针对沈抚中心城区现状特点，在研究区内建立良好的雨雪水收集利用系统，在降雨初期进行就地或者就近渗透、吸收、滞留、存储、净化雨雪水，以此不仅可以补充地下水并合理应用雨雪水资源，调节水循环，而且可以减少雨水流入“牤牛河”浑河，减轻雨季浑河排水压力。因此，提高就地入渗率、减少地表径流量是海绵城市建设中提出的重点要求。低影响开发理念可以由多种径流控制技术实现，灵活性较高，可以通过不同组合方式适应各种不同场地状况的限制，在低重现期降雨发生时，低影响开发措施能够有效降低径流量，因此，设置寒地适宜性低影响开发设施，进行雨雪水就地收集方案设计，促进雨雪水就地入渗、收集、再利用，减轻城市管网的压力。

低影响开发理念作为海绵城市建设中重要的一部分，其渗透、调蓄、收集的作用较为显著，且其主要是与城市绿地系统结合设计，故在保证城市各类绿地的综合功能（如生态环境、休憩娱乐、文化教育等）的基础上，根据现状及规划情况分析，在有条件且有需求的地块，进行大量低影响开发措施的建设。低影响开发措施虽然对重现期较大的降雨应对能力有限，但是针对重现期较小的降水情况有较为有效的作用，对海绵城市建设中“小雨留得住”的实现有深远影响。

5.3.1 沈抚中心城区海绵城市管控分区划分

（1）海绵城市管控分区初步划分

沈抚中心城区海绵城市建设管控分区划分主要分为两个步骤，首先以填洼后的研究区数字高程模型（DEM）、现状水系及遥感影像为基础，利用GIS水文分析的功能，通过Strahler法则进行河流分析，并提取河流网络划分集水流域（图5-16）。

沈抚中心城区管控分区是后续低影响开发措施设置指标控制体系的基础，因此分区的划分需要符合沈抚新区的实际情况，保证整个海绵城市建设的可操作性，主要根据沈抚新区城市功能分区、水系规划、交通网络规划及雨水排水规划等资料进行各管控分区边界修正（图5-17），使其基本满足每个管控分区内功能性相同，便于对其进行管理设计。

图5-16　基于河网等级的集水流域

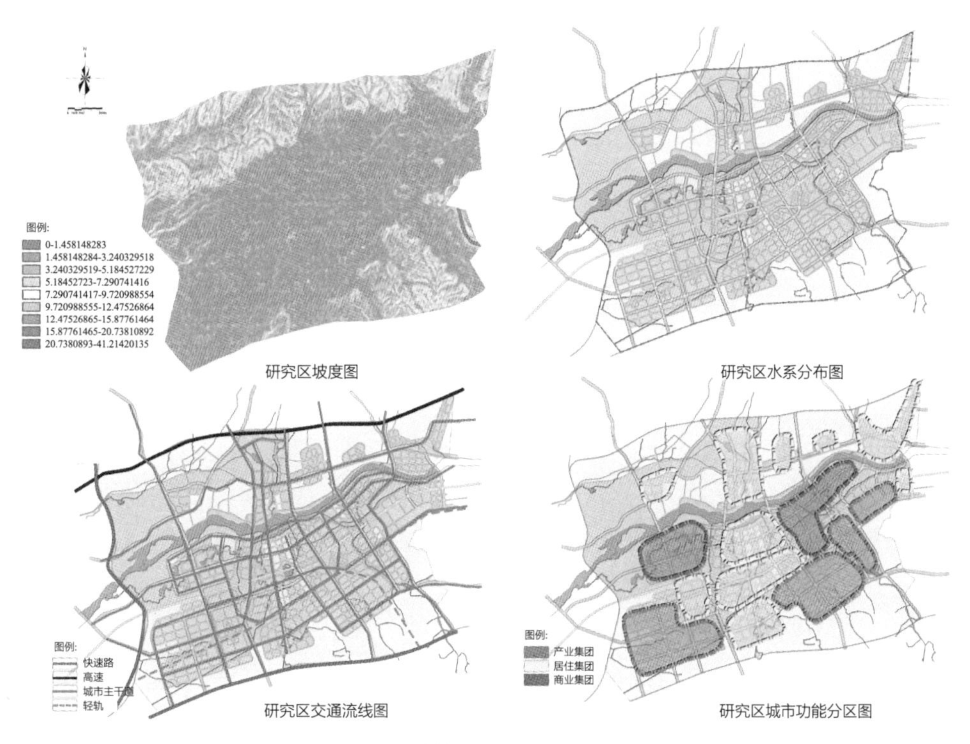

图5-17　管控分区边界修正因素

（2）海绵城市管控分区方案

结合规划区地形图、城市功能分区以及路网结构等资料，由于中心城区现状浑河北部坡度较高（大于2‰）、南部坡度较低，且考虑到城市功能分区，故在浑河南部的管控分区较北部而言更为细化和复杂。现将规划区划分为11个海绵城市建设管控分区（图5-18、表5-7），汇水面积从4.88km²到22.26km²不等。

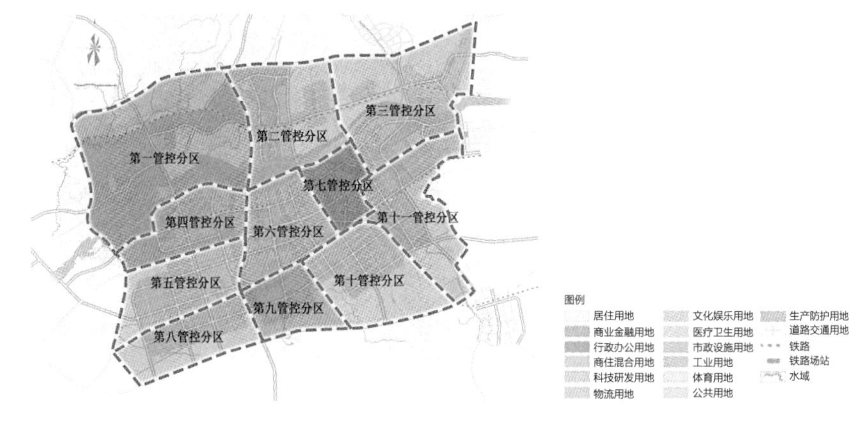

图5-18　沈抚中心城区海绵城市建设管控分区示意图

沈抚中心城区海绵城市建设管控分区信息表 表5-7

序号	功能区	分区名称	主要城市功能	建设用地汇水面积（km^2）	出水口
1	生态区	第一管控分区	居住区	22.16	浑河
2		第二管控分区	居住区	12.26	浑河
3		第三管控分区	居住区	13.01	浑河
4	工业园区	第四管控分区	商业区	8.13	浑河
5		第五管控分区	工业区	15.62	小沙河
6		第六管控分区	居住区	14.66	小沙河
7		第七管控分区	商业区	7.26	拉古河
8		第八管控分区	工业区	5.02	沈抚灌渠
9		第九管控分区	居住区	4.88	小沙河
10		第十管控分区	工业区	7.93	拉古河
11		第十一管控分区	工业区	7.28	拉古河

5.3.2 各管控分区低影响开发设施选择与组合

（1）沈抚中心城区低影响开发技术选择原则

沈抚中心城区规划系统中，基于对场地地形地势特点、规划设计美观性及其所承担的区域功能进行低影响开发措施的选择和设计。

基于各分区内径流特点和径流控制量进行低影响开发措施的设置。

沈抚中心城区规划系统在年径流总量控制率满足规定目标时，需对其成本效益、环境效益及社会效益进行综合考虑。

（2）沈抚中心城区低影响开发技术选择

雨水收集利用设施根据其对雨水的控制方式可分为生物滞留设施、雨水渗透设施、雨水调蓄设施三类。对各类雨水收集措施的技术特征进行分析（表5-8）。

各类雨水收集利用措施及特征　　表5-8

控制方式	技术措施	技术特征
生物滞留设施	下沉式绿地	减少径流量，增加入渗量，减少排水，涵养地下水
	雨水花园	适用于洼地区域；改善水质，净化雨水，美化环境
	生态树池	削减径流量及峰值流量；有效减少径流污染物，增加雨水入渗量
	屋顶绿化	有效减少屋面径流量和污染负荷
	植被缓冲带	减缓径流流速、有效削减径流量和污染物
雨水渗透设施	透水铺装	削减径流量；补充地下水
	植草沟	具有截污、净化和渗透等功能；便于施工、造价低
	渗透井	占地面积和所需地下空间小；净化能力低，需要预处理
	渗透池	渗透面积大、净化能力强，能提供较大的渗水和储水容积；占地面积大，在拥挤城市应用受到限制
	渗管	场地空间要求小，具有渗透功能
雨水调蓄设施	调蓄池	节省占地，雨水灌渠易接入，蓄水量大；建设和维护费用高
	雨水桶	简易雨水集蓄利用设施，存储容量小；安装和维护费用低
	人工湿地	有效削减污染物；有效削减径流量和峰值流量；建设和维护费用较高

根据各类雨水收集措施技术特征，结合低影响开发措施筛选原则，在沈抚中心城区中可以选用的低影响开发措施有：透水铺装、植被缓冲带、雨水桶、下沉式绿地、雨水花园、人工湿地、调蓄池、生态树池、植草沟、截流沟等。各措施的适用用地类型及功能见表5-9。

沈抚中心城区低影响开发措施适用区域及功能特性　　表5-9

技术措施	适用用地	功能	污染物去除率（SS，%）	经济性	
				建造	维护
下沉式绿地	绿化区域	补充地下水、调峰	—	低	低
雨水花园	绿化区域	补充地下水、调峰	—	低	低
植被缓冲带	绿化区域	补充地下水、调峰、净化	50～75	低	低

续表

技术措施	适用用地	功能	污染物去除率（SS，%）	经济性	
				建造	维护
生态树池	绿化区域	补充地下水、调峰	70～95	中	低
透水铺装	步行路、广场、停车场	补充地下水、调峰	80～90	低	低
渗透井	广场、停车场	补充地下水、调峰	—	低	低
渗透池	调蓄池	补充地下水、调峰	70～80	中	中
雨水桶	建筑	集蓄利用、调峰	80～90	低	低
调蓄池	水系	集蓄利用、调峰	—	高	中
人工湿地	公园、水系	集蓄利用、调峰、净化	—	高	中
植草沟	道路旁绿化、广场周边、停车场周边	补充地下水、净化、传输	—	低	低
截流沟	广场	传输	—	低	低

（3）各管控分区低影响开发技术选择

沈抚中心城区以浑河为界，第一、第二、第三管控分区主要分布于浑河北岸及浑河景观带，其功能以生态旅游为主，大多为非建设用地，零散布置五个居住组团，水系及绿地较多，对于低影响开发措施布置条件较好。其中居住区中有较大比例的独栋别墅用地，其不透水面积相对较低，对于小型的渗透策略有更为广泛的设计，如可以大量铺设透水铺装，在玩耍区域铺设下沉式绿地，以及将屋顶雨水与渗井连接等。

浑河南岸主要以工业区为主，并适当建设居住区、商业区等，用地分布较为密集。其中第五、第八、第十、第十一管控分区为工业园区，其中低影响开发景观设计较为特殊，大多数园区内空间有限，但是需要大型铺装场地供卡车进出及员工停车，且经常有化学物质的储存及其他特殊活动区域，需要避免渗透设施。但是，在设计中可以通过细节来保证雨水径流量及污染控制，包括可以在人行道上设置透水铺装来减少雨水径流量，在可渗透的区域可以适当进行低影响开发措施设计进行雨水径流收集，在场地周围设置植草沟，在特殊区域进行合理覆盖以防止污染物进入雨水系统等。第六和第九管控分区为居住区，其地势相对平整，对于低影响开发措施有更多的选择，且布置方式相对灵活，如对支路及活动场地设置透水铺装，将居住单元之间的绿地做下沉式设计并适当设计雨水花园防止雨水外排，沿河流设置湿地等。第四和第七管控分区为商业休闲区，其人流、车流量较大，硬质铺装较多，某些地区地下空间利用率较高、绿地连通性差，导致对某些低影响开发措施设计有一定影响。其中，可以在停车场适当设计透水铺装及下沉式绿地，并且对于绿地景观可以进行下沉设计等。

根据对各管控分区具体分析，结合各自规划后水系、绿地状况，将相关主要低影响开发措施的具体适用性总结成表5-10。

沈抚中心城区各管控分区低影响开发措施适用表　　　　表5-10

管控分区	低影响开发措施					
	下沉式绿地	雨水花园	植草沟	植被缓冲带	透水铺装	雨水湿地
第一管控分区	○	○	○	√	√	√
第二管控分区	√	√	√	√	√	√
第三管控分区	√	√	√	√	√	√
第四管控分区	√	√	√	√	√	√
第五管控分区	○	○	√	×	○	○
第六管控分区	√	√	√	×	√	○
第七管控分区	√	√	√	√	√	√
第八管控分区	○	○	√	×	○	×
第九管控分区	√	√	√	○	√	○
第十管控分区	○	○	√	×	○	×
第十一管控分区	○	○	√	○	○	√

注：√为宜选用，○为可选用，×为不宜选用。

5.3.3　沈抚中心城区低影响开发系统构建

结合海绵城市与低影响开发的内涵，可以将沈抚中心城区低影响开发系统规划分为“源头削减—中途传输—末端调蓄”三个系统，对应“源—流—汇”理论对雨雪水进行全程有效管理。针对寒地城市，冬季积雪融化后也是丰富的水资源，对雪水融化后的合理利用可缓解冬季城市旱情，补充地下水源，也可以作为景观水体的补充水源（表5-11）。

低影响开发设施选用一览表　表5-11

技术类型（按阶段分类）	单项设施
源头削减系统	透水铺装、下沉式绿地、植被缓冲带
中途传输系统	植草沟
末端调蓄系统	雨水花园、湿地、渗透塘、渗井、雨水桶、蓄水池、生物滞留设施

（1）源头削减系统

在沈抚中心城区低影响开发系统中，源头削减系统主要是对雨雪水径流量的控制及对水源污染物的降低，雨雪水属于轻度污染水，尤其是在降雨发生的初期，径流污染物浓度极大，雨雪水的滞留可以在短时间内降低研究区的集中排水压力，保证管网及河道的正常排水，雨雪水径流路径可以决定其滞留时间，为了使地表水径流速度降低且加长径流路径，可以将路径变得曲折，也可以在适当位置增加合理的高差。

针对研究区LID系统构建，对于LID措施源头消减途径主要包括四种：一是针对可能铺设透水性铺装的场地，尽量增加透水铺装的铺设，使雨水入渗，减少雨水径流，改变大量不透水铺装应用对城市水文过程的不良影响；二是通过对绿地进行下沉式设计，使其能够有效集中收集雨水径流进行入渗处理；三是将不透水区域和雨水排放系统进行切割，可以通过改变硬质铺装与绿地之间的高程关系，使场地产生的雨水径流先流入绿地，进行初步的渗蓄及净化过程，最后进入城市排水系统；四是通过台地、地形坡度和下沉绿地等途径解决建设用地与水体之间存在的高差，提高景观性与生态性。

但对于寒地城市透水铺装的选择需要注意，冬季积雪融化时，融雪水是逐渐析出的，与雨水相比，对透水铺装地面透水性要求低，不易产生径流，融雪水基本能入渗到地下。但是由于积雪融化后，融雪水渗透到铺装地面下，随着地表温度变化，有时会产生冻融现象，因此，需要在铺装材料选择及施工上采取预防措施；对入渗灌渠应将其埋置在土层冻土线以下约200mm处，防止冻涨。

绿地中的非硬化地面也是雪水入渗的主要区域，硬质铺装地面积雪可以通过除雪机械汇集到绿地中进行渗透利用。降低地面高程，形成下凹绿地，冬季降雪到达地面后，便于除雪机械把不透水地面的积雪搬运到园林绿地中，可以覆盖地表植被，保持土壤温度，帮助植物抵御严寒。气温转暖后，雪水又能以自然的方式渗入地下，渗入地下的水可以被植物吸收或通过毛管吸力被保持在土壤中，多余渗透水形成地下水。绿地入渗还可以充分利用土壤和植物根系的净化能力，对雪水中所含污染物、杂质等起到一定的净化作用。特别是冬季雪后路面上散布的融雪剂，与路面排水一起向河流或湖泊水域排放后，污染水体，使鱼类和水生植物受到影响，如果渗入地下也会对饮用水造成影响。另外，选作积雪消纳区的绿地，种植的植被应选择耐压、抗冻、耐盐植被，绿地边缘地带不应设置绿篱或留有出入口，防止阻碍积雪导入消纳区。

（2）中途传输系统

中途传输阶段是指通过对雨洪管理措施的多样性运用改变雨水在处理利用的中间阶段，具体是通过对传统排水方式改进以及雨雪水径流运送阶段的蓄滞，影响其传输时间，对雨雪水的入渗、截流和净化有较为积极的作用。

通过对雨水进行收集以及对地表径流流速的减缓可以延长雨水滞留传输时间。本书中运用四种途径：一是利用雨水沟渠，在运送过程中，通过水的自然回补过程涵养水土，并可在部分地方结合人工旱溪，营造特色景观，同时对径流有一定的减缓作用；二是充分利用场地现有高差特点，延长雨水滞留传输时间，同时为了提升场地景观观赏性，可合理设置台地、阶梯式排水过程等措施，将LID措施与纵向坡度有效结合，甚至在部分阶段适当进行扩大化处理，组织居民进行参观了解；三是将铺装场地与LID措施结合，使其在现有低洼地形处进行排水设计，可对雨水径流进行有效蓄滞，并使其具有一定的景观性；四是对场地进行一定的竖向设计，使雨水径流分散汇集，从而形成多个小型汇水面，并改造雨水径流传输方向和路径，达到有效入渗，一定程度回补地下水。

同时，对于寒地城市可在建筑物周围设置绿化带，收集路面积雪及屋顶的融雪水，设置下沉式绿地作为积雪消纳区，消纳积雪，使雪融水流向集水池、集水井等雨雪利用设施处理或渗入地下涵养地下水源。

（3）末端调蓄系统

雨雪水在经过一系列的净化、过滤、渗滞，最终进入受纳水体前，还需进一步的净化与存蓄，即最后对雨雪水进行水量和水质的控制，使其在进入受纳水体时，尽可能不影响其现有自然生态系统，此过程称为末端调蓄。末端调蓄主要分为自然和人工两种方式。

自然调蓄主要考虑研究区地形条件，利用植被生长环境，结合建设雨水花园、人工湿地等LID措施，可以改善生物栖息地环境，还可对水体的净化调蓄有一定的作用。

人工调蓄一方面需要计算容积以确定规模，另一方面根据寒地城市丰水期和枯水期的不同特点，营造旱雨两季不同的滨水景观。设计途径分为两种：一是通过小型多功能调蓄池，设置旱雨两用雨水集蓄空间；二是利用卵石浅沟、高位花坛、雨水花园等措施结合人工构筑物加以设计，调蓄雨水径流，增强设施景观性。

对于寒地城市，在自然调蓄方面，可以选用潜流湿地系统，其通常表层有填料覆盖，在冬季可减小因污水蒸发和流动造成的能量损失，有助于维持和提高湿地内的温度，是我国东北地区运行人工湿地的首选；在人工调蓄方面，结合雨水利用设施建立储雪站，储存起来的雪水可以作为中水代替部分城市自来水，用于绿地浇灌、道路清洒、冲厕等，也可以作为景观水体的补充水源。积雪存储工程设施可以分为两类：一类是将积雪搬运至人工的地上或地下蓄水调节设施，以集蓄利用为目的，结合水处理设施统一设计，对融化后的雪水进行处理，再进行利用；另一类是利用绿地内的河湖水面、城市河道、水库等蓄水量较大的开阔水面，将雪水贮存与景观建设相结合，依靠水体的自净能力或建设人工湿地系统，来改善水体水质并加以合理利用。

5.3.4 海绵城市规划方案定量计算

根据前文对各管控分区低影响开发措施的适宜性选择，借鉴丁年等人的研究，结合各分区绿地水系分布情况，初步确定各分区的控制指标的范围，主要包括下沉式绿地率及下沉式绿地下沉深度，生物滞留设施率及生物滞留设施储蓄深度等。

研究区各地块的调蓄容积等于各具有调蓄功能的低影响开发设施调蓄容积及入渗容积之和，其中各低影响开发设施调蓄容积等于设施面积与蓄水深度的乘积，而调蓄容积等于调蓄设施个数与调蓄设施容积乘积。根据公式可确定各管控分区低影响开发雨水系统的设计降雨量。

$$H = V/10\ \Phi\ F \qquad (5\text{-}7)$$

式中，H为各地块的设计降雨量（mm）；V为各地块的调蓄容积（m^3）；Φ为各地块的综合雨量径流系数（海绵措施实施后）；F为各地块的面积（hm^2）。

对照表5-2中的年径流总量控制率与设计降雨量的关系，确定各管控分区的年径流总量控制率。通过对各管控分区年径流总量控制率与各分区汇水面积加权平均得到研究区规划范围内雨水系统年径流总量控制率。对上述步骤重复计算，直到最终研究区规划范围内达到年径流总量控制率75%的目标要求（图5-19）。

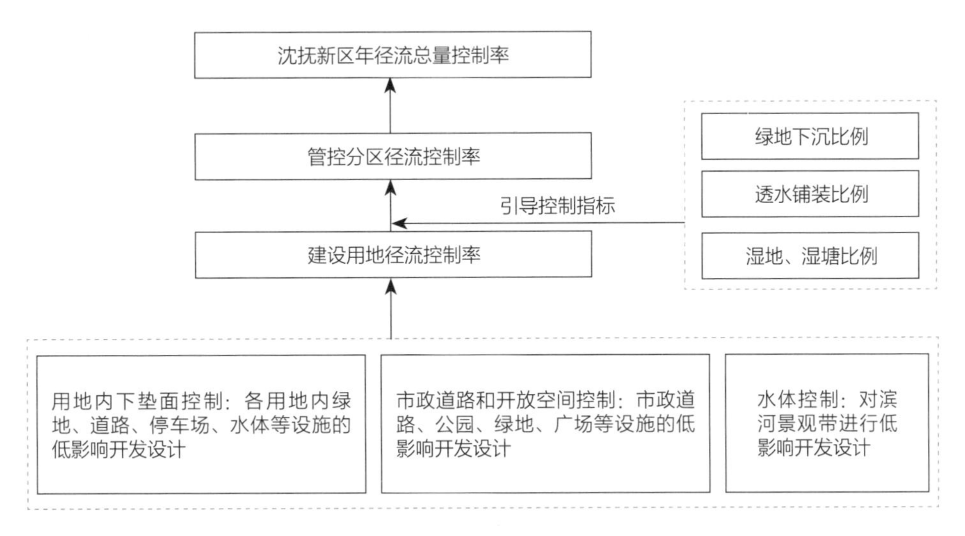

图5-19　沈抚新区海绵城市建设目标实现途径

（1）下沉式绿地

下沉式绿地规模根据水量平衡分析法进行计算，计算公式为：

$$Q_0+U_0=S+Z+D+U_1+Q_2 \tag{5-8}$$

式中，Q_0是进入下沉式绿地的雨水径流量（m^3）；U_0是开始时下沉式绿地的蓄水量（m^3）；S是下沉式绿地的雨水入渗量（m^3）；Z是下沉式绿地的雨水蒸发量（不包括植物的蒸腾量）（m^3）；D是下沉式绿地的植物蒸腾水量（m^3）；U_1是结束时下沉式绿地的最大蓄水量（m^3）；Q_2是下沉式绿地的雨水溢流外排量（m^3）。

通常假设开始时下沉式绿地内无蓄水量、计算时段内无溢流外排量，忽略下沉式绿地内植物和土壤的蒸腾量。故下沉式绿地水量平衡分析计算公式简化为：

$$Q_0=S+U_1 \tag{5-9}$$

下沉式绿地雨水渗透量：

$$S=60K\cdot J\cdot F_2\cdot T \tag{5-10}$$

式中，K为土壤稳定入渗速率（m/s）；J为水力坡度，一般取J=1；T为计算时段（s）。

下沉式绿地雨水存蓄量：

$$U_1=F_2\cdot\Delta h \tag{5-11}$$

式中，Δh为下沉深度（m）。

经计算，沈抚中心城区下沉式绿地按图5-18管控分区，具体面积分别为38.44、33.74、40.45、21.89、27.82、58.87、28.55、13.40、22.80、19.42、24.46hm^2。

（2）雨水花园

雨水花园渗透及存蓄能力的计算方法是基于水量平衡分析法来确定雨水花园面积规模的方法，其计算公式如下：

$$A_f = \frac{A_d H \phi d_f}{60KT(d_f + h) + h_m(1 - d_f)^2} \tag{5-12}$$

式中，A_f为雨水花园的面积（m^2）；A_d为汇流面积（m^2）；H为设计降雨量，≤0.3（m）；ϕ为汇流面的径流系数；K为土壤的渗透系数（m/s），见表5-12；d_f为雨水花园深度（m）；T为降雨历时（min）；h为蓄水层平均水深，取最大水深（h_m）的1/2（m）（表5-12）。

各种土壤的渗透系数参考值　　表5-12

土基层类型	渗透系数（m/s）	土基层类型	渗透系数（m/s）
黏土	1.16×10^{-8}～6.25×10^{-7}	中砂	1.16×10^{-4}～1.74×10^{-4}
粉质黏土	1.16×10^{-6}～2.89×10^{-6}	粗砂	2.89×10^{-4}～5.79×10^{-4}
粉土	5.79×10^{-6}～1.16×10^{-5}	圆砾	5.79×10^{-4}～1.16×10^{-3}
粉砂	1.16×10^{-5}～5.79×10^{-5}	卵石	1.16×10^{-3}～5.79×10^{-3}
细砂	5.79×10^{-5}～1.16×10^{-4}	少裂隙岩石	2.31×10^{-4}～6.94×10^{-4}

经计算，沈抚中心城区雨水花园按图5-18管控分区，具体面积分别为4.34、4.60、4.38、2.54、3.26、7.98、3.14、1.86、2.80、2.50、3.08hm^2。

（3）植草沟、截流沟

植草沟等转输设施，其设计目标通常为排除一定设计重现期下的雨水流量，可通过推理公式来计算一定重现期下的雨水流量，如式（5-13）：

$$Q = \psi qF \tag{5-13}$$

式中，Q为雨水设计流量（L/s）；ψ为流量径流系数；q为设计暴雨强度［L/（s·m^2）］；F为汇水面积（hm^2）。

$$V = QT \quad (5\text{-}14)$$

式中，V为设计雨水传输设施容积（m^3）；T为降雨历时（s）。

（4）人工湿地

人工湿地、雨水调蓄池和雨水桶规模设计方法采用容积法。容积法的计算原理是将进入雨水收集设施中的雨水径流量的体积作为雨水收集设施的容积进行计算，计算公式为：

$$V = 10 \cdot H \cdot \varphi \cdot F \quad (5\text{-}15)$$

式中，V为设计雨水收集设施容积（m^3）；H为设计降雨厚度（mm）；φ为综合径流系数，根据各类下垫面径流系数加权进行计算；F为汇水区域面积（hm^2）。

经计算，沈抚新区人工湿地按管控分区计算，具体面积分别为3.22、1.59、1.66、0.94、1.10、2.14、1.16、0、0.85、0、1.14hm^2（表5-13）。

各管控分区海绵城市建设指标分解表　　表5-13

分区名称	年径流总量控制率(%)	下沉式绿地（hm^2）	雨水花园（hm^2）	透水铺装（hm^2）	人工湿地（hm^2）	其他调蓄容积（万hm^2）	总调蓄容积（万hm^2）
第一管控分区	85	38.44	4.34	42.23	3.22	2.40	13.32
第二管控分区	80	33.74	4.60	32.20	1.59	0.65	9.73
第三管控分区	80	40.45	4.38	35.24	1.66	0.78	11.18
第四管控分区	75	21.89	2.54	21.05	0.94	0.39	6.10
第五管控分区	70	27.82	3.26	26.59	1.10	5.93	13.13
第六管控分区	75	58.87	7.98	47.46	2.14	0.45	15.90
第七管控分区	75	28.55	3.14	23.90	1.16	0.49	7.83
第八管控分区	70	13.40	1.86	10.77	0	2.40	5.64

续表

分区名称	年径流总量控制率（%）	下沉式绿地（hm²）	雨水花园（hm²）	透水铺装（hm²）	人工湿地（hm²）	其他调蓄容积（万hm²）	总调蓄容积（万hm²）
第九管控分区	80	22.80	2.80	24.54	0.85	1.08	6.99
第十管控分区	65	19.42	2.50	13.93	0	2.85	7.49
第十一管控分区	75	24.46	3.08	17.53	1.14	1.92	8.42

根据各管控分区的径流总量控制率及主要低影响开发措施的面积，并借鉴相关规范内容及丁年等人的研究及对各管控分区的建设用地进行低影响开发措施的设计，主要按照各管控分区中用地性质、土地利用现状、地形地势等指标对低影响开发规模进行定量研究。其中，土地利用现状主要考虑对已建成地块的低影响开发改造难易程度及改造效果造成的影响。用地性质中，按照不同管控分区中不同类型用地中绿地水系所占比例高的低影响开发潜力较大，地下空间利用率较高或者存在地下水污染风险的地块比例需较低。在地形地势中，对于地势较低的地块对低影响开发建设的需求较高。综合考虑以上几点最后可以得到图5-20。

5.4 海绵系统优化方案模拟与分析

基于第4章中流域尺度格局优化以及城市尺度海绵系统优化方案（图4-26），本书对预规划方案土地利用类型进行调整：①拓宽浑河两边生态廊道，连通南北向的两条生态廊道，以此加强沈抚新区浑河南北两边的联系；②浑南南岸山地众多，主要发展生态旅游业，不适合开发居住和商业用地，将浑河以南部分居住和商业用地调整为林地或其他用地；③根据土地适应性评价，浑河以南生态产业区地块属于不适宜建设区域，把这些地块调整为其他用地；④浑河南岸湿地公园上边的商业用地、居住用地以及城市道路用地都调整为其他用地；⑤预规划西侧部分产业用地调整为耕地或其他用地用于城市泄洪通道（图5-21）。

本书利用SWMM（storm water management model，暴雨雨洪管理模型）对研究区预规划方案和优化方案两种情景进行模拟对比分析，评价优化方案对城市地表

图5-20　沈抚中心城区各地块控制指标分布图

（a）各地块绿地下沉比率控制指标分布图；

（b）各地块透水铺装率控制指标分布图；

（c）各地块年径流总量控制率分布图

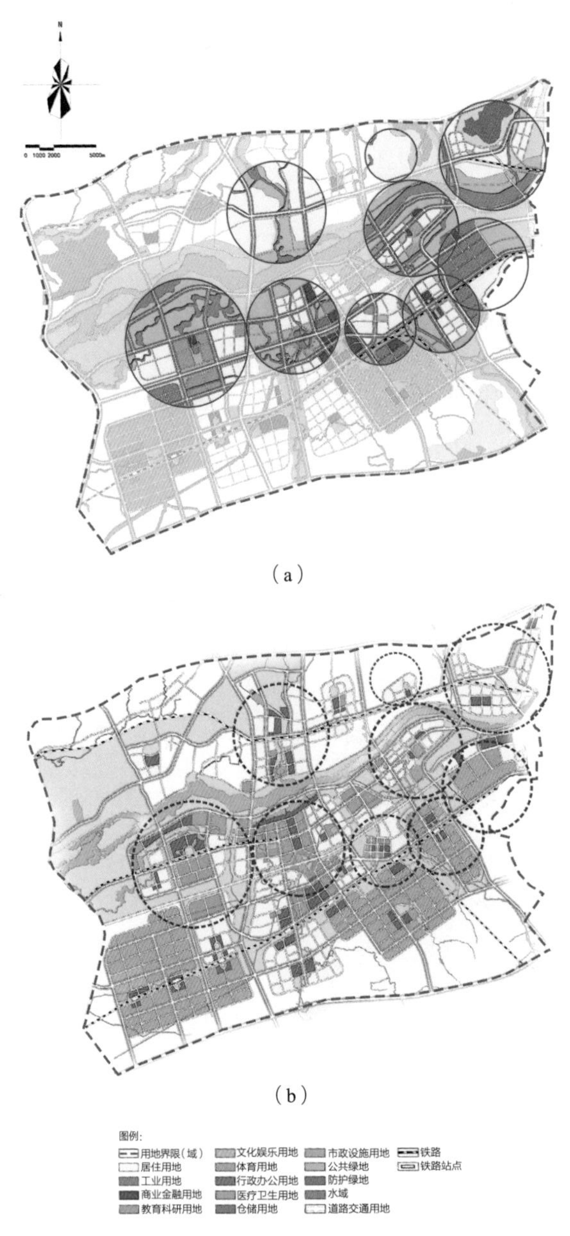

图5-21　优化后及预规划方案用地类型

（a）预规划方案；（b）优化调整后

径流和雨水调控能力的影响。首先对预规划方案研究区进行子汇水区域划分，并将其概化，其次对模型参数进行设定和校验，最后对地表径流进行模拟，分析各降雨重现期下子汇水区总径流量及各排水口的积水情况。针对优化后的方案，由于系统优化及LID措施的应用，概化结构图中河流和雨水管网有所调整，同时对LID控制的构造参数进行设置。模拟系统优化前后不同降雨重现期下地表径流，对比模拟结果数据，分析其对研究区降雨的调控情况（表5-14）。

不同预案下用地指标对比 表5-14

预案类型		预规划方案		系统优化方案	
用地类型 面积及占比		用地面积 （km^2）	面积占比 （%）	用地面积 （km^2）	面积占比 （%）
绿地		41.27	34.9	50.43	42.7
其中	公共绿地	12.42	10.5	14.21	12.0
	生产防护绿地	28.85	24.4	36.21	30.7
水域及其他		87.34	—	92.63	—

根据《室外排水设计规范》GB 50014-2006，城市雨水排水系统的设计重现期相关规定：中心城区2～5年、非中心城区2～3年，中心城区的重要地区5～10年，内涝防止设计重现期30～50年。本书选择设计暴雨重现期为1年、3年、5年、50年，降雨历时120min的降雨过程进行模拟研究。

5.4.1 预规划方案模拟分析

（1）子汇水区域划分

子汇水区域划分是SWMM模型建立的基础，因此子汇水区域的合理划分对进行模拟有较大影响。本次子汇水区划分将遵循以下几点原则：①根据基地内整体地形地势特点及雨水管网系统划分；②假定研究区内各子汇水分区面积上均匀降雨，即个子汇水分区各个点上的降雨强度均相同；③若子汇水区域旁有多个进水口节点，则就近选择一个作为该子汇水区域的进水口；④本次模拟仅将道路两侧干路排水管网划入雨水管网中，支路排水管不进计算。

根据以上四点划分原则，将沈抚中心城区划分为510个子汇水区域，子汇水区域占地面变化范围为2.17～867.85hm^2，不透水面积比例变化范围为0～67%；174个雨水口，174段雨水管道，34个末端出水口。概化结构如图5-22所示。

（2）模型校验

SWMM软件模型的参数主要分为确定性参数和经验参数两部分，其中子汇水区面积、坡度、不渗透性、漫流宽度等从现有资料可以获取的参数是确定性参数；

图5-22 预规划方案子汇水面概化图

其他需要通过模型手册或者相关文献给出经验值的范围内进行设定的参数是经验参数。

模型校验的思路方法是：首先利用芝加哥过程线模型分别合成三种重现期同种降雨短历时和雨峰系数的降雨过程。将降雨强度过程带入到设定好初始参数的SWMM模型中，然后入渗采用Horton模型，管网汇流采用动力波法，忽略不透水区与透水区之间的侧渗影响，使坡面流均汇入集水口。先用中间重现期降雨工况模拟结果进行参数预校准，然后利用低于和高于该重现期的降雨（即：低标准和超标准降雨）过程对预校准好的模型参数稳健性进行验证，若能够满足经验或者设计综合径流系数的要求，即为合理性参数。

本书研究区属于规划区，管网系统并未建成，故没有降雨径流实测数据，不能通过排放口出流实测与模拟流量（水位）过程值进行参数的校准和验证。针对规划区这种特殊性，本书参考刘兴坡于2009年提出的一种针对校准数据稀缺条件下的基于径流系数的城市降雨径流模型参数率定方法[194]。其基本原理是将径流系数作为模型参数校准的目标函数，通过对比城市雨水管网设计中所采用的综合径流系数和SWMM模型模拟计算得到的径流系数模拟值，对模型中主要的参数进行率定。径流系数是指在一定汇水面积内的地表径流量与降雨量的比值，通常与汇水区的土地利用、植被覆盖和地面坡度等下垫面条件有关。综合径流系数是通过模拟结果中各子汇水区径流量按照面积加权平均除以降雨量得到（表5-15）。

城市综合径流系数经验值　表5-15

区域情况	径流系数
建筑稠密的中心区	0.6～0.8
建筑较密的居住区	0.5～0.7
建筑较稀的居住区	0.4～0.6
建筑很稀的居住区	0.3～0.5

根据计算可得规划研究区综合径流系数约为0.46，符合城市建筑较稀的居住区。针对模型在不同降雨条件下的稳定性，对模型进行多场符合雨水排水设计规范规定的重现期降雨进行验证，本书选用重现期为1年、2年和3年的降雨对经验参数进行验证。通过模拟发现，不同降雨过程中径流系数分别为0.45、0.54、0.59，均符合综合径流系数经验值标准，同时，集水口J22、J160不同重现期降雨径流过程模拟如图5-23～图5-25及表5-16所示，随着重现期的增加，降雨量、洪峰流量及洪量均增加。通过对1年和3年重现期对比可以发现，降雨量增加28.1%，J22和J160洪峰流量分别增加59.4%、60.4%，洪量分别增加43.3%、43.6%，由此可见，模拟结果能够满足降雨径流产汇流规律，说明本次研究参数设定可以在规范规定重现期范围内有较好的适应能力，可以用于对研究区进行雨洪模拟分析。

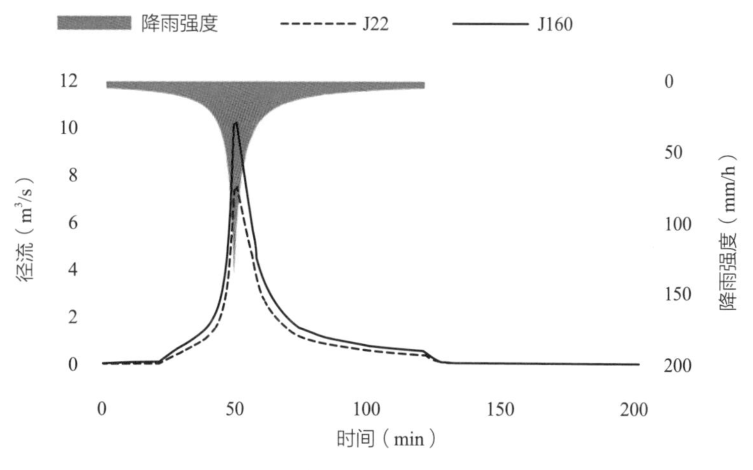

图5-23　1年重现期下降雨径流过程

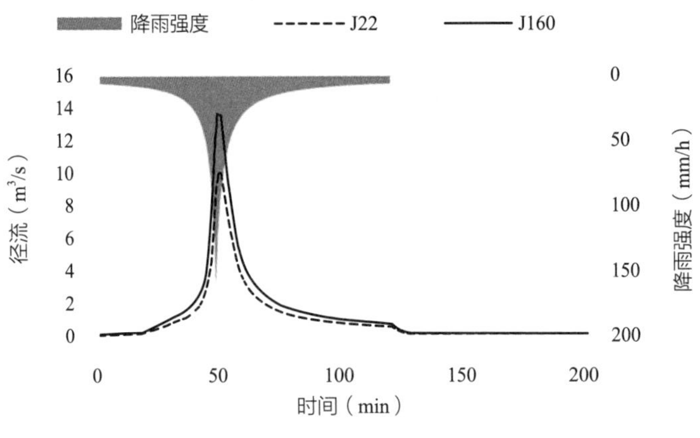

图5-24　2年重现期下降雨径流过程

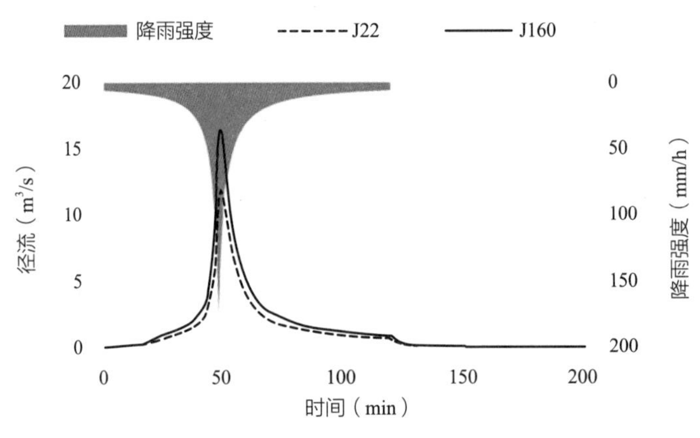

图5-25　3年重现期下降雨径流过程

J22与J160不同重现期降雨径流结果　　表5-16

重现期（年）	降雨量（mm）	洪峰流量（m^3/s）		洪量（m^3）	
		J22	J160	J22	J160
1	33.84	7.54	10.19	9586	12650
2	39.83	9.93	13.60	12201	16124
3	43.35	12.02	16.34	13739	18169

（3）模型模拟结果及分析

通过对沈抚中心城区地表径流进行模拟，可以反映出研究区规划后条件对中心城区内径流的影响，主要针对各降雨重现期下子汇水区总径流量及各排水口的积水情况等进行模拟分析。

1）地表径流模拟

各子汇水分区的径流模拟结果是接下来进行海绵城市建设研究的重要前期条件之一，针对研究区不同重现期降雨条件下获得的不同降雨量、入渗量、径流量进行整理可得表5-17。

不同重现期地表径流模拟结果　　表5-17

重现期（年）	降雨量（mm）	入渗量（mm）	径流量（mm）	入渗量占降雨量比例	径流系数
1	33.84	13.77	15.21	0.41	0.45
2	39.83	15.46	21.70	0.39	0.54
3	43.35	17.27	25.45	0.40	0.59
5	47.79	17.42	29.74	0.36	0.62
50	67.73	17.88	49.22	0.26	0.73

根据表5-17可以看出，随着重现期的增大，降雨量、径流量不断增大，但是入渗量变化较小，且占降雨量的百分比在逐渐减小，从中可以看出当重现期大于1年后，入渗量对降雨强度的敏感性较小并且逐渐接近稳定值，这是由于降雨刚开始时，降雨强度较小，土壤较为干燥，渗透速率较大，随着降雨历时不断积累、降雨强度不断增大，土壤入渗能力不断下降，从中可以反映出流域入渗量与土壤稳定入渗量存在一定的约束规律。除此之外，随着降雨重现期的增大，降雨量超过汇水区的容纳量，尤其是雨水管网超载导致地表积水难以及时削减，径流系数逐渐增加，在地面径流量达到峰值之后，在入渗和雨水管网同时作用下径流量随着降雨强度降低而减小，但是由于中间径流累积的原因，在结束降雨之后城市内仍然有一定的雨水径流。

2）节点溢流模拟

SWMM模型模拟节点溢流情况主要是通过任意时刻节点的进水深度是否超过该节点的最大深度，其中节点的溢流时间则是根据该节点进水深度超过最大深度的时间来计算得出的。通过整理模拟1年、3年、5年、50年降雨重现期节点得出各积水点的位置（图5-26、表5-18）。

通过模型模拟计算结果可以明显看出，1年一遇降雨条件下，没有节点出现溢流，即雨水管网可以满足1年设计重现期的标准。但是当降雨重现期超过3年一遇之

图5-26 不同降雨条件下积水点分布情况

后，研究区内均会有不同程度的内涝情况，且随着降雨重现期不断增大，溢流节点不断增多，最长溢流时间和总溢流量也逐渐增大，尤其面对50年一遇的暴雨，城市雨水管网系统基本瘫痪，需要对其进行海绵城市大排水系统研究。

不同降雨条件下积水点统计情况 表5-18

重现期（年）	溢流节点数	占总节点比例（%）	最长溢流时间（h）	总溢流量（万m^3）
1	0	—	—	—
3	72	41.38	1.1	17
5	100	57.47	1.18	35
50	152	87.36	1.22	153

3）管道超载模拟分析

针对《海绵城市建设指南》中对雨水管网3年一遇排水标准要求，本次研究针对3年降雨重现期下管段流量进行模拟，并整理得图5-27，其中有72段管道超载时长0.01～1.15h不等，根据对城市交通等方面的影响分析，将管段超载分成三个等级：0～0.5h为较安全段，积水在0.5h以内便可快速通过城市雨水管网排出，对城市生产与生活的影响较小，因此算作安全地段；0.5～1h为易涝段，积水在0.5～1h中，表明积水在地表停留一段时间，对城市居民的生产与生活均构成了一定的影响，需要适当提升城市雨水管网的管径；大于1h为洪涝段，管段已很难满足周边子汇水区的地表排水量，造成周边地区形成较为严重的积水区域，短时间很难排出，

图5-27　3年降雨重现期下管段流量分析

对城市正常生产生活的影响较大。针对沈抚新区管段模拟情况来看，较安全段有56段，易涝段有16段，且在3年降雨重现期下并没有洪涝段。

5.4.2　优化规划方案模拟分析

（1）模型调整方案

根据上文对于沈抚中心城区水系、排水系统的重新梳理以及对LID措施的景观设计规划，对5.4.1节中SWMM模型进行一定的优化调整如图5-28所示，其中蓝色

图5-28　沈抚中心城区调整后模型概化图

管段设置为河道、红色管段设置为雨水管网。

（2）LID控制参数确定

根据沈抚新区海绵技术景观设计方案中选用的雨水收集调蓄措施结合SWMM模型用户手册、相关参考文献等对LID控制模拟的构造参数进行设置，见表5-19。

LID措施设计参数 表5-19

参数		透水铺装	雨水花园	下沉式绿地	植草沟	湿地
表面层	蓄水深度（mm）	10	200	200	200	800
	植被覆盖	0	0.7	0.9	0.7	0.7
	曼宁值	0.2	0.015	0.015	0.015	0.015
	表面坡度	0.5	1	0.8	1	0.9
	草洼边坡（水平/竖向）	—	—	—	5	—
路面层	厚度（mm）	120	—	—	—	—
	孔隙比	0.2	—	—	—	—
	不透水率	0	—	—	—	—
	渗透率（mm/hr）	300	—	—	—	—
	堵塞因子	250	—	—	—	—
土壤层	厚度（mm）	—	600	500	—	1200
	孔隙率	—	0.4	0.3	—	0.4
	产水能力	—	0.3	0.3	—	0.34
	枯萎点	—	0.21	0.21	—	0.21
	导水率（mm/hr）	—	18	18	—	18
	导水率坡度	—	15	15	—	15
	吸水头（mm）	—	270	270	—	270
蓄水层	高度（mm）	300	200	100	—	250
	孔隙比	0.3	0.66	0.66	—	0.43
	导水率（mm/hr）	250	10	10	—	10
	堵塞因子	250	0	0	—	0

（3）方案模拟与分析

根据前几节构建的沈抚中心城区海绵城市规划方案及参数设定，使用SWMM模型模拟后，对比调整前后两种情景，在1年、3年、5年、50年四种不同降雨重现期下，沈抚新区的地表径流相关模拟结果见表5-20。

不同重现期地表径流模拟结果　　表5-20

重现期	方案状态	降雨量（mm）	入渗量（mm）	径流量（mm）	径流系数
1年	调整前	33.84	13.77	15.21	0.45
	调整后	33.84	14.21	12.27	0.36
3年	调整前	43.35	17.27	25.45	0.59
	调整后	43.35	18.02	21.87	0.50
5年	调整前	47.59	17.43	28.89	0.63
	调整后	47.59	18.19	25.17	0.55
50年	调整前	67.73	17.88	49.22	0.73
	调整后	67.73	19.00	45.03	0.67

结合图5-29和表5-20可以看出，随着重现期的增大，入渗量、降雨量和径流量都明显地增加，径流削减率随着重现期增大。随着重现期增大，调整前后的入渗量增加得都不是很明显，通过图表可以明显看出入渗量逐渐趋于稳定，说明土壤逐渐接近饱和的状态。

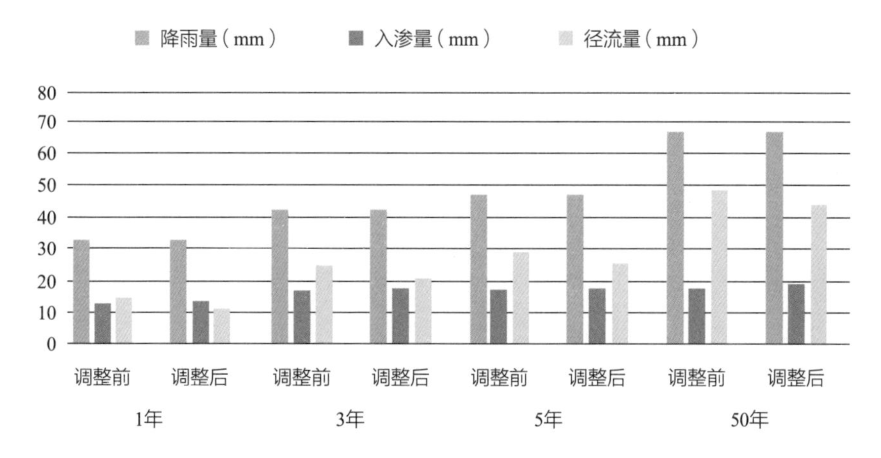

图5-29　不同重现期排放口径流总量变化图

从图中可以看出，研究区预规划模拟时，当重现期从1年增加到50年时，降雨量从33.84mm上升到67.73mm，每个重现期的对应径流量从15.21mm增加到49.22mm，增加了约2.2倍。从表5-20的第四列入渗量可以看出，随着重现期的增加，入渗量从13.77mm增加到17.88mm，增加的百分比为29.85%，从图5-29可以明显看出，雨水入渗量明显小于径流量。在研究区调整后方案中，重现期从1年增加到50年，和预规划方案时降雨量完全相同。各重现期对应的径流量从12.27mm增加到45.03mm，增加了约2.7倍，其入渗量从14.21mm增加到19.00mm，增加了33.70%，在各重现期下，调整后方案对研究区的径流总量的削减量分别为2.94、3.58、3.72、4.19mm，削减率分别为19.33%、13.75%、12.88%、8.51%，从中可以得出结论，当重现期增大时，优化方案对径流总量的削减量逐渐增加，但是相对应的削减率在逐渐降低。

1）1年重现期降雨模拟

表5-21为对预规划方案进行调整前后研究区雨水模拟的结果，对结果进行定量分析可以看出沈抚新区海绵城市建设对预规划地表径流的影响。由表5-21可以看出，在1年重现期的降雨条件下，调整前后地表径流量变化较大，其中入渗量增加了3.19%，径流量减少了19.33%且达到第5.1.3节中规范要求设计降雨量20.8mm，说明对沈抚新区进行海绵城市构建可以满足“小雨能留住”的要求。

1年重现期径流模拟结果 表5-21

	降雨量（mm）	入渗量（mm）	径流量（mm）	控制降雨量（mm）
调整前	33.84	13.77	15.21	18.63
调整后	33.84	14.21	12.27	21.56

为了定量分析低影响开发措施对研究区径流的影响，选取第六管控区中主要径流汇流节点J74，通过对比低影响开发措施实施前后该节点的径流模拟结果，可以分析得出低影响开发对该区域径流的控制和削减效果。

图5-30为模拟的径流随时间变化的过程图，通过对实施低影响开发前后降雨强度-径流随时间变化过程对比发现，低影响开发措施实施前后径流量过程中峰值和峰值时刻均有较大的变化，峰值分别为24.56、19.10m^3/s，减少了28.23%；发生时间分别为第54和57min，滞后了3min。

从低影响开发措施实施情景模拟结果可以明显看出，合理地布置低影响开发措施可以有效地控制和削减城市洪水，主要表现在削减洪峰流量，延后洪峰出现时

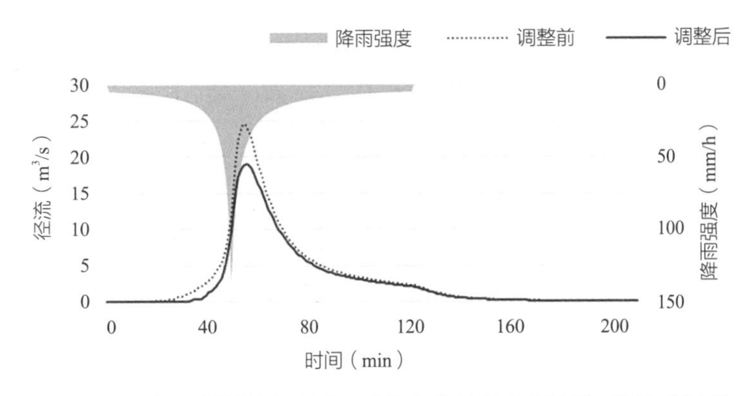

图5-30　节点J74模拟的低影响开发设施实施前后径流随时间变化过程

间，从而使城市传统雨水管网系统的排水压力降低。

2）3年重现期降雨模拟

以地表分区为基础，充分利用地形地势，依托一、二级区域水系统，就近排入。在对其模拟时，对原有的排水闸口尽可能采用明渠、明沟的形式与区域内水系相连。

子汇水区的径流量顶峰在降水55min后出现，因此，在降水后55min或60min范围内出现径流量较大的模拟结果。从图5-31可得，改造后的水网均能容纳3年一遇的降雨量，且无管段超载情况，管段利用率在73.7%，利用率相对较高。

3）50年重现期降雨模拟

在对研究区域进行50年重现期两小时内降雨模拟分析时，对子汇水区和节点的

图5-31　3年一遇降雨条件下城市雨水管网管段能力分析

图5-32　50年降雨条件下排水系统运作能力分析

积水深度和包括城市绿色基础设施在内的城市雨水排水体系的管段能力两方面的结果进行分析（图5-32）。

在子汇水区和节点方面，因在强暴雨条件下，雨水管网已经超过了设计重现期标准，失去快排作用，城市积水是在所难免的，根据相关研究和防洪标准，在此情况下，管段均已超载，而在城市绿色基础设施的系统中，整体较为顺畅，基本满足城市防洪要求。

模拟结果表明：随着降雨重现期的增大，研究区内径流总量和径流系数呈上升趋势；在相同降雨重现期下，优化方案的径流系数明显降低，径流总量的削减量逐渐增加，1年一遇、3年一遇、5年一遇和50年一遇重现期下的削减量分别为2.94、3.58、3.72、4.19mm；相对应的削减率逐渐降低，分别为19.33%、13.75%、12.88%、8.51%；对不同重现期下地表径流和入渗量进行模拟分析，并针对不同降雨重现期需要达到的目标进行模拟校核，即降雨重现期p=1时，研究区以渗蓄滞为主，控制径流量可以达到规范规定设计的降雨量；降雨重现期p=3时，雨水管网能够承载地表径流，无积水点，且管网利用率较高，经济性较强；降雨重现期p=50时，主要测算防洪效能，即河道能否容纳强暴雨下的地表径流。

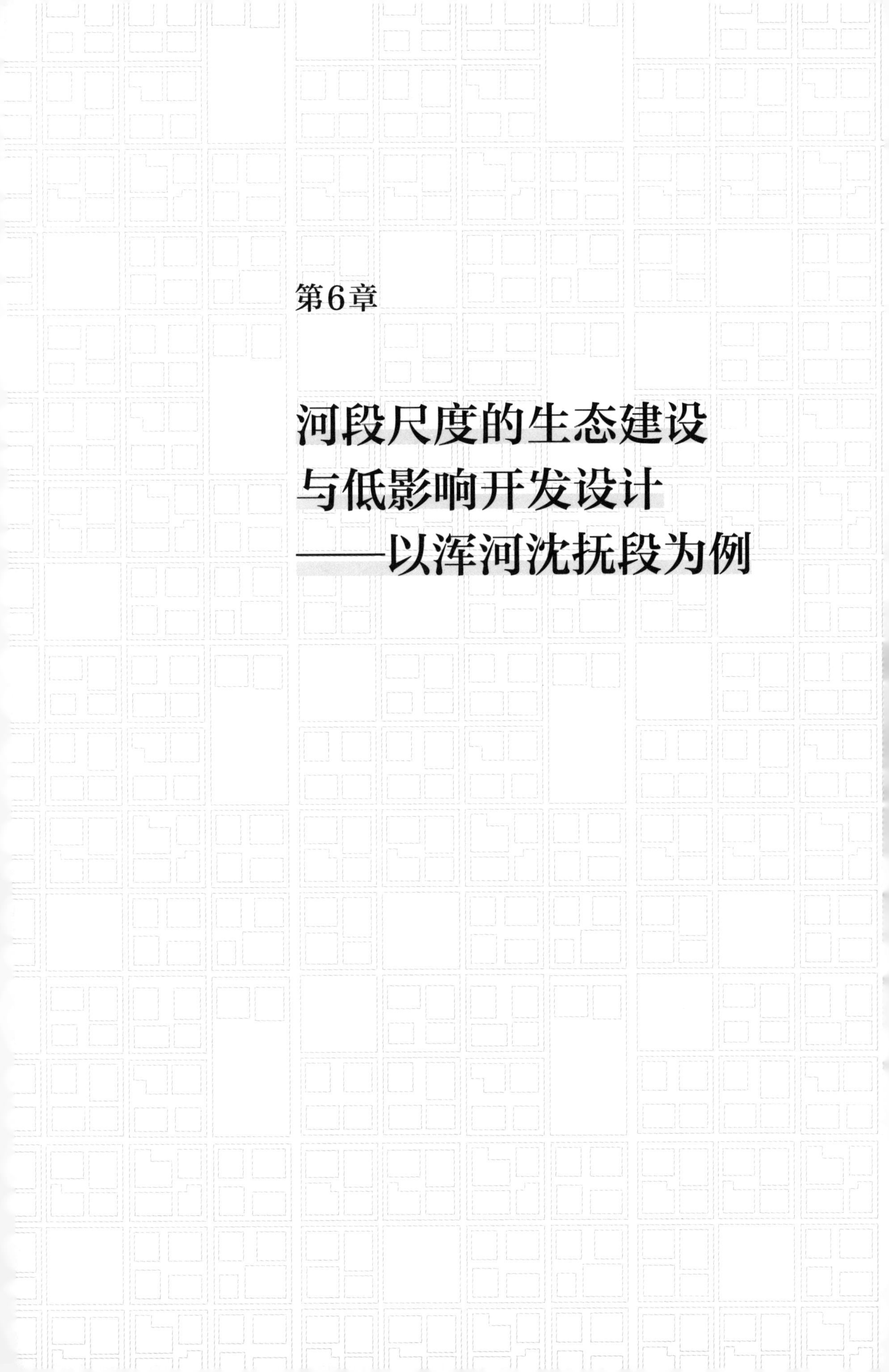

第6章

河段尺度的生态建设与低影响开发设计——以浑河沈抚段为例

河流是城市雨水径流积累、排放和利用的主要容器，具有大量存储与快速吸纳的特点，是城市水系的重要组成部分，也是海绵城市所涉及的核心内容。河岸带包括城市河道水体与其周边滨河区域，具有独特的生态结构和功能，其设计直接影响城市地表径流的大小和水系生态环境的质量，是海绵城市建设的重要组成部分。同时，受寒地城市地域气候影响，河流水系会有明显的丰水期与枯水期，而低温、封冻期长与冻融等问题也会引发一系列水生态问题，因此如何在河段尺度下进行寒地海绵河岸带建设成为急需关注的问题。

浑河作为研究区内的主要河流水系，其滨河区域是城市与水域之间的过渡地带，基于前文研究中提到的沈抚新区独特的地势条件，城市雨水径流在暴雨时都会汇集到浑河，说明浑河存在严重的水安全隐患；而人工过度干预造成生境差、污染重等水生态问题。目前城市河岸带设计中，大多偏重于景观营造，而在一定程度上忽略水生态与水安全功能问题。本章以流经沈抚中心城区的主要河流浑河段作为研究区域，在横向空间上将其划分为河道、近岸空间与滨河空间，以流域尺度水生态安全格局为刚性框架，依据城市尺度寒地海绵生态系统格局与低影响开发系统定量方案，首先针对河道与近岸空间进行整体结构布局与寒地适宜性水生态修复，其次对滨河空间进行海绵设计与寒地适宜性低影响开发措施的应用实施，实现寒地海绵功能要素耦合。

6.1 浑河河岸带概况与问题分析

6.1.1 研究区概况

研究区的浑河河段位于沈抚中心城区，浑河河岸带总体规划面积20.64km^2，浑河河道水系面积6.59km^2，主河道平均宽300m，河长约18.17km（图5-2）。每年11月中旬开始封冻，翌年3月初解冻，冻结深度一般为1.2m，最深为1.48m。现状自然生态环境丰富，河流、林地、丘陵等地形交错。浑河水面较为宽阔，两岸乡野气息浓郁，动植物资源丰富，景观优势明显，并有多条河流汇入。水体类型多样，具备大型水景及天然湿地景观。总体来说，两岸发展空间广阔充足，便于自然、生态的低影响开发措施实施。

浑河河道整体为长方形，形状不规则，北侧和南侧是城市规划道路，沿路均铺设市政给排水管网设施，且北侧有三条河流、南侧有六条河流汇入浑河，在多年重现期降雨时，入河口的排水压力较大。现状浑河西侧部分为山地，地势较高。除此之外，浑河两岸主要为缓坡，局部略陡，地势高度主要由南北两侧向浑河、东侧向西侧递减（图6-1），故在设计地表径流的整体路径时，应该遵循现有的排水方向，再进行生态化处理。

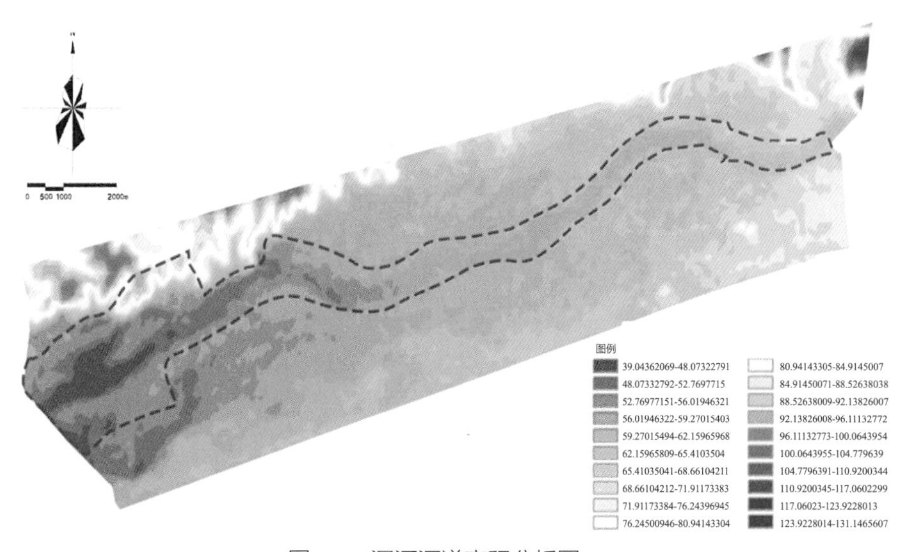

图6-1　浑河河道高程分析图

6.1.2　生态安全问题分析

基于前文分析，沈抚新区浑河段作为典型牤牛河，暴雨时三面汇水导致浑河排水压力极大。但是现状场地较为单调，缺乏系统的生态建设及低影响开发设计，有一定高差，总体向浑河排水，水体利用不足，河道淤积和采沙破坏严重，城市污水直接排入浑河，导致浑河水质较差。在景观方面，缺少能够汇集人流的景观活动场地，且内部交通无系统，城市与浑河滨河带之间难以连通。虽然滨河带有大片乔木林，但是植物种类单一、景观层次不丰富，季相变化较少，符合寒地城市典型气候与问题特征。

（1）河流污染严重，水质差

浑河干流污染较重，氨氮污染比COD污染严重。沈阳段上游长青桥和抚顺段下游和平桥之间11个断面逐月水质数据统计分析如图6-2、图6-3所示。抚顺断面水质优于沈阳断面，沈阳所有断面25%左右月份COD>40mg/L，大部分断面50%月份COD值波动幅度在10mg/L左右，分布比较集中。所有断面氨氮最大值超过3mg/L，有的甚至超过5mg/L。几乎50%的断面50%左右的月份氨氮>2mg/L，有些断面氨氮

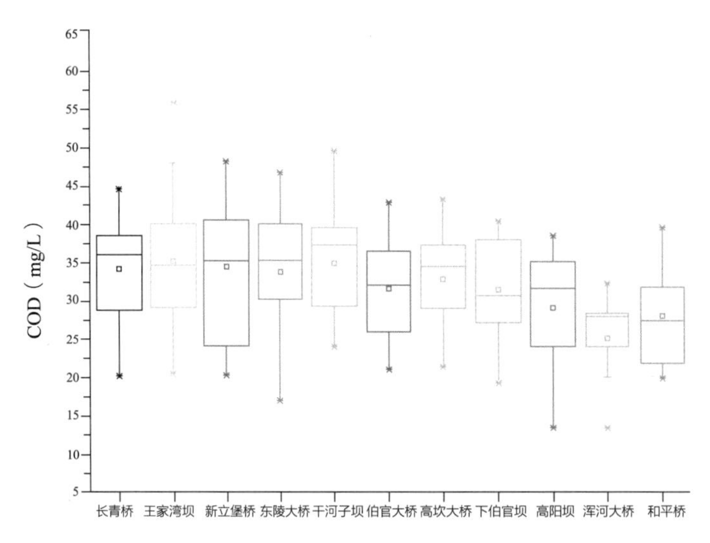

图6-2　浑河干流各断面COD数据分布箱式图

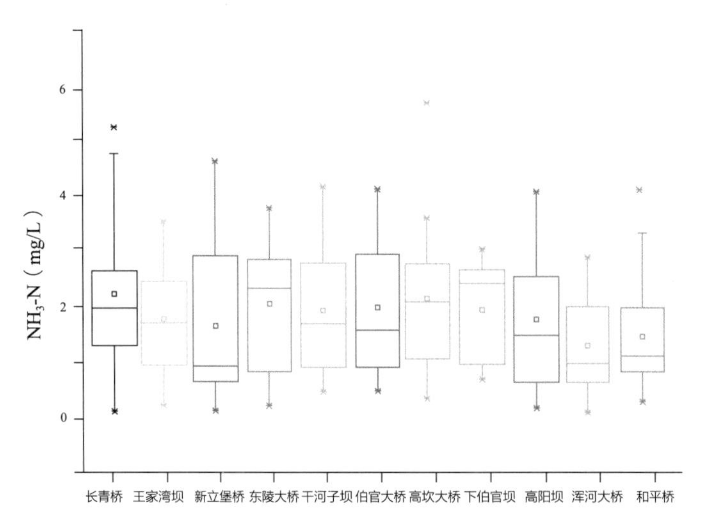

图6-3　浑河干流各断面氨氮数据分布箱式图

最大浓度超Ⅴ标准1倍多，仅有一半断面25%月份的氨氮<1mg/L。大部分断面50%月份的氨氮值波动幅度在2mg/L以上，分布比较分散。浑河干流氨氮污染比COD污染严重，主要污染为氨氮。

2017年污染比2016年和2015年污染严重。浑河干流沈阳段上游长青桥和抚顺段下游和平桥之间11个断面逐月平均值如图6-4、图6-5所示。2015～2017年仍然有个别月份COD均值>40mg/L；2017年污染最严重，2015年次之，这是由于2015、

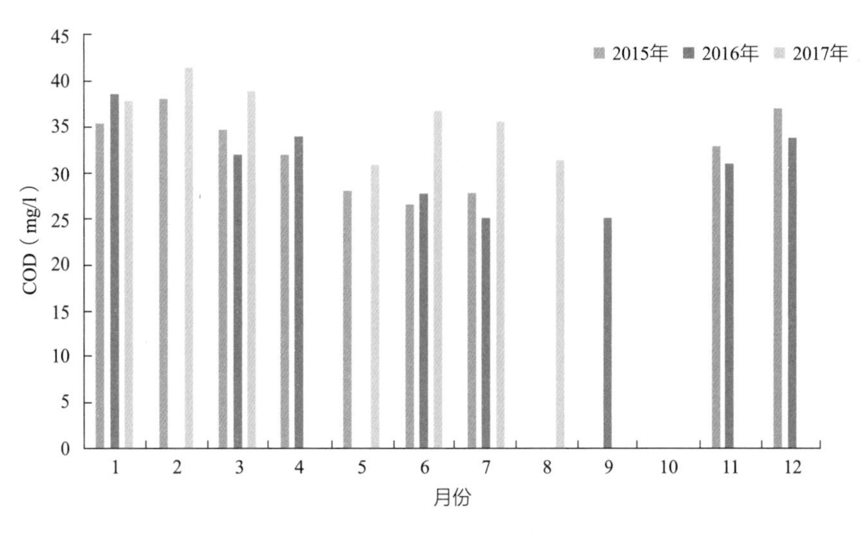

图6-4　浑河干流COD月平均值

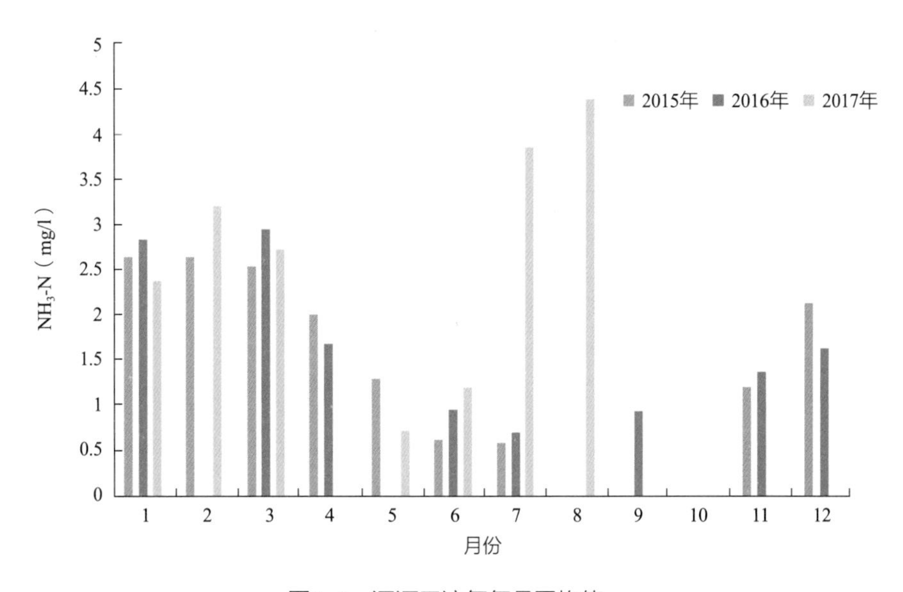

图6-5　浑河干流氨氮月平均值

2017年为枯水年，而2016年为平水年；枯水期和平水期水质明显劣于丰水期水质，说明了水量对河道水质影响较大。

（2）河流生物多样性指数低，生境差

浑河水系污染严重，严重影响水生生物多样性。对浑河沈抚段的藻类生物多样性指数、底栖动物多样性指数、鱼类种数、水质等进行调查评价（表6-1），基本呈现一致性，即水质较好、水量充足、人工化低的河段或点位，生态调查评价结果相对较好。说明在排除城镇化用地变化影响的情况下，浑河沈抚段的主要生态问题是河流水质污染、生态水量不足和河道人工化严重。

河流生态调查汇总评价　　表6-1

编号	名称	藻类指数		底栖动物指数		鱼类种数	栖息地指数
		多样性指数	污染等级	多样性指数	污染等级		
1号	长青桥	2.22	轻	2.32	轻	4	143
2号	新立堡	2.13	轻	2.07	轻	4	115
3号	东陵大桥	2	轻	2.53	轻	3	123
4号	伯官大桥	2.41	轻	1.48	中	3	148
5号	高坎大桥	2.47	轻	1.92	中	3	156
6号	和平桥	0.52	重	0.6	重	0	115
7号	七间房	2.33	轻	1.3	中	3	149
8号	浑河大桥	1.09	中	1.2	中	3	109

对浑河干流各断面进行栖息地生物多样性指数HQI调查（图6-6），干流各点栖息地HQI均在100以上，良好，平均132。底质主要由碎石、鹅卵石、大石和细沙组成。流速较慢，为慢—深、慢—浅类型。岸堤稳定性较好，属于稳定、偶发小侵蚀的地区。5号高坎桥HQI最高，为156，优秀，主要由于植被覆盖率高、水量较大。全段渠道化比较广泛，其中6号和平桥、8号浑河大桥为非亲水性人造河岸，对水生生物影响很大。水量较少，河水淹没区域仅占河道的25%至75%，特别是2015年平水期。河岸带植被较多，种类数量一般。河水水质较为清澈，有少量腥臭，水面无浮油，颜色透明。

（3）河流人工干扰导致生境退化，截污力差

浑河沈抚段为防洪堤所束缚，失去了河流蜿蜒变化的自然属性，河岸硬化顺直化、形式单一化、植物简单化、人工化，河深均匀化，且梯级闸坝切断了河流的自然连续性。干流河流大堤外除少数几处尚有成片植被外，河流缓冲带大部消失。干流防洪堤内植被多为人工种植，草地植物种类简单。人类活动的干扰和过于简单的生境，使得动物种类大幅减少。水流动性差及水中氮磷含量较高，致使河流水面出现了蓝藻过度繁殖的现象。

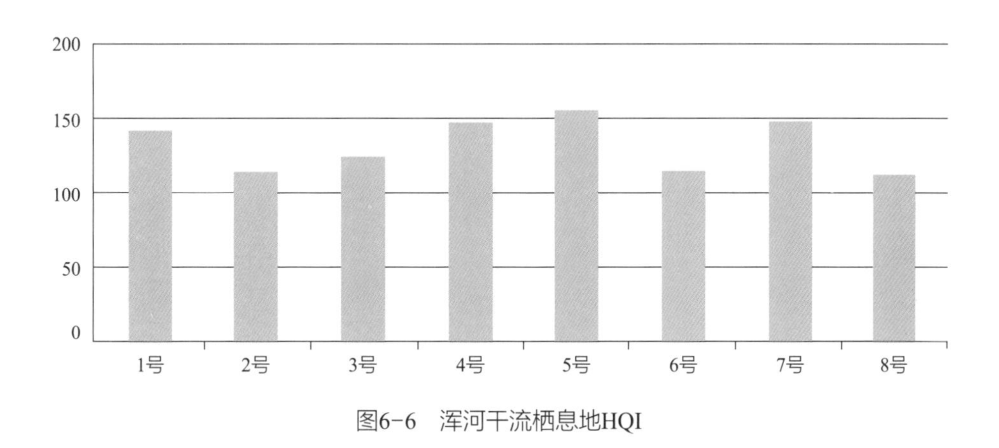

图6-6　浑河干流栖息地HQI

人工化的河流生境简单，不适合生长多样性生物。只有生境多样化、复杂化，才会产生生物的多样化、生物链的复杂化。河流两岸草类植被，多为人工栽植的成片单一品种，违背生物多样性的自然准则，截污能力较差。在浑河河岸植被缓冲带对氮、磷的削减效果实地研究过程中发现，天然植被比人工植被对地表径流中的氮磷消减率明显提高，而人工草地对氮磷的消减率最差。所以河岸带人工化、简单化，致使河岸带截留污染能力降低。

6.2　城市河岸带结构布局与水生态修复

针对河道尺度所存在的水生态与水安全问题，对河岸带进行整体结构布局，并结合寒地地域气候特征选用适宜性水生态修复方法，运用低影响开发和生态学的理念，最大限度地保护城市原有的河流、湿地等水生态敏感区域，维持城市开发前的自然水文特征；同时，控制城市不透水面积比例，最大限度地减少城市开发建设对原有水生态环境的破坏；此外，对传统城市建设模式下已受到破坏的水体及其周边自然环境运用生态化手段进行修复。

6.2.1　河岸带海绵结构布局

（1）河岸带规划设计流程

低影响开发作为从源头对雨水进行管理的技术理念，在规划设计中强调从场地规划的源头开始对其进行设计，根据第5章沈抚城区整体规划中对各地块的主要低影响开发措施应用的选择，将低影响开发的技术理念科学合理地融入传统场地规划设计方案中，并在各地块对低影响开发措施的规模进行定量布设，使其满足沈抚新区海绵城市建设的目标。在上述原则的指导下，基于海绵城市的河岸带规划设计应该分为如图6-7所示的关键步骤。

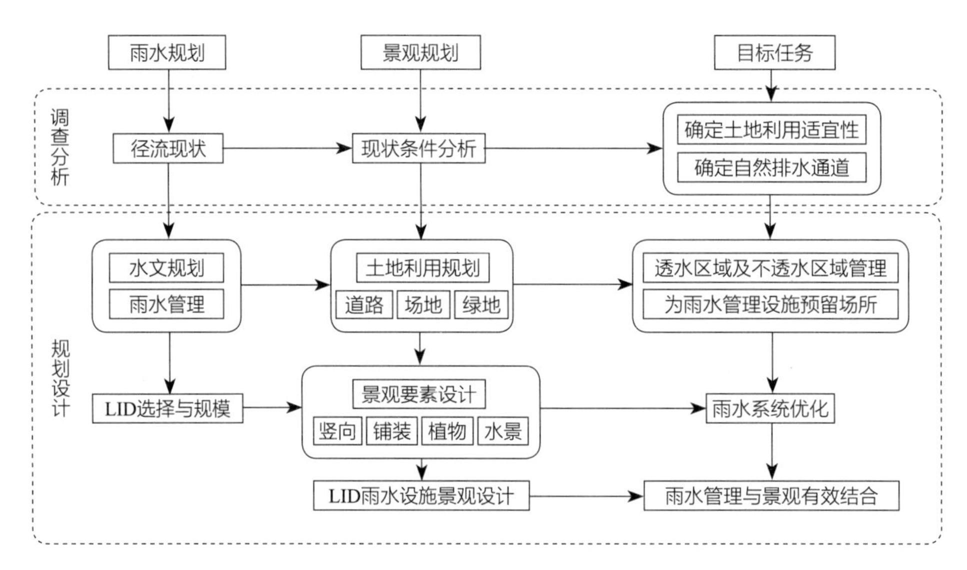

图6-7　基于海绵城市的河岸带规划设计流程图

（2）河岸带整体结构布局

研究区域根据沈抚新区各段的功能分区及周边用地的不同开发功能，可以得出河岸带结构布局，即两轴多节点的结构（图6-8）。两轴：一条横向轴线为沿浑河河道展开的游憩轴线，是浑河河岸带的连续景观截面，以小尺度、低速率的游览方式展示整个河岸带景观；一条纵向轴线是穿越浑河中段和城市公共中心的主轴，是沈抚新区的主要景观展示面和公共活动轴线。多节点，是分布于河岸带游憩轴线上的主要景观节点，其中包括城市开放空间景观节点、居住区景观节点及湿地景观节点。

（3）河岸带功能分区

浑河沈抚段规划设计以服务居民为基础，规划设计中的功能分区主要根据河岸带周边用地性质及人流量进行划分，主要分为六个区域（图6-9），分别是湿地游憩区、娱乐休闲区、城市中心开放景观区、文化活动区、体育运动区、滨水生活区。其中，湿地游憩区面积为10.29km^2、娱乐休闲区面积为3.83km^2、城市中心开

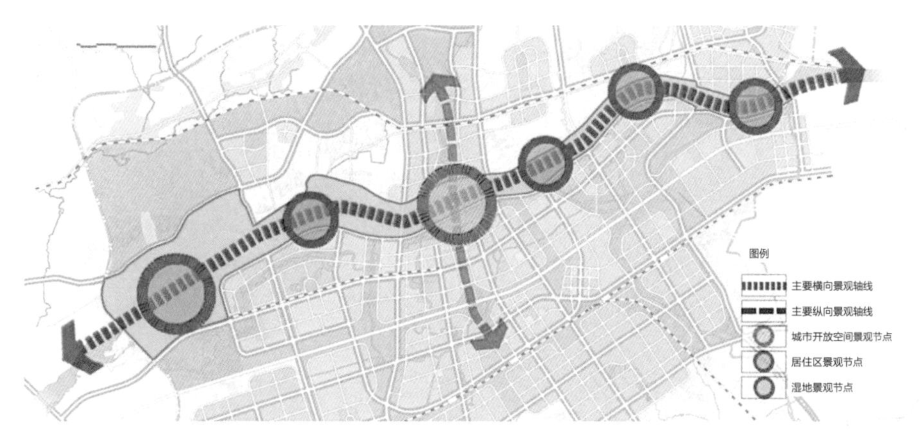

图6-8　河道景观结构分析图

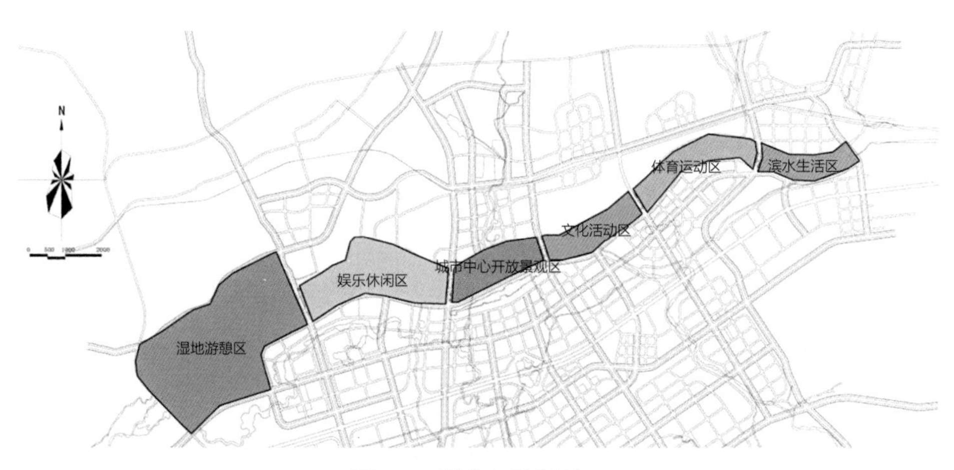

图6-9　河道功能分区图

放景观区面积为1.85km^2、文化活动区面积为1.63km^2、体育运动区面积为1.86km^2、滨水生活区面积为1.19km^2。

（4）滨河海绵措施技术规划

对浑河河岸带进行具体海绵措施设计，形成完整的海绵河道系统，实现雨水在不同区域内的渗、蓄、滞、净、用、排，丰富浑河两岸水体景观，实现两岸的水生态与水安全效益最大化。综合沈抚新区雨水综合利用总体模式及低影响开发技术设施特性，将各类措施布置在浑河两岸滨水带处，根据各低影响开发措施的功能，现将措施具体根据实现阶段分为三部分：源头削减措施、中途传输措施、末端调蓄措施，具体设施分类如图6-10所示。

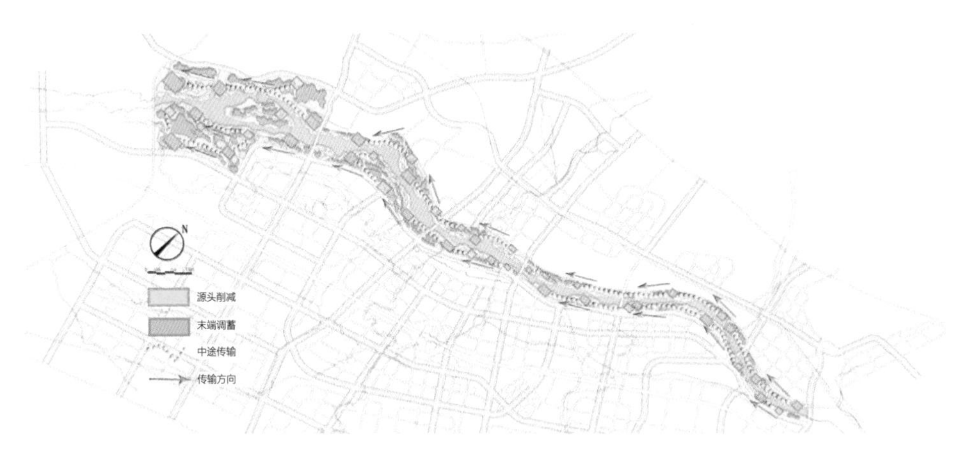

图6-10　海绵河道总体框架

6.2.2　寒地河岸带水生态修复措施

目前寒地城市内河水系水质较差，与河道底泥有机物污染没有得到根治，以及河道生态系统修复技术与寒冷地区气候因素适宜性较差有很大关系。通过河岸带水生态修复，保障城市水系的连续性和完整性。对河道进行线型设计、断面设计以及设置生态护岸，滞缓和削减雨水径流，削减进入水体的城市面源污染，针对寒地河道温差较大，关注河道微生物群落，消除底泥黑臭物质，实现河道底泥原位稳定化、无害化，提高水生态修复效果，为河道治污提供理论基础保障。

（1）河道线型设计

河道线型设计即河道总体平面的设计。在传统的城市开发建设过程中，由于城市用地的紧缺，河道滨水地带不断被侵占，水面越来越少，河宽越修越窄，但是为了泄洪的需要，要保证过水断面，只好将河道取直、河床挖深，这样对驳岸的强度要求就逐步提高，建设费用逐渐增大，而生态功能逐渐衰退，河道基本成了泄洪渠道，这与可持续发展的战略相悖。而生态化的海绵岸线，需要尽量建设天然形态的河道，宜弯则弯，宽窄结合，避免线型直线化。

自然蜿蜒的河道和滨水地带为各种生物创造了适宜的生境，是生物多样性的生态基础。建立多样化的微生态河道系统，采取人工、自然、生物相结合的手段提高河流自净能力，建立泵、闸形成水位差，控制水流方向和速度，规划内河廊道有起有伏，产生天然曝气，优化健康河道底泥结构。针对寒地滨河区域土壤冻融的特征，应使用适于严寒地区的生态驳岸材料，采用天然石材、木桩加柳枝捆护底，利用高孔隙率的坡脚护底提供多鱼类巢穴、多生物生长带，通过生态驳岸连接滨河区植被与堤内植被，形成连续的深潭、浅滩、滨河生态环境，同时增加水生动物，引入适宜水中生长的田螺、河蚌等来达到净化水质的作用。

从工程角度，自然曲折的河道线型能够缓解洪峰，消减流水能量，控制流速，所以也减少了对下游护岸的冲刷，对沿线护岸起到保护的作用。退地还河、滨水地带的恢复，使得设计人员在河道断面设计上留有选择的余地，也不需要采用高强度的结构形式对河滨建筑进行保护。顺应河势，因河制宜，有利于工程经济性。

（2）河道断面设计

河道断面的选择除了要考虑河道的主导功能、土地利用情况之外，还应结合河岸生态景观，体现亲水性，尽量为水陆生态系统的连续性创造条件。河道断面设计主要考虑以下四种形式：

1）矩形断面

传统的矩形断面河道既要满足枯水期蓄水的要求，又要满足洪水期泄洪的要求，往往采用高驳坎的形式，这样就导致了水生态系统与陆生态系统隔离，两栖动物无法跃上高驳坎，生物群落的繁殖受到人为的阻隔（图6-11）。

2）梯形断面

梯形断面的河道在断面形式上解决了水陆生态系统的连续性问题，但是亲水性较差，陡坡断面对于生物的生长有一定的阻碍，而且不利于景观的布置，而缓坡断面又受到建设用地的限制（图6-12）。

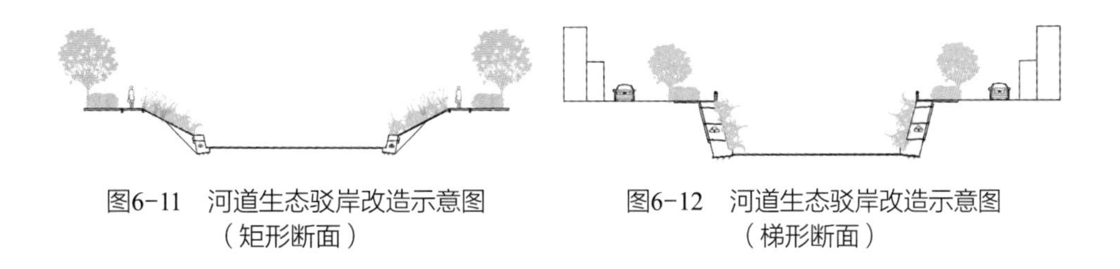

图6-11　河道生态驳岸改造示意图（矩形断面）

图6-12　河道生态驳岸改造示意图（梯形断面）

3）复式断面

复式断面在常水位以下部分可以采用矩形或者梯形断面，在常水位以上部分可以设置缓坡或者二级护岸，这样在枯水期流量小的时候，水流归主河道，洪水期流量大，允许洪水漫滩，过水断面陡然变大，所以复式断面既解决了常水位时亲水性的要求，又满足了洪水位时泄洪的要求，为滨水区域生态化设计提供空间，而且由于大大降低了驳坎护岸高度，结构抗力减小，护岸结构不需采用浆砌块石、混凝土等刚性结构，可以采取一些低强度的柔性护岸形式，为生态护岸形式的选择提供了有利条件（图6-13）。

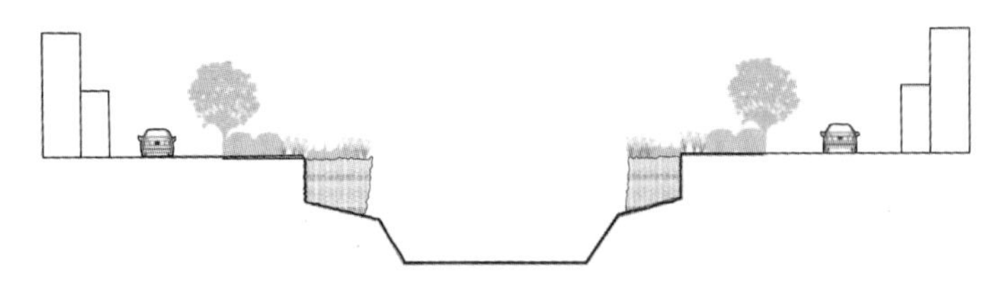

图6-13 河道生态驳岸改造示意图（复式断面）

4）天然河道断面

人类活动较少的区域，在满足河道功能的前提下，应减少人工治理的痕迹，尽量保持天然河道面貌，使原有的生态系统不被破坏。在河道断面的选择上，应尽可能保持天然河道断面（图6-14），在保持天然河道断面有困难时，按复式断面、梯形断面、矩形断面的顺序选择。

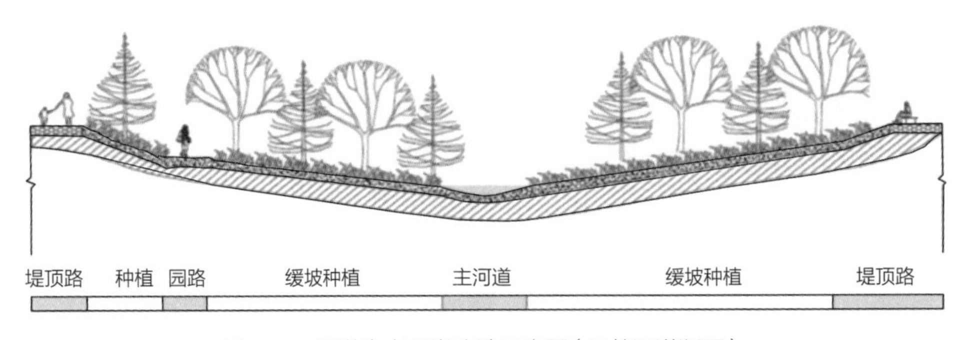

图6-14 河道生态驳岸改造示意图（天然河道断面）

在河道建设的过程中，也应避免断面的单一化。不同的过水断面能使水流速度产生变化，增加曝气作用，从而加大水体中的含氧量。多样化的河道断面有利于产生多样化的生态景观，形成多样化的生物群落。而针对寒地气候，可以选用适宜的污染物降解菌群，通过种植芦苇、香蒲、荷花等适宜寒地水环境的水生植物，同时投加促进微生物生长的有机酸和微量元素，创造适合微生物生长的水生态环境，结合硝化菌、光合细菌等有效的微生物药剂促进有机污染物的降解，吸附水中的河道有机底泥来净化水体，从而恢复河道特色生态群落。

（3）河道生态护岸

由于寒地城市地域气候特性，河道护岸的设计除考虑因水流冲刷而造成的破坏外，还应关注冬季低温环境下产生的冻胀问题。水结成冰，体积会膨胀9%，土壤也会发生冻胀，有的地方可达几十厘米。春季存在冻融问题，地基土壤融沉，在水流的冲刷作用下，地基土壤被淘刷而流失，导致护岸被破坏。因此，选择适宜寒地城市河道水系的护岸材料需具有柔性结构、整体性好、多孔隙、透水、环保、抗冻融破坏能力强等特点。

传统河岸防护工程多采用浆砌或干砌石、现浇混凝土或预制混凝土块体等结构形式，在城市河道护岸工程中采用较多的是直立式混凝土挡土墙，有植被覆盖的岸坡也多数为在天然土壤上种植草皮，土壤的抗冲刷、抗侵蚀能力较弱。暴雨径流形成后，在移动过程中携带着土壤和堤岸上的污染物、沉积物，沿岸坡一泻而下或以地表漫流的形式，毫无阻拦地进入受纳水体。本书提出多种不同结构形式的生态型护岸技术，通过固土护岸、增大土壤的渗透系数、重建和恢复水陆生态系统，尽可能地减少水土流失，提高岸坡抗冲刷、抗侵蚀能力，对降雨径流进行拦阻和消纳。

1）植草护坡技术，常用于河道岸坡的保护，国内很多河道治理中都使用了这一技术。主要是利用植物地上部分形成堤防迎水坡面软覆盖，减少坡面的裸露面积和外营力与坡面土壤的直接接触面积，起消能护坡作用。利用植物根系与坡面土壤的结合，改善土壤结构，增加坡面表层土壤团粒体，有效提高了迎水坡面的抗蚀性，减少坡面土壤流失，从而保护岸坡和减少面源污染。

2）三维植被网护岸技术，最初用于山坡用公路路坡的保护，现在也被用于河道岸坡的防护。它是以热塑性树脂为原料，经挤出、拉伸、焊接、收缩等一系列工艺制成的两层或多层表面呈凸凹不平网袋状的层状结构孔网。

3）防护林护岸技术，在河岸种植树木形成防护林，其作用主要体现在三个方面：一是茎、叶的覆盖作用，既避免雨水、风力对土坡表面的直接侵蚀，又可以减缓水流流速，减少对土坡的冲刷；二是树木根系发达，穿插力强，增加土坡抗侵蚀的强度，减少河岸的崩塌量和冲刷量；三是根、茎、叶的生长对土坡具有改良作用，增加土壤有机质的含量，改善土壤结构，增强土壤的透水性与抗侵蚀能力。暴雨径流经过防护林区时，在其阻滞作用下，流速大为减缓，减小雨水径流对土坡表层的冲刷，减少水土流失。

4）植被型生态混凝土护坡技术，是日本首先提出的，并在河道护坡方面进行了应用。近几年，我国也开始进行植被型生态混凝土的研究。植被型生态混凝土由多孔混凝土、保水材料、难溶性肥料和表层土组成。多孔混凝土由粗骨料、水泥、适量的细掺和料组成，是植被型生态混凝土的骨架。保水材料以有机质保水剂为主，并掺入无机保水剂混合使用，为植物提供必需的水分。表层土多铺设在多孔混凝土表面，形成植被发芽空间，减少土中水分蒸发，提供植被发芽初期的养分和阻止草生长初期混凝土表面过热。

6.3 城市河岸带海绵设计与LID措施应用

在河岸带整体结构布局规划基础上，以城市尺度土地利用类型调整为依据，对滨河区域进行海绵景观设计，设置多个景观节点并做出相应的海绵设计，确定景观格局规划方案；对低影响开发措施进行寒地适宜性分析，在线性廊道与绿地斑块设计中进行具体措施应用，并结合寒地植物优化配置，增强滨河区域排涝、滞蓄效能，同时弥补生态建设不足。

6.3.1 河岸带海绵景观设计方案

河岸带景观设计中应以满足水生态与水安全功能为前提，同时兼顾景观功能（图6-15）：

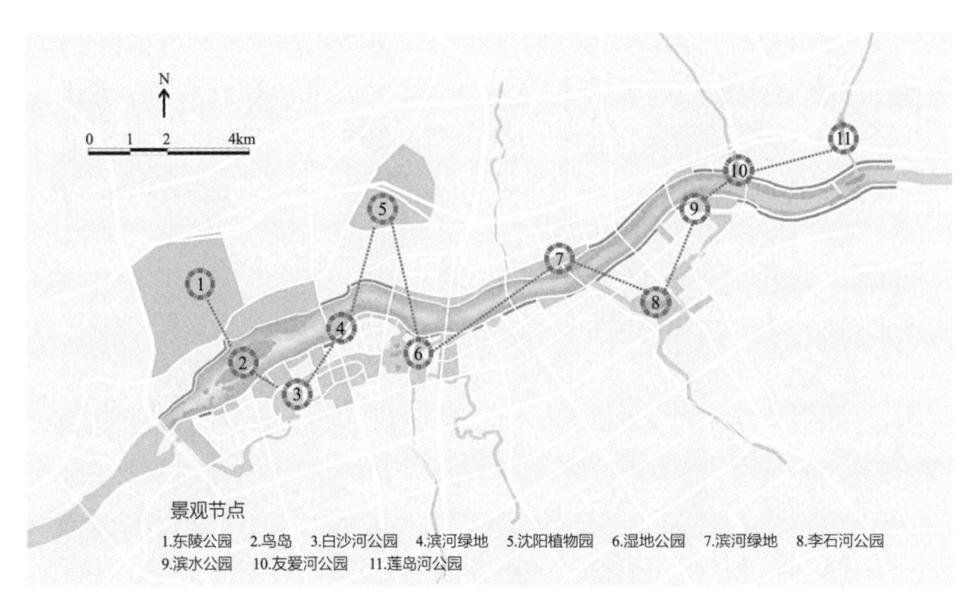

图6-15 浑河滨河景观节点分布图

①在生态缓冲防护区域内利用滨河漫滩区域，打造浅水湿地景观，使被固化的水系恢复自然，并给浑河水体让出足够的空间，随其自然涨落，从而形成丰富的生态系统；②在生态净化展示区，设计突出自然生态景观效果，并结合广场等为市民提供休闲、体育活动的场地及设施，如体育公园、主题公园等，此外，在沿岸场地设计时应该采用透水铺装，从而形成良好的雨水处理系统；③在生态涵养区，保留改造主河道外的沙坑，形成湿地及小水面等自然环境形态，结合鸟岛形成适合鸟类、水禽、两栖动物的栖息环境。

基于景观生态学的原理，在浑河沿岸原有景观节点的基础上，新建若干绿化斑块，加强浑河南北岸的生态联系。通过绿化斑块的均匀分布，结合水系形成完整的景观生态系统，使浑河水体与沿岸景观绿地彼此渗透，从而使整个浑河滨水空间融为一体。原有景观节点主要有东陵公园、鸟岛、沈阳植物园以及若干滨水绿地，在景观格局规划中，结合沿岸自然湿地及绿化公园，将面源污染设施与景观空间结合形成新的景观节点，构成城市内河自然湿地，并且尽可能保留河中的自然岛屿，使之成为景观岛屿，具体节点的设计见表6-2。

海绵景观节点设计　表6-2

序号	景观节点	海绵景观设计
1	东陵公园	结合东陵公园南侧绿地，加强南北之间的联系，增强景观连接度，形成绿化廊道
2	鸟岛	利用鸟岛自然滩涂，形成湿地及小水面等自然环境形态，形成适合鸟类、水禽、两栖动物的栖息环境
3	白沙河公园	在河流转弯处结合周边闲置绿地及洼地滩涂，建设湿地公园，与现有景观河道相连，保证白沙河水质
4	滨河绿地	利用浑河沿岸自然湿地，结合缓坡建设植被缓冲带，在保证生态的前提下，新建广场为市民提供休闲活动用地
5	沈阳植物园	通过道路两侧植草沟以及地块内的生物滞留设施，将沈阳植物园与滨河绿地相连，增强景观连接度
6	湿地公园	在白沙河入河口区域，利用自然滩涂以及洼地，结合周边用地建设湿地公园，在末端进行污染消纳
7	滨河绿地	利用浑河沿岸自然湿地，结合缓坡建设植被缓冲带，在保证生态的前提下，新建广场为市民提供休闲活动用地
8	李石河公园	在河流转弯处结合周边闲置绿地及洼地滩涂，建设湿地公园，加大河流与湿地接触面积，减缓流速并削减污染

续表

序号	景观节点	海绵景观设计
9	滨水公园	利用浑河沿岸自然湿地，结合缓坡建设植被缓冲带，在保证生态的前提下，新建公园为市民提供休闲用地
10	友爱河公园	在友爱河入河口区域，设置三角湿地，加大河流在入河口与湿地的接触面积，减缓流速并削减污染
11	莲岛河公园	在河流转弯处结合周边闲置绿地及洼地滩涂，建设湿地公园，与现有景观河道相连，保证莲岛河水质

结合各景观节点，加强浑河生态联系，同时在两岸均匀增加绿地斑块，保证了浑河上游到下游的全面覆盖。与此同时，将景观优化措施运用到滨河景观，建设由水系、植被带、湿地等构成的完整河流生态系统，增强河流自净能力，涵养水源，恢复河流的生态功能（图6-16）。

为进一步展示景观优化效果，分别选取景观节点3与景观节点7进行效果展示。景观节点3为白沙河公园，基地现状主要为自然洼地及农田。在进行景观优化设计时，应充分结合现状自然滩涂设置湿地公园，并将水系连通，形成完整生态系统（图6-17）。在湿地公园内，结合水系与绿地综合设置多种低影响开发措施，如植物过滤带、雨水湿地等。

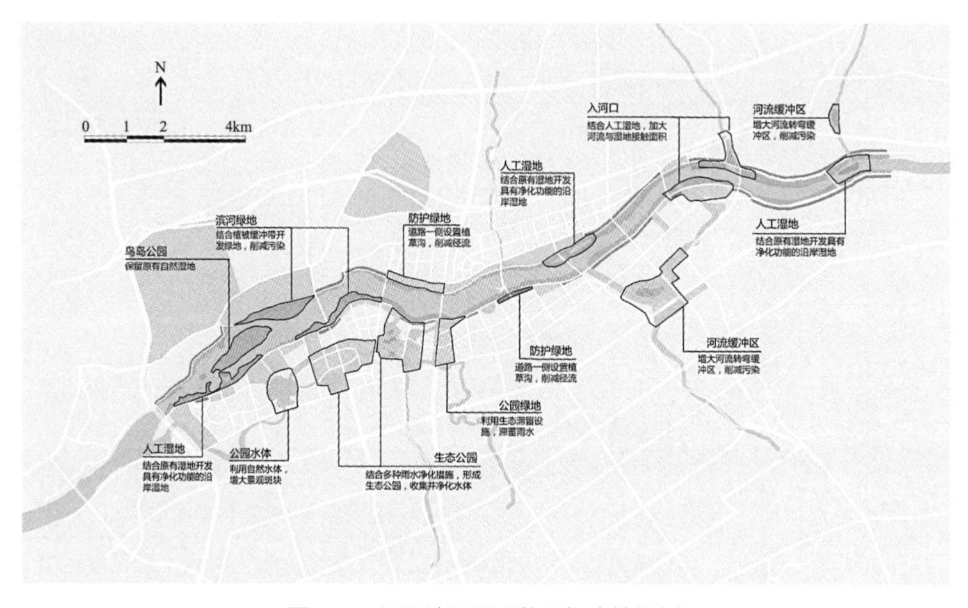

图6-16　浑河滨河景观格局概念性规划

图6-17　景观节点3设计前后对比

景观节点7为滨河绿地，现状主要为农田及自然洼地，紧邻浑河北侧。在进行景观设计时，充分利用浑河沿岸自然湿地对径流进行末端消纳，并结合沿岸缓坡建设植物缓冲带，同时在保证生态的前提下，新建广场为市民提供休闲运动用地（图6-18）。此外，将多种污染削减措施与景观设计进行结合，如生物滞留设施、植被过滤带等。

图6-18　景观节点7设计前后对比

在浑河滨河规划设计中，根据各个地块的不同特点，对其进行雨洪管理也应该不同。本书浑河滨河景观带根据第5章的管控分区划分，属于第一、第二、第三管控分区，由于浑河地处整个沈抚新区最低地势处，即雨水径流最终都汇到此处，而且其两岸功能划分不同，故对于滨河景观带两岸应用的低影响开发措施不同。北岸城市功能主要为生态区，南岸城市功能主要为工业园区，故南岸相对于北岸径流量和径流污染都较高，对于低影响开发措施设置的规模也应较大且需多选择对水体污染处理较好的措施。由于第一管控分区山地较多，北岸即有一部分山地，故北岸的下沉式绿地、雨水花园等低影响开发技术规模较小。根据上文分析，在浑河抚顺段由于工厂排水问题，水体污染较为严重，所以在第三管控分区范围可多选择设置对水体污染处理较好的措施。从北到南再从西到东对浑河滨河景观地块划分成13块，具体低影响开发措施规模见表6-3。

滨河景观带各地块低影响开发措施规模　　表6-3

地块	下沉式绿地（hm^2）	雨水花园（hm^2）	透水铺装（hm^2）	湿地（hm^2）	地块	下沉式绿地（hm^2）	雨水花园（hm^2）	透水铺装（hm^2）	湿地（hm^2）
1	3.90	0.38	3.70	0.60	8	0.86	0.18	1.26	0.30
2	6.63	0.65	6.30	1.00	9	0.69	0.14	1.01	0.40
3	1.55	0.15	1.47	0.00	10	1.00	0.16	1.27	0.20
4	1.32	0.13	1.25	0.60	11	1.16	0.18	1.47	0.35
5	1.97	0.24	2.33	1.00	12	0.73	0.12	0.93	0.20
6	1.51	0.17	1.20	0.30	13	0.66	0.10	0.84	0.35
7	0.67	0.14	0.99	0.40					

6.3.2 寒地低影响开发措施应用设计

由于本书研究区具有寒地城市独特的气候环境特征，也是低影响开发措施选择的重要影响因素。如寒地城市年降雨量分布极为不均、多以暴雨形式出现，降雨水质较差，从功能角度来看，应选择控制洪峰量和污染物为主要目的低影响开发措施；地下水位总体偏高，应避免选择以直接回灌地下为主要功能机制的低影响开发措施；土壤类型主要为黑土等，土质较为黏重，透水性不良，应选择滞留功能的低影响开发设施。此外，措施的冬季维护问题也同样值得考量，如寒地城市不适宜设置绿色屋顶，因其冬季积雪荷载较大、维护效能差；设置透水铺装需要考虑冬季透水性、承载力和抗冻性之间的关系；另外，寒地城市降雨时空分布存在不确定性，若设置雨水花园、人工湿地等则必须解决水源供给问题。综合考虑以上问题，对寒地城市低影响开发措施进行适宜性评价（表6-4）。

低影响开发措施在寒地城市适宜性评价　　表6-4

措施类型	洪峰量控制	污染物控制	地下水位	景观结合性	土壤渗透性	寒地城市地域局限性
雨水花园	低*	高	—	好	中	降雨量时空分布不均，发挥效能小
绿色屋顶	低*	高	—	好	—	冬季积雪荷载；冬季维护
雨水塘	高	高	高水位	好	低	汇水面积较大；需水源补给
下凹绿地	低*	高	低水位	中	高*	地形坡度要求高；植被选择维护
雨水湿地	高	高	高水位	好	低	占地面积大；需水源补给
人工湿地	中	高	高水位	好	低	占地面积大；需水源补给
透水铺装	中	中	低水位	中	高*	冬季存在透水性、承载力、抗冻性之间的矛盾
滞留池	高	中	—	中	高*	占地面积大；植被选择维护
渗透洼地	中	中	低水位	中	高*	汇水面积较大；土壤质地要求高

注：表中选择常见、污染物去除率较高，适宜选址在水系周边且具一定景观性的水生态基础设施进行评价；*代表与东北地区气候、降雨、地质条件等相不适宜。

针对上述低影响开发措施与寒地城市适应性分析，以及研究区域具体情况，从廊道、斑块方面入手，选择适宜的低影响开发措施并加以改进设计，将低影响开发设施实施与景观规划设计相结合，实现寒地海绵城市滨河景观规划设计。

（1）线性廊道的低影响开发设计

廊道是由线性水系及其防护绿地构成，根据现状生态条件、生态功能及海绵城市建设需求划分成不同的等级，形成由不同级别线性廊道、联系节点要素构成的水生态网络系统，逐级控制管理，使其具有整体性、系统性和高度关联性。在低影响开发设计中，选用人工湿地、河岸缓冲带、植草沟来加强线性廊道的景观设计（图6-19）。

针对水系廊道设计（图6-20）：①有条件的水系建议采用植物过滤带、生物浮岛、雨水湿地等处理措施，降低雨雪水污染负荷；②没有空间的条件水系可以通过在沿途寻找可改造的集中绿地空间设置生物滞留设施等方式控制径流污染；③在植

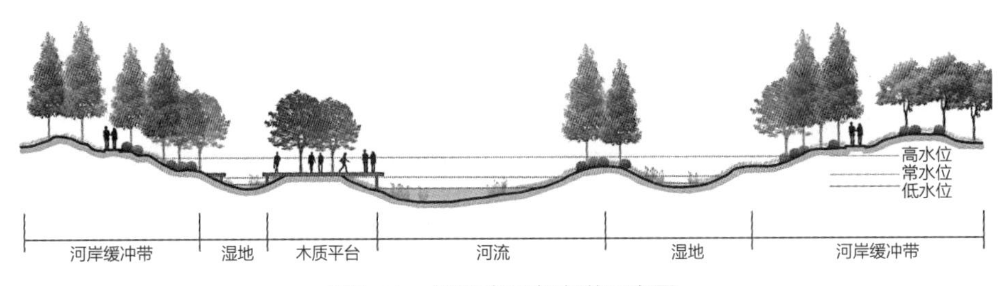

图6-19　低影响开发廊道示意图

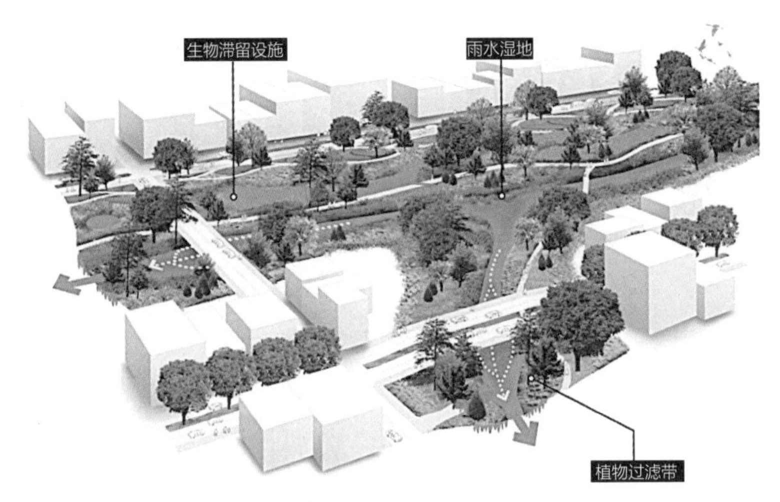

图6-20　线性廊道的LID设计示意图

物过滤带堤岸前沿河道方向设计以降低冲刷为目的的植草沟等方式，削减雨雪水对河道的冲刷作用；④设计通过源头、过程和水系末端雨水控制利用措施相结合，控制每年排入水体径流，污染物总量不超过水体的自净能力。

1）植草沟

植草沟在研究区中主要是沿道路两侧设计，可以收集雨雪水并将其传输到水体中，可以通过一定的坡度和断面进行自然排水，表层可以配置寒地植物拦截部分颗粒物，使雨水进行自然入渗并得到净化且补充水源，在局部有条件的地方可以配合设置卵石及砾石布置为旱溪（图6-21）。在适当地段可以间隔设置休憩平台，可以是用木板或者透水铺装搭建而成，在平台下面，植草沟是连通的，可以保证对雨水进行有效管理，同时供人休憩游乐。对于植草沟的设计，具体应符合下列规定：断面形式宜采用倒抛物线形、三角形或梯形；边坡坡度（垂直：水平）不宜大于1：3，纵坡不应大于4%。纵坡较大时宜设置为阶梯型植草沟或在中途设置消能设施；边坡坡度（垂直：水平）不宜大于1：3，纵坡不应大于4%。纵坡较大时

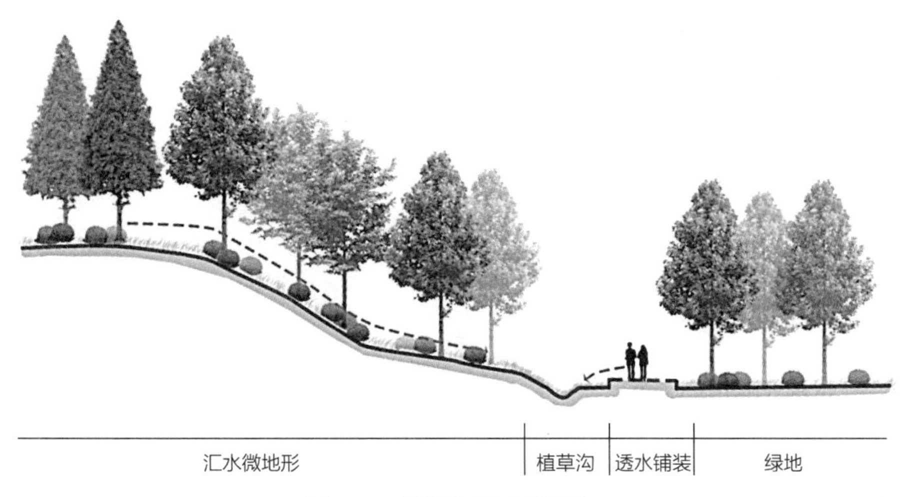

图6-21　植草沟剖面示意图

宜设置为阶梯型植草沟或在中途设置消能设施；最大流速应小于0.8m/s，曼宁系数宜为0.2～0.3；转输型植草沟内植被高度宜控制在100～200mm；植草沟结构层由上至下宜为20cm种植土、30cm砌块砖和10cm砾石。根据研究区现状寒地城市季节性降雨的特点，植草沟采用可持水能力较强的干植草沟为宜，其底部宽度控制在1.2～1.5m、深度500mm左右，边坡呈曲线，坡度控制在30%左右，提高寒地河岸带的生态景观效果。

2）植物过滤带

植物过滤带可采用道路林带与湿地沟渠相结合的形式，坡度宜为2%～6%，通常宽度为30～90m，可过滤掉50%～80%的径流污染物。它主要设置在研究区与旁边城市主干道的绿地中。城市主干道由于每天大量汽车通过易造成的雨水初期污染，加之雪水长期留空，受空气污染，融雪水污染严重，将植物缓冲带改造成两种形式：一是台地花园（图6-22），在不同台层设置生物滞留设施及道路，逐层净化水质，越低的台层水质越干净；二是坡地花园，设置坡道及台阶，雨雪水经过最外围是由多年生禾本科植物组成的缓冲过滤带，降低流速，对污染物进行初步净化，之后进入由慢生乔木与灌木结合的次级过滤带，进一步对污染物净化，最后进入由耐旱乔木与水生植物组成的过滤带，进行最后净化流入河道中。在场地中还可结合植草沟、雨水花园设置，或在局部与植物碎石床、植草沟等结合进行跨尺度设计，对雨雪水进行收集、净化。

（2）绿地斑块的低影响开发设计

绿地斑块对面源污染的削减起到重要的作用，斑块分布不均无法与廊道结合形

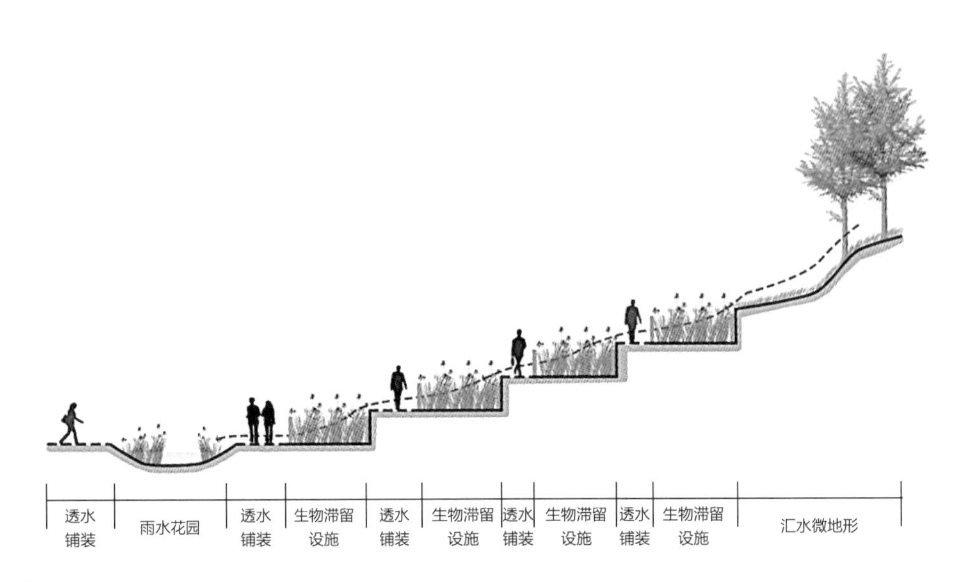

图6-22 植物过滤带剖面示意图

成有效的生态体系，因此，应该加强绿地斑块的建设。根据现状用地情况，在关键性的连接点和局部新建公园绿地斑块，使斑块在浑河沈抚段范围内呈均匀分布，并与面源污染削减措施相结合，如生物滞留设施、雨水湿地等，在满足景观要求的同时，对雨水水质和径流量进行控制，并对雨水资源进行合理利用。

新建绿地斑块时，在均匀分布的基础上，要结合用地现状进行景观布置，保证今后的雨水收集充足可靠。首先，基于径流分析，选择汇水点区域，结合周边闲置用地，进行绿地规划；其次，利用自然洼地及周边区域，形成湿地公园，或者在支流转向处结合滩涂新建绿地，有利于雨水收集及减缓径流速度；最后，针对浑河沿岸，在合适地块设置公园绿地，给市民提供休闲场地的同时又能有效减少周边地块对浑河的污染贡献程度。

集中绿地除了要消纳绿地内部径流以外，更重要的是考虑与周边场地相衔接，将周边汇水面（如广场、停车场、建筑与小区等）的雨水径流通过合理的竖向设计引入集中绿地，结合防水排涝要求，设计景观优化设施；充分利用景观水体和植被，建议绿地设计为生物滞留设施，采用雨水花园、植草沟以及雨水湿地等净化及传输雨水；确保面源污染削减，还可将雨水用于绿地浇灌、道路浇洒和地下水回补（图6-23）。

1）透水铺装设计

透水铺装一般可分为半透式和全透式，人行道、非机动车道、停车场与广场宜选用全透式；轻型荷载道路可选用半透式。为增加研究区内雨水入渗率并减少径流

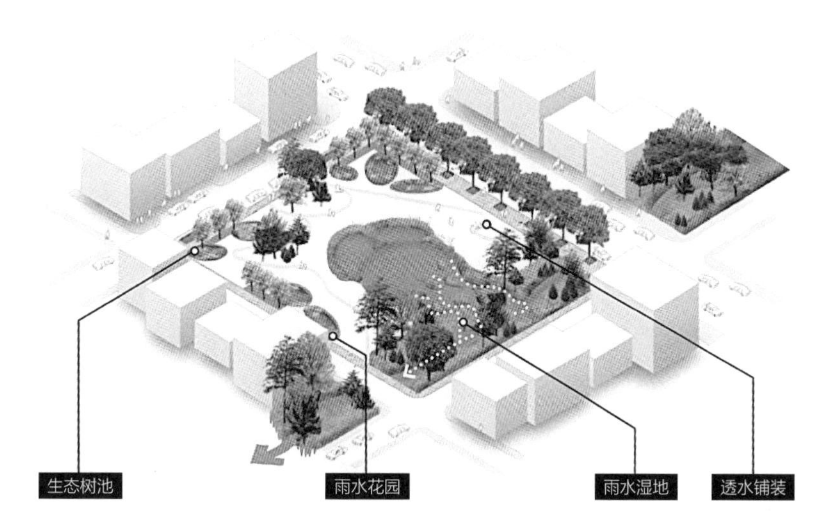

图6-23　绿地斑块的LID设计示意图

量，在研究区内的休闲小广场、次级道路及停车场选用全透式透水铺装，透水性材料根据研究区内场地条件进行选择，其中包括透水性地砖、木质铺装、卵石铺地等。其中广场的排水坡度需要控制在1%～3%以内，便于将无法入渗的雨水及时排到周边下沉式绿地等雨水管理设施中。为了加速雨水入渗速率，可以在透水路砾石层中埋设溢流管，用以将渗透的雨水收集并传输到浑河中（图6-24）。

在停车场中采用嵌草砖等透水性材料不仅可以促进雨水径流入渗而且对景观的美化有一定的作用。降低停车场周边绿地的高程，形成下沉式绿地，可以对场地中

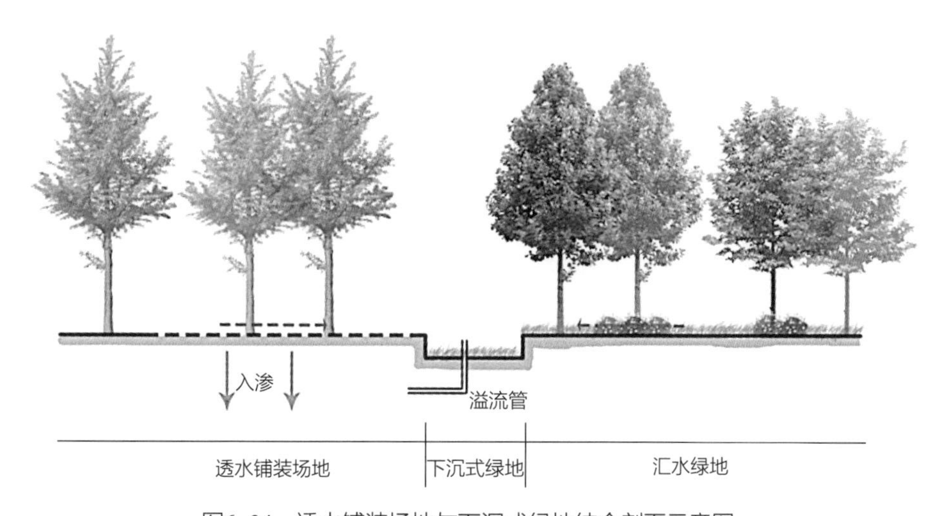

图6-24　透水铺装场地与下沉式绿地结合剖面示意图

超过渗透能力的雨水进行收集处理。但是由于停车场内汽车尾气、轮胎磨损等对雨水有一定的污染，因此对下沉式绿地中植物的选择需要优先考虑耐水湿并且抗污染的植物。

全透式透水铺装的路面土基应具有一定的透水性能，土壤透水系数不应小于3～10mm/s，且土基顶面距离季节性最高地下水位应大于1m。当土基、土壤透水系数和地下水位高程等条件不满足要求时，应增加路面排水设施。全透式路面的路基顶面应设置反滤隔离层，可选用粒料类材料或土工织物（图6-25）。

冬季，严寒地区积雪融化时，融雪水是逐渐析出，与雨水相比，对透水铺装地面透水性要求低，不易产生径流，融雪水基本能入渗到地下。但是由于积雪融化后，融雪水渗透到铺装地面下，随着地表温度变化，有时会产生冻融，因此在选择铺装材料及施工措施上应采取预防措施。

2）雨水花园

雨水花园作为研究区内主要应用的低影响开发措施，在丰水季和枯水季有不同的景观效果，主要可以根据研究区现状条件分为两方面进行设置：一方面可以在研究区入口广场以及中心大型活动场地等拥有大面积硬质铺装的场地周边进行设置，雨水中的污染物可以被花园中的植物和土壤等截流、过滤，通过渗透雨水流入土壤，降雨量较大时，花园中可以容纳一部分雨水，其余可以通过分流系统排放到城市排水系统中和分流到植草沟排入其他调蓄设施中。而在设计过程中产生的土方可以结合一定的植物搭配就近设计成微地形，在花园中种植丰富多样、观赏性强的植物可以共同形成高低错落的景观效果。雨水花园在对雨水进行收集净化后，其水质设计达到可用于广场景观用水。

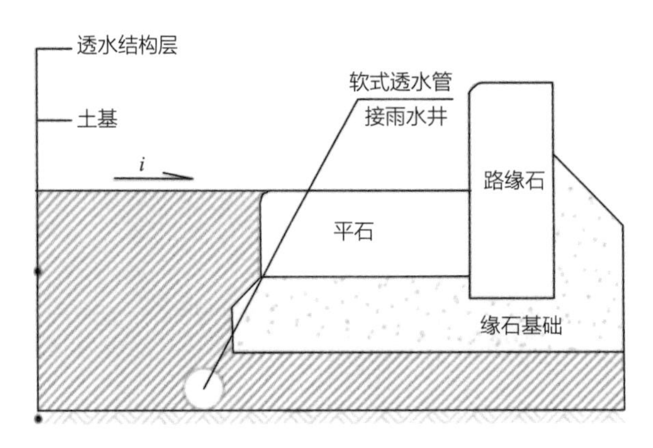

图6-25　全透式铺装边缘排水构造示意图

另一方面可以对现状场地低洼地直接进行设计，这样不仅可以减少土方量，而且对于雨水的收集有积极的作用（图6-26）。为了增加研究区丰水期雨水花园的调蓄能力，将溢流及入渗雨水及时排出，可以在蓄水层设置溢流口连接到蓄水塘并将连接排水管道的160mm左右管径的导水管埋设在砾石层中（图6-27）。

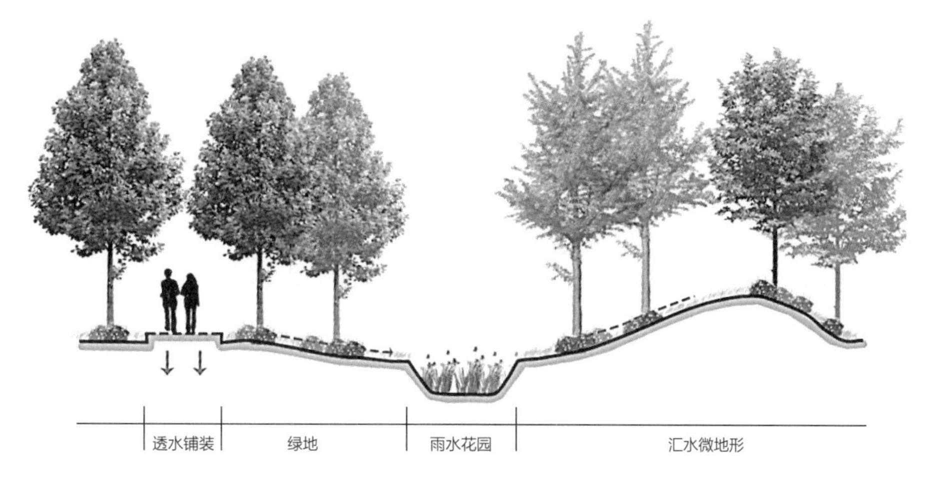

图6-26　雨水花园剖面示意图

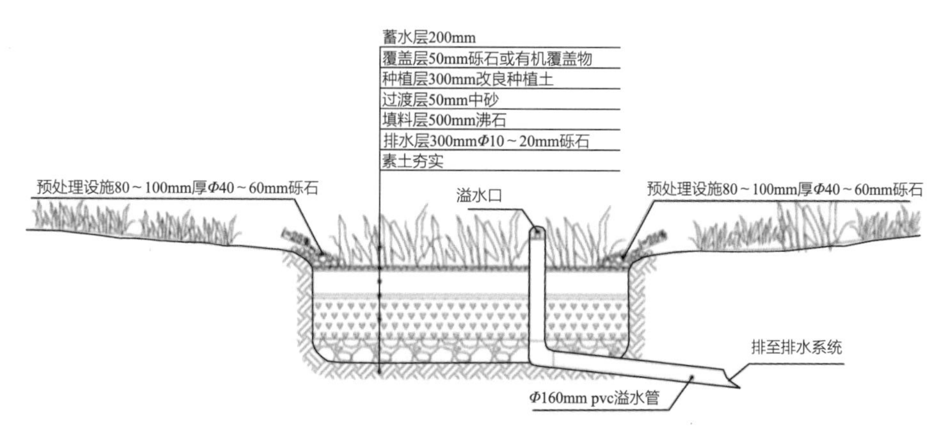

图6-27　雨水花园典型构造示意图

对于雨水花园的设计，具体应符合下列规定：

①填料层厚度宜为50cm，地形开敞、径流量大的镇（街道）适用调蓄型雨水花园，可采用瓜子片作为填料层填料；硬质铺装密集、径流污染严重的镇（街道）适用净化型雨水花园，可采用沸石作为填料层填料；径流量较大、径流污染严重的镇（街道）适用综合功能型雨水花园，可采用改良种植土作为填料层填料。

②边缘距离建筑物基础应不少于3m。

③应选择地势平坦、土壤排水性良好的场地，不得设置在供水系统或水井周边。

④雨水花园内应设置溢流设施，溢流设施顶部应低于汇水面100mm，雨水花园的底部与当地的地下水季节性高水位的距离应大于1m，当不能满足要求时，应在底部敷设防渗材料。

⑤应分散布置，规模不宜过大，汇水面积与雨水花园面积之比宜为20～25。常用雨水花园面积宜为30～40m^2，蓄水层宜为0.2m，边坡宜为1/4。

3）雨水湿塘

湿塘在研究区中主要是沿部分河岸设计，其作为整个沈抚新区的雨水末端调蓄设施可以用于净化、收集、调蓄研究区内汇集的大量雨水。在滨河河岸采用大量自然式生态驳岸（图6-28），并将其边坡保持在5%～10%左右，在驳岸植物配置中搭配寒地适应性乡土植物，可以形成耐旱植物—水生植物—浮水植物相结合的良好滨河植物群落，在水塘周围形成一个植物过滤带，净化汇入的雨水。同时湿塘的设置也可以形成一个水流缓冲区，不仅可以防止雨水冲刷，而且对过滤水体中的污染物质也有一定作用，在湿塘一侧可以适当设置木质平台，供人游憩观赏（图6-29）。

雨水湿塘的设计，应符合下列规定：

①长宽比宜为3∶1～4∶1，有效水深宜为0.5～1m，总面积宜为750～1500m^2，BOD负荷宜为4～12g/（m^2•d）。

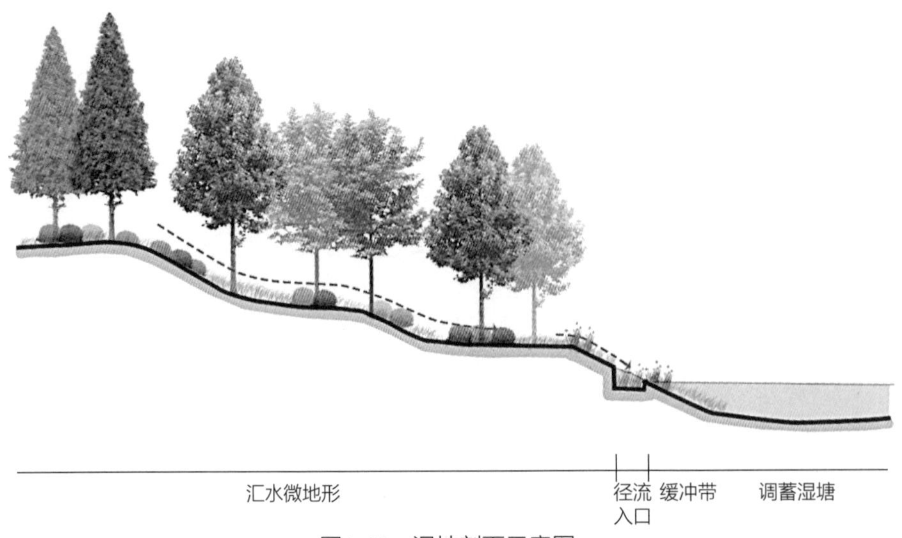

图6-28　湿地剖面示意图

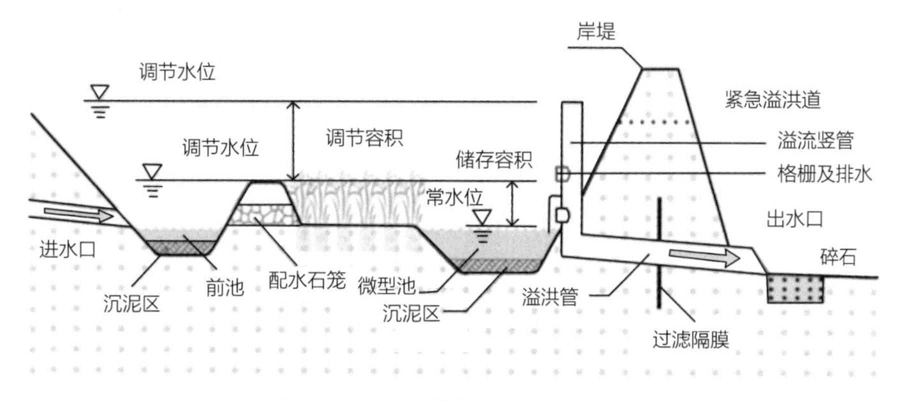

图6-29　湿塘的典型构造示意图

②接纳汇水区径流处，应设置消能设施。

③应采用碎石或水生植物种植区作为缓冲区，削减大颗粒沉积物。

④主塘包括常水位以下（或暴雨季节闸控最低水位）的永久容积和储存容积，永久容积水位线以上至最高水位为具有峰值流量削减功能的调解容积。

（3）河岸缓冲带寒地植物配置

河岸缓冲带是指陆地上与河流水系发生作用的植被区域[195]。其定义分为广义和狭义两种，目前大多数学者采用后者定义。广义指靠近河边植物群落包括其组成、植物种类多样性及土壤湿度等同高地植被明显不同的地带，也就是与河流有直接影响的植被；狭义指河水陆地交界处的两边，直至河水影响消失为止的地带。河岸缓冲带是介于河流和高地植被之间的生态过渡带，既受到河流水体的影响，又受到陆地系统的影响，具有明显的边缘效应。

河岸缓冲带是以植被作为其存在的主要标志，植被起到净化、过滤的缓冲作用，降低污染源与接纳水体之间的联系，形成一个阻碍污染物质进入水体的生物和物理障碍，从而达到改善水质的目的。同时，还可以截留固体颗粒物进入河流、湖泊等接纳水体。河岸缓冲带对农田地表径流中携带的营养物质、颗粒物、农药等污染物，具有较高的截留、吸收作用。因此，可以利用河岸缓冲带防治水体污染、改善河湖水质、控制农业面源污染。

植被的选择应考虑寒地城市气候特征，夏季高温多雨，冬季寒冷干燥，选用耐干旱、耐水湿、抗污性强的植物，如旱垂柳、绣线菊、刺梅果、山皂角、黑杨、枸杞等，雨季时能够长时间浸泡存活，冬季时保持半枯萎状态。同时，考虑植物的生态性、安全性以及多样性，以维持其自身生态系统的稳定性，避免同种植物蔓延，导致水生态与水安全功能丧失。冬季降雪雪水会接触到盐碱类物质，植物应尽量选用耐盐碱的落叶乔木，配合灌草群，达到植物生态效益最大值。

1）河岸缓冲带的结构

河岸缓冲带一般由水域区、河岸区和相邻土地区部分组成。水域区一般由粗木质残体及水生植物构成，其功能主要在于控制水流和泥沙，营造不同的泥沙拦截池，截留养分及枯落物，为野生动植物提供栖息地等；河岸区组成包括根系、岸边草丛及河岸树木和灌丛的林冠和根茎等，主要功能在于减少河岸侵蚀、截留泥沙，提供遮阴调节河溪微气候及水温、影响河流的初级生产力，吸收排放污水中的养分，河岸植被枯落物及粗木质残体可为陆生无脊椎动物提供食物和养料来源；相邻土地区则包括林地及开阔植被地区，主要功能在于保护河岸和水生生态系统不受林业经营活动的干扰，截留地表径流中的养分和泥沙，为野生动植物提供栖息地等。

2）河岸缓冲带的功能

河岸缓冲带是降低沉积物和养分进入水文敏感生态系统的重要保护措施，具有保护、连接、缓冲和资源功能。生态河岸带作为自然生态系统的重要组成部分，是河流生态系统与陆地生态系统之间的过渡区，在调节气候、保持水土、保护水源、防洪等方面均起着很重要的作用。所以，生态河岸带对河流和陆地均具有保护作用，对水陆生态系统间的物流、能流、信息流和生物流发挥着廊道、过滤器和屏障作用。同时，生态河岸带对增加物种种源、提高生物多样性和生态系统生产力、进行水土污染治理和保护、稳定河岸、调节微气候和美化环境均有重要的现实和潜在价值。

A. 自然缓冲作用，减轻污染，保护河溪水质

生态河岸带在农田与河道之间起着一定的缓冲作用，它可以减缓径流、截留污染物。河流两岸一定宽度的河岸带可以过滤、渗透、吸收、滞留、沉积物质和能量，减弱进入地表和地下水的污染物毒性，降低污染程度。许多研究表明，河岸植被缓冲带能有效移除氮、磷、钙、钾、硫、镁等营养物质以及一些污染物。由于氮和磷是水体富营养化的主要来源，因此，大多数研究都集中在缓冲带对氮和磷的移除功能上。

B. 减缓水流冲刷，减少侵蚀，保护岸坡稳定

生态河岸带对岸坡的保护功能主要是通过河岸带植被来实现的。河岸带植被的茎叶可以减缓地表径流，减少侵蚀。植被层可以减小河岸一侧水流流速，减轻河岸的剪切作用，降低水流的冲刷作用。河岸带植被的枝干和根系与土壤的相互作用，

可以增加根际土层的机械强度，甚至直接加固土壤，起到固土护坡的作用。

C. 改良土壤生境

河岸缓冲带植被通过植物的光合、呼吸、蒸腾作用，与土壤物质之间的交换、吸附作用，以及土壤中生物自身的代谢作用，从而影响土壤生境，对农业土壤生态起到改善的作用。地表径流可通过植物及其根系进入土壤，为其中各种形式的生物提供维持其生命所需的能量物质。

D. 植被廊道连接功能，保护水域沿岸生物多样性

由于河岸缓冲带是狭状植被带，通过野生动物的栖息，促进水路两地间生物因素的运动。通过河岸缓冲带，昆虫、爬行类动物以及小型哺乳动物可以在水域和陆地之间自由地活动和迁徙，动物的生存又将带动植物的繁衍，起到了保护物种多样性的作用。因此河岸缓冲带有廊道的连接、传输、交换、源、汇等功能，为生物迁移、物流、能流提供通道。

3）河岸缓冲带的植被组成

浑河城市段沿岸河岸带植被群落类型主要由人工构建的乔木和灌木群落组成，草本主要为乡土草本植物。区域内有较多的植物科类，如松科（Pinaceae）、杨柳科（Salicaceae）、桦木科（Betulaceae）、壳斗科（Fagaceae）、豆（Leguminosae）、漆树（Anacardiaceae）、忍冬科（Caprifoliaceae）、菊科（Compositae）、禾本科（Gramineae）、莎草科（Cyperaceae）、十字花科（Cruciferae）、蔷薇科（Rosaceae）等。植物区系多为长白植物区系，未发现区域特有植被。

植被组成分布上，河岸带疏林地多以旱柳、山槐、蒙古栎、榆树、火炬树等乔木种类组成，灌木多以金银忍冬、丁香、水蜡和胡枝子构成。在自然非人工硬化河岸带两侧河岸带植被多呈现出乔木—灌木丛的分布模式，在河滩裸地多以本地土著杂草为植被组成。乔木群落中以火炬树盖度最大，平均达到0.8m，榆树、旱柳和山槐群落受生长年限及生长状况所限，盖度介于0.4～0.7m之间；榆树、山槐疏林地平均株距7～8m，火炬树林地平均株距1～2.3m。灌木群落多为人工栽种，株距不一，与施工设计有关。

4）河岸缓冲带植物配置优化

浑河沈抚段缓冲岸带植被构成多以人工栽种为主要方式，人工调控和人为干扰是该区域内植被群落最主要的影响因素。浑河沈抚段植被带经绿化和栽种已形成以固土和景观为主要功能的河岸景观，但在植被构成及群落分布模式上，景观构型是主要的设计方向，对不同植被组成在河流横向物质迁移转化及阻控方面未加考虑。由此，造成河岸缓冲带的分布上多以“草”“灌”“乔”等单一结构为主，少有综合

配置模式，“乔—灌”配置是主要的混合配置方式。针对现存的问题，建议优化的方向上增加多年生草本的配置，形成“乔—草”“草—灌—乔”等植被配置方式。

浑河缓冲带植物配置主要采用野生乡土植物，水生植物、地被、草花、低矮灌木丛与高大乔木相互结合（表6-5），使其富有层次感，富于变化，形成水体、湿地到绿化的过渡带，符合自然植被群落结构，并对建立生物栖息地有积极作用。为形成浑河沈抚段河岸缓冲带多层次、多季节、多色彩与多质感变化的植物景观，在植物配置时可选用不同大小、高矮的乔灌木及地被植物，依据其生态习性和观赏特性合理进行搭配，从而使绿化丰富且有层次、可观赏性增强。

滨河景观植物配置表　　表6-5

植物种类	可种植植物
乔木类	国槐、白蜡、金丝垂柳、锦绣海棠、紫薇、刺槐、臭椿、侧柏、柽柳、枫杨、胶东卫矛、银杏、梓树、桧柏
灌木类	大叶黄杨、紫叶小檗、暴马丁香、榆叶梅、红瑞木、金银忍冬、黄刺玫、连翘、红王子锦带、水蜡
草本类	高羊茅、白三叶、早熟禾、苜蓿、芦苇、碱蓬草、香蒲
花木类	黄花鸢尾、耧斗菜、红宝石苜蓿、八宝景天、千屈菜、桔梗、马蔺、唐菖蒲

参考文献

[1] 夏军，翟金良，占车生. 我国水资源研究与发展的若干思考[J]. 地球科学进展，2011(9)：905-915.

[2] 张伟，王家卓，车晗，等. 海绵城市总体规划经验探索——以南宁市为例[J]. 城市规划，2016，40(8)：44-52.

[3] 中华人民共和国住房和城乡建设部. 城市排水防涝标准及对应降雨量（建城函〔2020〕38号）[EB/OL]. http://www.mohurd.gov.cn/.

[4] 杨冬冬，曹磊，赵新，等. 灰绿基础设施耦合的“海绵系统”构建研究[J]. 中国园林，2017(4)：7-12.

[5] 贺冉. 基于小流域水文过程的山地城市水系空间规划对策研究[D]. 重庆：重庆大学，2018.

[6] 胡庆芳，王银堂，李伶杰，等. 水生态文明城市与海绵城市的初步比较[J]. 水资源保护，2017，33(5)：13-18.

[7] 赵蕾. 雨洪管理视角下寒地城市水系规划研究[D]. 哈尔滨：哈尔滨工业大学，2018.

[8] 赵银兵，蔡婷婷，孙然好，等. 海绵城市研究进展综述：从水文过程到生态恢复[J]. 生态学报，2019，39(13)：4638-4646.

[9] 董雷，孙宝芸. 适合北方寒冷地区的海绵城市建设研究[J]. 沈阳建筑大学学报（社会科学版），2018，20(5)：464-469.

[10] Andersson E, Barthel S, Borgstrm S, et al.Gren Reconnecting Cities to the Biosphere: Stewardship of Green Infrastructure and Urban Ecosystem Services [J]. Ambio, 2014, 43(4): 445-453.

[11] Marcucci D J, Jordan L M. Benefits and challenges of linking green infrastructure and highway planning in the United States[J]. Environmental Management, 2013, 51(1): 182-197.

[12] O'Brien L, De Vreese R, Kern M, et al. Cultural ecosystem benefits of urban and peri-

urban green infrastructure across different European countries[J].Urban Forestry and Urban Greening, 2017, 24: 236-248.
[13] Todorovic Z, Breton N P.A geographic information system screening tool to tackle diffuse pollution through the use of sustainable drainage systems[J]. Water Science and Technology, 2014, 69(10): 2066-2073.
[14] 张青青，徐海量，樊自立，等. 基于玛纳斯河流域生态问题的生态安全评价［J］. 干旱区理，2012，35（3）：479-486.
[15] 潘竟虎，刘晓. 疏勒河流域景观生态风险评价与生态安全格局优化构建［J］. 生态学杂志，2016，35（3）：791-799.
[16] 袁君梦，吴凡. 基于GIS的秦淮河流域水生态安全格局探讨［J］. 浙江农业科学，2019，60（12）：2291-2294，2356.
[17] 应凌霄，王军，周妍. 闽江流域生态安全格局及其生态保护修复措施［J］. 生态学报，2019，39（23）：8857-8866.
[18] 于冰，徐琳瑜. 城市水生态系统可持续发展评价——以大连市为例［J］. 资源科学，2014，36（12）：2578-2583.
[19] 任俊霖，李浩，伍新木，等. 基于主成分分析法的长江经济带省会城市水生态文明评价［J］. 长江流域资源与环境，2016，25（10）：1537-1544.
[20] 徐霞，曾敏，樊卢丽. 基于海绵城市理念下区域水生态系统保护和修复研究——以昆山市阳澄湖东部地区为例［J］. 智能城市，2016，2（3）：51-52.
[21] 张俊艳. 城市水安全综合评价理论与方法研究［D］. 天津：天津大学，2006.
[22] 尹文涛. 基于水生态安全影响的沿海低地城市岸线利用规划研究［D］. 天津：天津大学，2016.
[23] 张琪. 深圳水生态安全体系研究［D］. 北京：北京化工大学，2007.
[24] 李峰平，章光新，董李勤. 气候变化对水循环与水资源的影响研究综述［J］. 地理科学，2013，33（4）：457-464.

[25] 王浩，游进军. 中国水资源配置30年 [J]. 水利学报，2016，47（3）：265-271，282.
[26] 张翔，夏军，贾绍凤. 水安全定义及其评价指数的应用 [J]. 资源科学，2005（3）：145-149.
[27] 史正涛，刘新有. 城市水安全研究进展与发展趋势[J]. 城市规划，2008(7)：82-87.
[28] 陈筠婷，徐建刚，许有鹏. 非传统安全视角下的城市水安全概念辨析 [J]. 水科学进展，2015，26（3）：443-450.
[29] 王宁. 构建城市水系生态安全格局初探——以厦门市后溪为例 [C] //中国城市规划学会. 城市时代 协同规划：2013中国城市规划年会论文集. 青岛：青岛出版社，2013：412-423.
[30] 俞孔坚，李迪华，袁弘，等. “海绵城市”理论与实践 [J]. 城市规划，2015，39（6）：26-36.
[31] 陈璐青，林晨薇，程维军. “一江两岸”滨水地区空间活化策略研究 [J]. 城市建筑，2014（10）：73-77.
[32] 许宏福. 基于GIS、生态网络的生态控制线规划方法刍议——以广州花都区生态控制线为例 [J]. 智能城市，2018，4（10）：66-67.
[33] 肖洋. 基于景观生态学的城市雨洪管理措施研究 [D]. 长沙：中南大学，2013.
[34] 赵文武，王亚萍. 1981—2015年我国大陆地区景观生态学研究文献分析[J]. 生态学报，2016，36(23)：7886-7896.
[35] 文克·E. 德拉姆施塔德，温迪·J. 杰里施塔德，徐凌云，等. 景观生态学作为可持续景观规划的框架 [J]. 中国园林，2016，32（4）：16-27.
[36] 陈利顶，李秀珍，傅伯杰，等. 中国景观生态学发展历程与未来研究重点[J]. 生态学报，2014，34(12)：3129-3141.
[37] 肖笃宁，李秀珍. 景观生态学的学科前沿与发展战略 [J]. 生态学报，2003

(8)：1615-1621.

[38] 邬建国. 景观生态学——概念与理论 [J]. 生态学杂志，2000 (1)：42-52.

[39] 邬建国. 景观生态学——格局、过程、尺度与等级[M]. 北京：高等教育出版社，2000.

[40] 陈利顶，李秀珍，傅伯杰，等. 中国景观生态学发展历程与未来研究重点[J]. 生态学报，2014，34(12)：3129-3141.

[41] 彭建，吕慧玲，刘焱序，等. 国内外多功能景观研究进展与展望 [J]. 地球科学进展，2015，30 (4)：465-476.

[42] 岑晓腾. 土地利用景观格局与生态系统服务价值的关联分析及优化研究[D]. 杭州：浙江大学，2016.

[43] Spillett,PB, Evans, et al. K. International Perspective on BMPs/SUDS：UK-Sustainable Stormwater Management in the UK [R]. EWRI, 2005.

[44] 傅丽华. 基于景观结构的长株潭核心区土地利用生态风险调控研究 [D]. 长沙：湖南师范大学，2012.

[45] 胡和兵，刘红玉，郝敬锋，等. 流域景观结构的城市化影响与生态风险评价[J]. 生态学报，2011，31(12)：3432-3440.

[46] 吴昌广，周志翔，王鹏程，等. 景观连接度的概念、度量及其应用 [J]. 生态学报，2010，30 (7)：1903-1910.

[47] 肖笃宁，布仁仓，李秀珍. 生态空间理论与景观异质性 [J]. 生态学报，1997 (5)：3-11.

[48] 邬建国. 景观生态学中的十大研究论题[J]. 生态学报，2004(9)：2074-2076.

[49] 覃文忠. 地理加权回归基本理论与应用研究 [D]. 上海：同济大学，2007.

[50] 钱雨果，周伟奇，李伟峰，等. 基于类型和要素的城市多等级景观分类方法[J]. 生态学报，2015，35(15)：5207-5214.

[51] 傅伯杰，徐延达，吕一河. 景观格局与水土流失的尺度特征与耦合方法 [J].

地球科学进展，2010（7）：673-681.

[52] 肖笃宁，高峻，石铁矛. 景观生态学在城市规划和管理中的应用[J]. 地球科学进展，2001（6）：813-820.

[53] 李双成，王羊，蔡运龙. 复杂性科学视角下的地理学研究范式转型[J]. 地理学报，2010（11）：1315-1324.

[54] Canadian Mortgage and Housing Corporation (CMHC). Research Highlight: A Plan for Rainy Days: Water Runoff and Site Planning [J]. Socioeconomic Series，2007.

[55] 夏战战. 基于景观生态安全格局的榆林榆溪河景观规划途径研究[D]. 西安：西安建筑科技大学，2013.

[56] 张艳芳，任志远. 景观尺度上的区域生态安全研究[J]. 西北大学学报（自然科学版），2005（6）：815-818.

[57] 蔡青. 基于景观生态学的城市空间格局演变规律分析与生态安全格局构建[D]. 长沙：湖南大学，2012.

[58] Protecting Water Resources with Higher-Density Development [R]. US EPA, 2014.

[59] Coutu S,Giudice D D, Rossi L, et al. Parsimonious hydrological modeling of urban sewer and river catchments [J]. Journal of Hydrology, 2012, 464-465: 477-484.

[60] BrunSE, Band L.Simulating run off behaviorinan urbanizing watershed [J]. Computes, Environment and Urban Systems, 2000, 24: 5-22.

[61] Santhi C, Arnold J G,Williams J R, et al. Validation of the SWAT model on a large river basin with point andnonpoint sources [J]. Journal of the American Water Resources Association, 2001, 37(5): 1169-1188.

[62] Koudelak P S.Sewerage network modelling in Latvia,use of InfoWorks CS and storm water management model 5 in Liepaja city [J]. Water and Environment Journal, 2008, 22(2): 81-87.

[63] 邬小岚. 景观发展中的生态环境保护 [D]. 福州：福建师范大学，2013.
[64] Farrugia S, Hudson M D, McCulloch L. An evaluation of flood control and urban cooling ecosystem services delivered by urban green infrastructure[J]. International Journal of Biodiversity Science Ecosystem Services & Management, 2013, 9 (2): 136−145.
[65] 陈文波，肖笃宁，李秀珍. 景观指数分类、应用及构建研究 [J]. 应用生态学报，2002 (1)：121−125.
[66] 关洁茹. 基于景观格局分析的城市绿基雨洪管理系统耦合评价研究 [D]. 广州：华南理工大学，2018.
[67] 周自翔. 延河流域景观格局与水文过程耦合分析 [D]. 西安：陕西师范大学，2014.
[68] 陈昌笃. 中国的城市生态研究 [J]. 生态学报，1990 (1)：92−95.
[69] 肖笃宁，赵羿，孙中伟，等. 沈阳西郊景观格局变化的研究 [J]. 应用生态学报，1990 (1)：75−84.
[70] 宗跃光，周尚意，张振世，等. 北京城郊化空间特征与发展对策 [J]. 地理学报，2002 (2)：135−142.
[71] 车生泉. 城市绿色廊道研究 [J]. 城市规划，2001 (11)：44−48.
[72] 常学礼，于云江，曹艳英，等. 科尔沁沙地景观结构特征对沙漠化过程的生态影响 [J]. 应用生态学报，2005 (1)：59−64.
[73] 王根绪，刘进其，陈玲. 黑河流域典型区土地利用格局变化及影响比较 [J]. 地理学报，2006 (4)：339−348.
[74] 刘婷，刘兴土，杜嘉，等. 五个时期辽河三角洲滨海湿地格局及变化研究 [J]. 科学，2017，15 (4)：622−628.
[75] 俞孔坚. 海绵城市的三大关键策略：消纳、减速与适应 [J]. 南方建筑，2015，1 (3)：4−7.
[76] 俞孔坚，袁伟，李青，等. “海绵城市”实践：北京雁栖湖生态发展示范区控

规及景观规划 [J]. 北京规划建设，2015 (1)：26-31.

[77] 傅微. 荷兰传统村镇景观格局特征与启示 [J]. 经济地理，2014，34 (5)：150-154，161.

[78] 雎晋玲，刘淼，李春林，等. 海绵城市规划及景观生态学启示——以盘锦市辽东湾新区为例 [J]. 应用生态学报，2017，28 (3)：975-982.

[79] 薛志春. 变化环境对洪水影响及流域防洪预警研究 [D]. 大连：大连理工大学，2016.

[80] 姜付仁，向立云，刘树坤. 美国防洪政策演变 [J]. 自然灾害学报，2000 (3)：38-45.

[81] 张涛. 基于流域生态安全理念的多尺度城市防洪排涝研究 [D]. 重庆：重庆大学，2017.

[82] 杨冬冬，曹磊，赵新. 灰绿基础设施耦合的“海绵系统”示范基地构建——天津大学阅读体验舱景观规划设计 [J]. 中国园林，2017 (9)：61-66.

[83] 成玉宁，周盼，谢明坤. 因地制宜的海绵城市理论与实践探讨. 江苏建设 (第十五辑) [M]. 南京：东南大学出版社，2016：86-103.

[84] Chidammodzi C L, Muhandiki V S. Water resources management and Integrated Water Resources Management implementation in Malawi: Status and implications for lake basin management [J]. Lakes and Reservoirs Research & Management, 2017, 22 (2): 101-114.

[85] 王浩宜. 兴城区地表径流对河道水质影响特征分析 [D]. 西安：西安建筑科技大学，2017.

[86] Napoli M, Cecchi S, Orlandini S, et al. Determining potential rainwater harvesting sites using a continuous runoff potential accounting procedure and GIS techniques in central Italy [J]. Agricultural Water Management, 2014, 141: 55-65.

[87] Seenath A, Wilson M, Miller K. Hydrodynamic versus GIS modelling for coastal

flood vulnerability assessment: which is better for guiding coastal management [J]. Ocean and Coastal Management, 2016, 120: 99−109.

[88] Chidammodzi C L, Muhandiki V S. Water resources management and Integrated Water Resources Management implementation in Malawi: Status and implications for lake basin management [J]. Lakes and Reservoirs Research & Management, 2017, 22 (2): 101−114.

[89] Lienert J, Monstadt J, Truffer B. Future scenarios for a sustainable water sector: a case study from Switzerland [J]. Environmental Science and Technology, 2006, 40 (2): 436−442.

[90] Fletcher, T.D., Shuster, et al. SUDS, LID, BMPs, WSUD and more−the evolution and application of terminology surrounding urban drainage [J]. Urban Water J., 2015, 12, (7): 525−542.

[91] 任心欣，俞露. 海绵城市建设规划与管理［M］. 北京：中国建筑工业出版社，2017：36−97.

[92] 金可礼，陈俊，龚利民. 最佳管理措施及其在非点源污染控制中的应用［J］. 水资源与水工程学报，2007（1）：37−40.

[93] 刘家琳. 基于雨洪管理的节约型园林绿地设计研究［D］. 北京：北京林业大学，2013.

[94] 徐涛. 城市低影响开发技术及其效应研究［D］. 西安：长安大学，2014.

[95] 彭晨蕊. 基于海绵城市理念的雨水系统规划设计优化研究［D］. 天津：天津大学，2017.

[96] 付喜娥. 绿色基础设施规划及对我国的启示［J］. 城市发展研究，2015，22（4）：52−58.

[97] 张伟，车伍，王建龙，等. 利用绿色基础设施控制城市雨水径流［J］. 中国给水排水，2011，27（4）：22−27.

[98] 贾锟针. 新型城镇化下绿色基础设施规划研究 [D]. 天津：天津大学，2014.

[99] 王春晓. 西方城市生态基础设施规划设计的理论与实践研究 [D]. 北京：北京林业大学，2015.

[100] 王思思，张丹明. 澳大利亚水敏感城市设计及启示 [J]. 中国给水排水，2010，26 (20)：64-68.

[101] 高洋. 水敏性城市设计在我国的应用研究 [D]. 哈尔滨：哈尔滨工业大学，2012.

[102] 车伍，闫攀，赵杨，等. 国际现代雨洪管理体系的发展及剖析 [J]. 中国给水排水，2014，30 (18)：45-51.

[103] 李晓. 城市规划视角下的综合排雨水系统研究 [D]. 天津：天津大学，2016.

[104] 李云燕，李长东，雷娜，等. 国外城市雨洪管理再认识及其启示 [J]. 重庆大学学报（社会科学版），2018，24 (5)：34-43.

[105] US EPA. Guidance Manual for Developing Best Management Practices (BMP) [R]. United States Environmental Protection Agency, 1993. 833-B-93-004.

[106] Bryan La Rochelle, Max Schrader, Cassandra Stacy, et al. Bioretention Basin Removal Efficiencies An Evaluation of Stormwater Best Management Practice Effectiveness and Implications for Design [DB]. Project Number PPM 1231, 2013.

[107] US Army Corps of Engineers, Naval Facilities Engineering Command, Air Force Civil Engineering Support Agency. Unified Facilities Criteria(UFC). Design: Low Impact Development Manual [R]. UFC 3-210-10, 2004.

[108] Department of the Environment and Heritage. Introduction to urban stormwater management in Australia [DB]. Commonwealth of Australia, 2002.

[109] Water Sensitive Urban Design Guidelines [DB]. South Eastern Councils. http: // www. Melbourne-water. com.au.

[110] National SUDS Working Group. Interim Code of Practice for Sustainable Drainage Systems [R]. CIRIA Contract 103, London, 2004.

[111] D.Sharma. Sustainable Drainage System (Su Ds) for Stormwater Management: A Technological and Policy Intervention to Combat Diffuse Pollution [C]. 11th International Conference on Urban Drainage, Edinburgh,Scotland, UK, 2008.

[112] Gilroy K L, Mccuen R H. Spatio−temporal effects of low impact development practices [J]. Journal of Hydrology, 2009, 367(3−4): 228−236.

[113] Maria Ignatieva, Colin Meurk, Glenn Stewart. Low Impact Urban Design and Development (LIUDD): matching urban design and urban ecology [J]. Landscape Review, 2008: 12(2).

[114] Liu C, Zipser E J. Implications of the day versus night differences of water vapor, carbon monoxide, and thin cloud observations near the tropical tropopause [J]. Journal of Geophysical Research Atmospheres, 2015: 114 (D9).

[115] 赵昱. 各国雨洪管理理论体系对比研究 [D]. 天津：天津大学，2017.

[116] Graçaa M, Alves P, Gonçalves J, et al. Assessing how green space types affect ecosystem services delivery in Porto, Portugal [J]. Landscape and Urban Planning, 2018, 170: 195−208.

[117] Moghadas S, Leonhardt G,Marsalek J, et al. Modeling urban runofffrom rain−on−snow events with the U.S.EPA SWMM model for current and future climate scenarios [J]. Journal of Cold Regions Engineering, 2018: 32(1).

[118] Song C, Porter A. Efficiently discovering high−coverage configurations using interaction trees [J]. IEEE Transactions on Software Engineering, 2014, 40(3): 251−265.

[119] Coccolo S., Kaempf J., Mauree D, et al. Cooling potential of greening in the urban environment,a step further towards practice [J]. Sustainable Cities and Society, 2018, 38: 543−559.

[120] Nicea K. A, Couttsa A. M., Tapper N. J. Development of the VTUF-3D v1.0 urban micro-climate model to support assessment of urban vegetation influences on human thermal comfort [J]. Urban Climate, 2018.

[121] Staelens J., De Schrijver A., Verheyen K,et al. Rainfall partitioning into throughfall, stemflow, and interception within a single beech (Fagus sylvatica L.) canopy: influence of foliation, rain event characteristics, and meteorology, Hydroogical Processes, 2016, 22(5): 33-45.

[122] 刘思琪. 基于LID措施的高密度建筑小区雨水系统改造研究 [D]. 重庆: 重庆大学，2017.

[123] Livesley S.J., Baudinette B., Glover, D. Rainfall interception and stem flow by eucalypt street trees-the impacts of canopy density and bark type [J]. Urban Forestry and Urban Greening, 2014, 13(1): 192-197.

[124] Peng H.H., Zhao C.Y., Feng Z.D., et al. Canopy interception by a spruce forest in the upper reach of Heihe River basin, Northwestern China [J]. Hydrological Processes, 2014, 28(4): 1734-1741.

[125] 董哲仁，张晶，赵进勇. 环境流理论进展述评 [J]. 水利学报，2017，48 (6)：670-677.

[126] 俞孔坚，许涛，李迪华，等. 城市水系统弹性研究进展 [J]. 城市规划刊，2015 (1)：75-83.

[127] 许士国，许翼. 填海造陆区水环境演变与对策研究进展 [J]. 水科学进展，2013，24 (1)：138-145.

[128] 胡洁，吴宜夏，吕璐珊，等. 奥林匹克森林公园景观规划设计 [J]. 建筑学报，2008 (9)：27-31.

[129] H. Weiss, M. M. Herron, C. C. Langway. Natural enrichment of elements in snow [J]. Nature, 1998, 27(4): 352-353.

[130] Bengtsson L, Westerström G. Urban snowmelt and runoff in northern Sweden [J]. Hydrological Sciences Journal, 1992(37): 263–275.

[131] Delisle CE, Andre P. The Montreal, Quebec experience inused snow disposaland treatment, Ecological reclamation in Canada at century's turn: Canadian plains proceedings, Canadian plains research ctr, Univregina, Regina, Canada [J]. Water Research, 1997, 28: 10–18.

[132] Deb Caraco and Richard Claytor Center for Watershed Protection. Stormwater BMP Design Supplement for Cold Climates [EB/OL]. (1997–12)[2015–10–19]. https://vermont4evolution.files.wordpress.com/2011/12/ulm–elc cold climates.pdf.

[133] University of New Hampshire Stormwater Center. University of New Hampshire Stormwater Center 2007 Annual Report [EB/OL]. (2007–12)[2015–10–19]. http://www.unh.edu/unhsc/sites/unh.edu.unhsc/files/pubs specs info/annual data report 06.pdf.

[134] The City of Edmonton. Low Impact Development Best Management Practices Design Guide Edition 1.0 [EB/OL]. (2011–11)[2015–10–20].http://www.edmonton.ca/city_government/documents/LIDGuide.pdf.

[135] 石平，李科. 寒地城市绿地系统规划与海绵城市体系建设之间的耦合关系分析——以沈阳市为例 [J]. 艺术工作，2019 (4)：78–80.

[136] Li X., Niu J.Z. A study on crown interception with four dominant tree species: a direct measurement [J]. Hydrology Research, 2015,47(4):857–868.

[137] Livesley S.J., Baudinette B., Glover, D.. Rainfall interception and stem flow by eucalypt street trees–the impacts of canopy density and bark type [J]. Urban Forestry and Urban Greening, 2014, 13(1): 192–197.

[138] Wu G L, Liu Y, Yang Z, et al. Root channels to indicate the increase in soil matrix water infiltration capacity of arid reclaimed mine soils [J]. Journal of Hydrology,

2017, 546: 133−139.

[139] Jensen M B. Surface sedimentation at permeable pavement systems: implications for planning and design [J]. Urban Water Journal, 2017(2):1−8.

[140] Kaini P, Artita K, Nicklow J W. Optimizing Structural Best Management Practices Using SWAT and Genetic Algorithm to Improve Water Quality Goals [J]. Water Resources Management, 2012, 26(7):1827−1845.

[141] Auffret A G, Plue J, Cousins S A O. The spatial and temporal components of functional connectivity in fragmented landscapes [J]. Ambio, 2015, 44(1): 51−59.

[142] Yi H, Choi Y, Kim S M, et al. Calculating Time−Specific Flux of Runoff Using DEM Considering Storm Sewer Collection Systems [J]. Journal of Hydrologic Engineering, 2016, 22(2): 04016053.

[143] 莫琳，俞孔坚. 构建城市绿色海绵——生态雨洪调蓄系统规划研究 [J]. 城市发展研究，2012，19（5）：130−134.

[144] 董淑秋，韩志刚. 基于“生态海绵城市”构建的雨水利用规划研究 [J]. 城市发展研究，2011，18（12）：37−41.

[145] 仇保兴. 海绵城市（LID）的内涵、途径与展望 [J]. 给水排水，2015，51（3）：1−7.

[146] 车伍，赵杨，李俊奇. 海绵城市建设指南解读之基本概念与综合目标 [J]. 中国给水排水，2015（8）：1−5.

[147] 俞孔坚，李迪华，袁弘，等. “海绵城市”理论与实践 [J]. 城市规划，2015，39（6）：26−36.

[148] 康丹，叶青. 海绵城市年径流总量控制目标取值和分解研究 [J]. 中国给水排水，2015，31（19）：126−129.

[149] 姜勇. 武汉市海绵城市规划设计导则编制技术难点探讨 [J]. 城市规划，2016，40（3）：103−107.

[150] 靳俊伟，黄丽萍，程巍. 重庆市海绵城市年径流总量控制指标解读［J］. 中国给水排水，2016，32（6）：15-18.

[151] 戴妍娇，焦胜，丁国胜，等. 近十年海绵城市建设研究评述与展望［J］. 现代城市研究，2018（8）：77-87.

[152] 俞孔坚，王春连，李迪华，等. 水生态空间红线概念、划定方法及实证研究［J］. 生态学报，2019，39（16）：5911-5921.

[153] 焦胜，戴妍娇，贺颖鑫. 绿色雨水基础设施规划方法及应用［J］. 规划师，2017（12）：49-55.

[154] 许乙青，孙瑶，邵亦文. 基于丘陵地形"雨足迹"的城市生态廊道规划——以建始县城市总体规划为例［J］. 城市规划，2015，39（9）：82-86.

[155] 陆明，柳清. 基于Archydro水文分析模型的城市水生态网络识别研究——以"海绵城市"试点济南市为例［J］. 城市发展研究，2016，23（8）：26-32.

[156] 林美霞. 基于海绵城市建设的厦门城市暴雨内涝灾害风险研究［D］. 西安：西安科技大学，2017.

[157] 李方正，胡楠，李雄，等. 海绵城市建设背景下的城市绿地系统规划响应研究［J］. 城市发展研究，2016，23（7）：39-45.

[158] 于冰沁，车生泉，严巍，等. 上海海绵城市绿地建设指标及低影响开发技术示范［J］. 风景园林，2016（3）：21-26.

[159] 陈珂珂，何瑞珍，梁涛，等. 基于"海绵城市"理念的城市绿地优化途径［J］. 水土保持通报，2016，36（3）：258-264.

[160] 陈灵凤. 海绵城市理论下的山地城市水系规划路径探索［J］. 城市规划，2016，40（3）：95-102.

[161] 李春林，刘淼，胡远满，等. 基于暴雨径流管理模型（SWMM）的海绵城市低影响开发措施控制效果模拟［J］. 应用生态学报，2017（8）：2405-2412.

[162] 李绥，修黛茜，石铁矛，等. 基于低影响开发的滨海工业园区景观生态

规划——以营口市沿海产业基地二期为例［J］. 应用生态学报，2018，29（10）：3357-3366.

［163］周晓喜. 城市雨水管网模型参数优化及应用研究［D］. 哈尔滨：哈尔滨工业大学，2017.

［164］施露，董增川，付晓花，等. Mike Flood在中小河流洪涝风险分析中的应用［J］. 河海大学学报（自然科学版），2017，45（4）：350-357.

［165］李瑶，胡潭高，潘骁骏，等. 城市内涝灾害模拟与灾情风险评估研究进展［J］. 地理信息世界，2017，24（6）：42-49.

［166］松辽水利网［EB/OL］.［2016-10-18］. http://www.slwr.gov.cn/.

［167］魏冉. 辽宁省辽河流域水生态功能三级区水生态安全评价［D］. 沈阳：辽宁大学，2013.

［168］蒋伟. "海绵城市"理念下的河道滨水景观设计研究［D］. 合肥：安徽大学，2017.

［169］孙凤华，吴志坚，杨素英. 东北地区近50年来极端降水和干燥事件时空演变特征［J］. 生态学杂志，2011（7）：779-784.

［170］周杰. 中国东北地区大气水循环的时空特征及其对降水的影响［D］. 扬州：扬州大学，2015.

［171］束方勇. 基于水文视角的重庆市海绵城市规划建设研究［D］. 重庆：重庆大学，2016.

［172］唐文超. 基于生态水文过程的城市水空间体系构建方法［D］. 重庆：重庆大学，2015.

［173］严昇. 我国大型城市暴雨特性及雨岛效应演变规律［D］. 上海：东华大学，2015.

［174］高峰. 哈尔滨城市内涝灾害治理的规划对策研究［D］. 哈尔滨：哈尔滨工业大学，2015.

[175] 武彤. 哈尔滨市阿城区水安全格局研究[D]. 哈尔滨：哈尔滨工业大学，2014.
[176] 严登华，何岩，王浩，等. 生态水文过程对水环境影响研究述评[J]. 水科学进展，2005(5)：747-752.
[177] 彭建，赵会娟，刘焱序，等. 区域水安全格局构建：研究进展及概念框架[J]. 生态学报，2016，36(11)：3137-3145.
[178] 刘昕. 区域水安全评价模型及应用研究[D]. 杨凌：西北农林科技大学，2011.
[179] 杨家伟. 重庆市城镇水安全评价及保障体系研究[D]. 重庆：重庆大学，2015.
[180] 王森. 徐州市水生态安全格局构建[D]. 徐州：中国矿业大学，2018.
[181] 车生泉，谢长坤，陈丹，等. 海绵城市理论与技术发展沿革及构建途径[J]. 中国园林，2015，31(6)：11-15.
[182] 吴健生，张朴华. 城市景观格局对城市内涝的影响研究——以深圳市为例[J]. 地理学报，2017，72(3)：444-456.
[183] 黎秋杉，卡比力江·吾买尔，小出治. 基于水基底识别的水生态安全格局研究——以都江堰市为例[J]. 地理信息世界，2019，26(6)：14-20.
[184] 赵晶. 上海城市土地利用与景观格局的空间演变研究[D]. 上海：华东师范大学，2004.
[185] 王琦，付梦娣，魏来，等. 基于源—汇理论和最小累积阻力模型的城市生态安全格局构建——以安徽省宁国市为例[J]. 环境科学学报，2016，36(12)：4546-4554.
[186] 张蓓，李家科，李亚娇. 不同开发模式下城市雨洪及污染模拟研究进展[J]. 环境科学与技术，2017，40(8)：87-95.
[187] 张蓓. 不同尺度低影响开发设施调控效果模拟与优化设计[D]. 西安：西

安理工大学，2019.

[188] 王文亮，李俊奇，车伍，等. 城市低影响开发雨水控制利用系统设计方法研究[J]. 中国给水排水，2014，30(24)：12-17.

[189] 袁媛. 基于城市内涝防治的海绵城市建设研究[D]. 北京：北京林业大学，2016.

[190] 李玉照，刘永，颜小品. 基于DPSIR模型的流域生态安全评价指标体系研究[J]. 北京大学学报（自然科学版），2012，48(6)：971-981.

[191] 梅超，刘家宏，王浩，等. SWMM原理解析与应用展望[J]. 水利水电技术，2017，48(5)：33-42.

[192] 徐凯歆. SWMM在排水防涝规划中的应用研究[D]. 长沙：湖南大学，2014.

[193] 邹霞，宋星原，张艳军，等. 城市地表暴雨产流模型及应用[J]. 水电能源科学，2014，32(3)：10-14.

[194] 刘兴坡. 基于径流系数的城市降雨径流模型参数校准方法[J]. 给水排水，2009，445(11)：213-217.

[195] 刘伟毅. 城市滨水缓冲区划定及其空间调控策略研究[D]. 武汉：华中科技大学，2016.

[196] 中华人民共和国住房和城乡建设部. 海绵城市建设技术指南——低影响开发雨水系统构建[EB/OL]. 北京：中华人民共和国住房和城乡建设部，2014.

后　记

本书中以沈抚新区不同空间尺度作为研究区域，为实现研究区域寒地海绵城市规划提出切实可行的方案，有效降低雨水径流量，提升城市的雨洪调控能力，保护及修复城市水生态系统，满足城市景观视觉审美要求，达到水生态与水安全的双重目标。研究以水生态与水安全的关联耦合为视角，针对寒地城市不同尺度水文特征和现状问题，构建多尺度寒地海绵城市规划体系框架，从“流域—城市—河段”多尺度出发提出寒地海绵城市规划内容与技术方法，首先利用数字技术对流域尺度研究区域的水生态与水安全基底要素进行提取与叠加分析，其次采用定性与定量相结合方法确定城市尺度下研究区域海绵系统优化方案的规模，并利用计算机情景模拟的方法对比分析优化前后规划方案对雨水径流的调控能力，最后对河段尺度下浑河地块进行水生态修复与低影响开发措施的具体实施。

但从研究角度来看，书中仅从水生态与水安全角度出发，考虑生态基底因子多为自然因素，对社会、经济等方面对寒地海绵的影响有待涉及；由于缺少相关数据，书中对研究区的海绵城市规划主要涉及雨水径流水量的消减方面，而较少涉及雨雪水质定量分析，对其污染物浓度变化的规律及相互作用也有待做出深入探讨；寒地城市区域范围大，城市地域性条件也存在个体差异性，本书仅以沈抚新区作为研究区域，不能涵盖所有寒地城市的情况，仅能为寒地海绵城市构建起到一定的参考作用。

未来对寒地海绵城市规划研究可以从以下几个方面开展:

(1) 完善寒地城市群的海绵城市建设体系，我国对于海绵城市建设多集中于南方潮湿多雨地区，而寒地城市存在夏季降雨集中、强度大的特点、旱涝两灾并存、封冻期长、冻融等问题，需要更深入的研究与实践，探索适宜性寒地海绵城市普遍性规律，从单一代表性地区到大范围的城市群，切实解决地域性差别化的寒地城市水生态与水安全问题，具有更多现实指导意义；

（2）探索城市水生态系统与寒地海绵城市的动态关联，研究城市水景观所承担的复合功能，在存量规划的限制下，对于寒地海绵城市相关研究逐渐从单一工程技术措施转向将城市景观空间信息、气候水文信息、生态环境信息以及社会经济信息等纳入其全过程规划中，用定量与定性相结合的方法对动态关联性进行研究，进一步丰富该领域的研究深度；

（3）大力推行采用数字化、参数化设计理论与方法系统，借助大数据辅助分析技术的支持，使规划与设计更为精准。由于寒地海绵城市规划系统的复杂性，单一传统的方法无法满足其海量数据的处理，综合应用多种技术方法如GIS空间计算与分析法、SWMM模型、DEM模型、MUSIC模型等，考虑寒地融雪、冻融问题对模型参数的影响，进一步提高模型数据的准确性，实现城市规划海量数据更新与技术方法创新。

本书的研究成果是在国家“十三五”重点研发计划（项目批准号2018YFC0704603）、国家社会科学基金重点项目（项目批准号12AZD101）以及国家自然科学基金项目（项目批准号51878418）资助下，结合研究团队在城市生态规划、景观生态方面的课题所完成的。在研究过程中得到团队老师和同学的指导与帮助，使研究得以顺利进行，书中的内容也是团队老师和学生的研究成果部分结晶。

感谢沈阳建筑大学付金祥教授、李绥教授、付士磊教授，以及中国科学院沈阳生态研究所的刘淼研究员等，在本书写作的各个阶段给予的建议。

感谢写作过程中给予支持与帮助的沈阳建筑大学李振兴、修黛茜等同学以及沈阳建筑大学空间研究院的各位老师和同学。

还要特别感谢中国建筑工业出版社的大力支持与指导。

希望本书的出版能够从城市水生态与水安全关联耦合的视角，充实寒地海绵城市规划理论与实践应用，尝试从多尺度入手，应用计算机模拟技术进行寒地海绵城市规划与设计，从根本上解决寒地城市发展过程中的水生态与水安全问题，实现寒地海绵城市建设的可持续发展。鉴于水平与经验有限，缺乏部分相关数据、区域范围大个体存在差异等原因，书中难免有疏漏与不妥之处，恳请广大读者批评指正并提出宝贵意见。